Falk Hecker

Management-Philosophie

Falk Hecker

Management-Philosophie

Strategien für die
Unternehmensführung

Grundregeln für ein
erfolgreiches Management

Bibliografische Information der Deutschen Nationalbibliothek
Die Deutsche Nationalbibliothek verzeichnet diese Publikation in der
Deutschen Nationalbibliografie; detaillierte bibliografische Daten sind im Internet über
<http://dnb.d-nb.de> abrufbar.

1. Auflage 2012

Alle Rechte vorbehalten
© Gabler Verlag | Springer Fachmedien Wiesbaden GmbH 2012

Lektorat: Ulrike M. Vetter

Gabler Verlag ist eine Marke von Springer Fachmedien.
Springer Fachmedien ist Teil der Fachverlagsgruppe Springer Science+Business Media.
www.gabler.de

Das Werk einschließlich aller seiner Teile ist urheberrechtlich geschützt. Jede Verwertung außerhalb der engen Grenzen des Urheberrechtsgesetzes ist ohne Zustimmung des Verlags unzulässig und strafbar. Das gilt insbesondere für Vervielfältigungen, Übersetzungen, Mikroverfilmungen und die Einspeicherung und Verarbeitung in elektronischen Systemen.

Die Wiedergabe von Gebrauchsnamen, Handelsnamen, Warenbezeichnungen usw. in diesem Werk berechtigt auch ohne besondere Kennzeichnung nicht zu der Annahme, dass solche Namen im Sinne der Warenzeichen- und Markenschutz-Gesetzgebung als frei zu betrachten wären und daher von jedermann benutzt werden dürften.

Umschlaggestaltung: KünkelLopka Medienentwicklung, Heidelberg
Druck und buchbinderische Verarbeitung: AZ Druck und Datentechnik, Berlin
Gedruckt auf säurefreiem und chlorfrei gebleichtem Papier

ISBN 978-3-8349-3096-5

Vorwort

Die Unternehmung ist ein soziales Gebilde, in dem Menschen mit unterschiedlichen Interessen und Bedürfnissen aufeinandertreffen. Daseinsberechtigung und Hauptaufgabe des Managements ist es, Werte für die jeweiligen Unternehmensbeteiligten zu schaffen:

- für die Kunden in Form von guten Produkten und Dienstleistungen,
- für die Mitarbeiter in Form von möglichst hohen Einkommen sowie sinnhafter Arbeit,
- für die Anteilseigner in Form einer hohen Rendite,
- für den Staat und seine Bürger in Form von Steuern, Abgaben, Spenden sowie eines Beitrags zur allgemeinen Entwicklung des Wohlstands.

Die gesellschaftliche Stellung ist unübersehbar und wird nicht selten unterschätzt. Es ist daher zweckmäßig, sich mit dem Phänomen des unternehmerischen Handelns philosophisch auseinanderzusetzen. Dies wird in diesem Buch aus der Sicht des Managements getan und in Form einer Symbiose in eine Management-Philosophie münden. Erkenntnisse der Philosophie sollen auf die Betriebswirtschaft, genauer gesagt: auf die Wissenschaft der Unternehmensführung übertragen werden. Ziel ist es, den Einstieg in eine philosophiegesteuerte Unternehmensführung zu bereiten. Die Ganzheitlichkeit ergibt sich insbesondere aus der Interdisziplinarität der einbezogenen Wissenschaftsgebiete, wie es für die meisten Philosophen typisch ist. Die praktische Philosophie verfolgt seit jeher einen ganzheitlichen Ansatz und vereint gesellschaftliche, wirtschaftliche und politische Belange.

Ausgehend von einer unternehmerischen Vision, die ein Individuum oder eine Gruppe von Individuen anspornen, verläuft die Umsetzung der unternehmerischen Idee auf einem Weg, der wiederkehrend von verschiedenen Determinanten beeinflusst wird. Philosophie ist hierbei keine „Denksportschule", sondern die Art und Weise des unternehmerischen Handelns einschließlich seiner Orientierung für Werte, Ziele und Taten.

Die gesellschaftliche Verantwortung der Unternehmung besteht vor allem darin, die Mitglieder der Gesellschaft mit Güter und Dienstleistungen zu versorgen, die sie benötigen und begehren, und das in möglichst effizienter Weise, sodass Ressourcen in materieller, personeller und finanzieller Hinsicht nicht verschwendet werden. Die Führungspersonen in Unternehmen sind sich zunehmend darüber im Klaren, dass ihr Wirken und damit auch ihre Verantwortung längst nicht mehr nur den Kunden und Mitarbeitern gegenüber gilt, sondern den Ansprüchen der verschiedenen gesellschaftlichen Gruppen standhalten muss. Staatliche Aufsichtsbehörden, öffentliche Medien, Interessengemeinschaften der Bürger, verbündete Unternehmen und Verbände, um nur einige zu nennen, stellen einen erweiterten Wirkungskreis im unternehmerischen Umfeld dar.

Dies klingt selbstverständlich, und doch werden unternehmenspolitische Instrumente insbesondere von jungen Führungskräften ohne Bewusstsein darüber angewendet, wie das gesellschaftliche Leben durch ihr unternehmerisches Handeln verändert wird. Manager schaffen durch ihre Entscheidungen Realitäten und verändern in mehr oder weniger großem Umfang die „reale Welt". Die Erkenntnisse der Philosophie geben hierbei wertvolle

Beihilfe, wenn es gelingt, die Botschaft richtig zu übersetzen. Im ersten Teil des Buches erfolgt daher zunächst eine kurze Einführung, sozusagen als „Daseinsberechtigung" der philosophiegesteuerten Unternehmensführung.

Ein willkommener Nebeneffekt ist die Klarstellung der Begriffe. So werden im zweiten Teil des Buches insbesondere die Gegenstandsbereiche der Unternehmensethik, Unternehmensphilosophie, Unternehmenskultur, Unternehmensstrategie, Unternehmenspolitik und Unternehmenstaktik, die in der Literatur teils sehr unterschiedlich, teils synonym anzutreffen sind, klar voneinander abgegrenzt und in ein ganzheitliches Modell der philosophiegesteuerten Unternehmensführung integriert. Im unternehmerischen Lebenslauf haben alle Gegenstandsbereiche ihre Bedeutung. Häufig besteht in der Wissenschaft Unkenntnis über ihre praktische Relevanz; in der Praxis dagegen vielerorts Unkenntnis über ihre Existenz.

Aufgabe dieses Buches ist aus diesem Grund weiterhin, die systematischen Zusammenhänge in der Unternehmenswelt aufzuzeigen, was mit Hilfe zahlreicher Unternehmensbeispiele vollzogen werden soll. Auf diese Weise wird das „philosophische Universum des Unternehmens" für den Leser etwas greifbarer. Vom Stil her ist es Absicht, zahlreiche Textauszüge aus der Philosophiegeschichte und Unternehmenspraxis im Original wiederzugeben, die zum Philosophieren oder zumindest zum Nachdenken über die eigene Managementtätigkeit anregen sollen. Ebenso die Leitzitate namhafter Philosophen, Politiker oder Unternehmensführer vor den jeweiligen Abschnitten.

Ergebnis soll im Sinne eines entscheidungsorientierten Ansatzes ein roter Faden für das Management sein. Die konkreten Handlungsempfehlungen sind am Ende des Buches zusammengefasst, was auch dem zeitlich beanspruchten (Schnell-)Leser entgegenkommen dürfte.

Dieses Buch ist eine klassische Symbiose aus wissenschaftlicher Tätigkeit und praktischer Erfahrung. Es soll daher gleichermaßen zur Bereicherung für die Managementpraxis als auch für Studierende und Führungsnachwuchskräfte beitragen.

Ohne die langjährige Tätigkeit an der *Ostfalia Hochschule für angewandte Wissenschaften* in Wolfsburg wäre diese Arbeit sicherlich nicht entstanden. An dieser Stelle daher mein aufrichtiger Dank an die gesamte Fakultät und dem Dekanat am Campus Wolfsburg für die gute und fruchtbare Zusammenarbeit. Die Vorbereitung und Durchführung der Lehrveranstaltungen samt Literaturstudium, Übungen, Vorträge und dergleichen, hält den Blick offen für aktuelle Entwicklungen in der Wissenschaft. Auf der anderen Seite wäre das Buchprojekt ohne die langjährige Erfahrung aus der geschäftsführenden Tätigkeit in einer expansiven Unternehmensgruppe ebenso wenig möglich bzw. sinnhaft gewesen, würde man doch ansonsten häufig wie „ein Blinder von der Farbe sprechen".

Allen Lesern wünsche ich anregende Momente und viel Inspiration beim Studium der nachfolgenden Kapitel. Allen Beteiligten, die an der Erstellung des Buches mitgewirkt haben, danke ich aufrichtig für die engagierte Mitarbeit.

Wolfsburg, im August 2011   Dr. Falk Hecker
                                                              f.hecker@ostfalia.de

Inhaltsverzeichnis

Vorwort 5

Teil I: Die Einführung in die philosophiegesteuerte Unternehmensführung 9

1	Die Entwicklungsstufe der Management-Philosophie 11	
2	Die Einführung in die Management-Philosophie 15	
2.1	Leitgedanken der Philosophie 15	
2.2	Die Begründung der Management-Philosophie 18	
2.3	Das Spannungsfeld zwischen Mensch und Philosophie 19	
3	Die Macht und Kraft der Gedanken 25	
3.1	Die philosophische Bedeutung von Gedanken 25	
3.2	Der realitätsschaffende Charakter von Gedanken 27	
3.3	Das kritische Denken als Vorstufe zur Kreativität 30	

Teil II: Die Grundelemente philosophiegesteuerter Unternehmensführung 35

4	Der Gegenstand der Unternehmensführung und der Überblick über das Gesamtmodell 37	
4.1	Der Gegenstand der Unternehmensführung 37	
4.2	Der entscheidungsorientierte Ansatz 40	
4.3	Die Grundelemente einer entscheidungsorientierten Management-Philosophie 42	
5	Die Unternehmensvision 45	
5.1	Auf die Vision kommt es an 45	
5.2	Das Erfolgspotenzial von Ideen 50	
5.3	Die Visionsfindung 52	
5.4	Die Visualisierung von Gedanken 57	
5.5	Motivation und Verantwortung von Visionen 60	
6	Die Unternehmensethik 63	
6.1	Der Gegenstand der Unternehmensethik 63	
6.2	Der Einfluss des Rechts- und Wertesystems einer Gesellschaft 67	
6.3	Die Kardinaltugenden für das Management 71	
6.4	Compliance Management 77	

7	**Die Unternehmensphilosophie**	**83**
7.1	Einführung	83
7.2	Der Mythos einer Unternehmensphilosophie	84
7.3	Die Bestandteile einer Unternehmensphilosophie	85
8	**Die Unternehmenskultur**	**107**
8.1	Der Überblick	107
8.2	Die Führungsmacht	112
8.3	Die Motivation zur Leistung	115
8.4	Die Führereigenschaften	120
8.5	Der Einfluss der Führungsstile	123
8.6	Die Funktion und Bedeutung von Gruppen (Teambildung)	130
9	**Die Unternehmensstrategie**	**137**
9.1	Die Grundlagen strategischer Entscheidungen	137
9.2	Die kategorialen Strategietypen	139
9.3	Das Konzentrationsprinzip	141
9.4	Der strategische Geschäftsplan	143
9.5	Die strategiefokussierte Organisation	145
10	**Die Unternehmenspolitik**	**149**
10.1	Die Übersicht der Entscheidungsdimensionen und die Gestaltung von Zielvorgaben	149
10.2	Die entscheidungsorientierte Managementpolitik	151
10.3	Ausgewählte Managementprinzipien	154
10.4	Ausgewählte Managementgrundsätze	157
10.5	Ausgewählte Managementsyndrome	161
11	**Die Unternehmenstaktik**	**165**
11.1	Die Grundlagen taktischer Maßnahmen	165
11.2	Die Gestaltung des Wandels – „Change-Management"	168
11.3	Heuristische Erfahrungsregeln taktischer Management-Praxis	171

Die zusammenfassenden Grundregeln für ein erfolgreiches Management 173

Abbildungsverzeichnis 179
Literaturverzeichnis 181
Personenverzeichnis 187
Stichwortverzeichnis 191
Der Autor 197

Teil I:
Die Einführung in die philosophiegesteuerte Unternehmensführung

Teil I:

1 Die Entwicklungsstufe der Management-Philosophie

Nach Begründung der Betriebswirtschaftlehre hat sich die Unternehmensführungslehre korrespondierend zu den Hauptproblemen der jeweiligen Epochen sukzessive weiter entwickelt. Bestand nach dem zweiten Weltkrieg der Handlungsbedarf in der Koordination beziehungsweise Organisation der quantitativen Produktionsanforderungen, wodurch sich die Spezialisierung nach den verschiedenen Funktionsbereichen in Unternehmen entwickelt hat, überstrahlte mit zunehmendem Wettbewerb und ersten Sättigungstendenzen das Marketing-Management und die zunehmende Vertriebsorientierung die Ausrichtung der Betriebswirtschaftlehre im Bereich der Unternehmensführung.

Nicht zuletzt durch das Zusammenwachsen der Märkte im Zuge der Internationalisierung erweiterte sich der Wettbewerbsdruck stetig und es wurde das Zeitalter des strategischen Managements mit all seinen Facetten etabliert. In der Folge nahm das organisationale Lernen im Hinblick auf Effizienz- und Effektivitätssteigerung immer weiter zu. Das Prozessmanagement mit seinen unterschiedlichen Ausprägungen des Total Quality Management sowie das Denken in Kernkompetenzen beherrschten sodann die Managementlehre.

Das im Extrem praktizierte Effizienzdenken steigerte den Anspruch an die Wertsteigerung von Seiten der Kapitalgeber. Stakeholder Value Management war das Schlagwort und die neuen Institutionen der Finanzbranche unterstützten mit kreativen Mitteln das Heben von stillen Reserven über diverse Hebelmechanismen, sogenanntes „asset-stripping". Immer mehr wird versucht, die zukünftige Leistungsfähigkeit der Unternehmen bereits auf Heute zu kapitalisieren. Das schnelle Voranschreiten der Informationstechnologie erzeugte zudem einen regelrechten Internet-Hype mit übertriebenen Unternehmensbewertungen. Trotz der Korrekturen auf den Aktienmärkten nahm das Investmentbanking zum Ende des letzten Jahrzehnts erst seinen richtigen Lauf. Als mit der Finanzmarktkrise die Blase wiederholt platzte, stieg der öffentliche Druck auf das Management. Ganzheitliches Denken und Handeln mit gesellschaftlicher Verantwortung wurde den jeweiligen „Wirtschaftssubjekten" auf die Fahne geschrieben.

Die Gesellschaften entwickeln sich weiter. Das Mitspielen der bevölkerungsreichsten Länder der Erde im internationalen Wirtschaftsleben führte in den letzten Jahren zunehmend zu der Erkenntnis, dass Umwelt und Rohstoffe knappe Güter sind. Nachhaltigkeit und ethische Verantwortung werden vom Management verlangt. Die moralischen Anforderungen finden Einklang in Gesetzen und Richtlinien. „Compliance Management" lautet die Antwort aus der Wirtschaft, nicht zuletzt aufgrund Aufsehen erregender Skandale in den Führungsetagen deutscher Großunternehmen.

Das Management steht nunmehr mitten in der gesellschaftlichen Verantwortung. Offenlegung und Selbstbeschränkung von Gehältern, Gleichberechtigung und „Frauenquote" in den Gremien, ethisches Handeln, ökologische Verantwortung und Nachhaltigkeit, um nur einige Punkte zu nennen, beeinflussen und bewegen die Unternehmensführung zunehmend in eine neue Dimension. Gleichzeitig wächst das Anspruchsdenken der Mitarbeiter innerhalb der Unternehmen. Untersuchungen zeigen zudem, dass der wichtigste Grund für fehlendes Engagement von Beschäftigten auf schlechtes Management zurückzuführen ist.[1] Im Gegenzug profitieren Unternehmen mit einer lebenswerten Arbeitskultur von engagierteren und loyaleren Mitarbeitern, die zudem mehr Innovationspotenzial und eine größere Veränderungsbereitschaft mitbringen und geringere Fehlzeiten beziehungsweise Fluktuation aufweisen.[2]

Unsere gesellschaftspolitischen Systeme sind allesamt von einem Anstieg an Komplexität und Dynamik gekennzeichnet. Wir haben immer mehr Veränderungen in immer kürzerer Zeit zu bewältigen. Die aufgrund von sogenannten „Burn-outs" stetig ansteigende Ausfallquote im Management ist ebenfalls ein Indiz dafür. Das Wirtschaften nach herkömmlichen Prinzipien kann dieser Entwicklung nicht mehr hinreichend Rechnung tragen. Ganzheitliche Lösungsansätze und ein neues, aufbauendes Denken sind sowohl in Wirtschaft, Politik und Gesellschaft gefragt.

Der Manager als „Alpha-Tier" hat eine besondere Autorität, die nicht einfach nur Kraft Hierarchie übertragen, sondern die er sich erarbeiten, regelrecht verdienen muss. Der Manager als Leitfigur ist immer auch Vorbild und beherrscht den Umgang mit anderen Menschen. So müssen im Management täglich Aussagen getroffen werden, an denen sich andere orientieren: Planzahlen und Erwartungen zur Geschäftsentwicklung, Stellungnahme in Gremien und Versammlungen, gegenüber Investoren, gegenüber der Presse und Öffentlichkeit, Mitarbeitergespräche und vieles mehr. Als Mensch ist man nicht selten verleitet, zu dramatisieren, zu euphorisieren, zu überziehen. Die Aussage eines Managers wird jedoch höher gewichtet, und man verliert schnell das Vertrauen und an persönlicher Wertschätzung, wenn die eigenen Worte nicht standhalten. Der (Top-)Manager wird sich von der Masse seiner „Zunft" in Zukunft dadurch unterscheiden, dass er stets die Kraft hat, die Angelegenheiten im Unternehmen aus einer Metaperspektive zu betrachten. Das Leben ist ambivalent und insbesondere das Geschäftsleben zeichnet sich dadurch aus, dass es selten nur eine Lösung für die Aufgaben und Probleme dieser (Unternehmens)Welt gibt. Ein guter Manager braucht einen Fundus an Weisheiten, um nachhaltig gute Führung praktizieren zu können und eine „Antenne" dafür zu entwickeln, was „hinter den Dingen" steht. Häufig gibt es im Unternehmensgebaren einen guten und einen wahren Grund. Dies herauszufinden, ist nicht zuletzt Gegenstand der Philosophie.

Zusammenfassend kann man festhalten, dass die Managementlehre sich innerhalb der Betriebswirtschaftslehre emanzipiert hat. Wegbereiter dafür war zunächst die Spezialisierung, allen voran durch die betriebswirtschaftliche Organisationslehre, die sich zunehmend von den rein strukturellen und prozessualen Betrachtungen löste und von verhal-

---

[1] Vgl. Engagement-Index 2010, hrsg. v. Gallup GmbH, 2011.
[2] Vgl. Great Place to Work Institute Deutschland: Benchmarkstudie und Wettbewerb „Deutschlands Beste Arbeitgeber", 2011.

tenswissenschaftlichen Erkenntnissen bereichert wurde. Auf diese Weise entwickelte sich eine zunehmende Interdisziplinarität und Öffnung gegenüber den übrigen Sozialwissenschaften, so auch der Philosophie.[3]

Die Management-Philosophie gewinnt als Konsequenz eine eigenständige Daseinsberechtigung in der Betriebswirtschaftslehre der Unternehmensführung.

Abbildung 1.1: Die Entwicklungsstufen der Managementlehre

---

[3] Vgl. auch Bleicher 2011, S. 45 f.

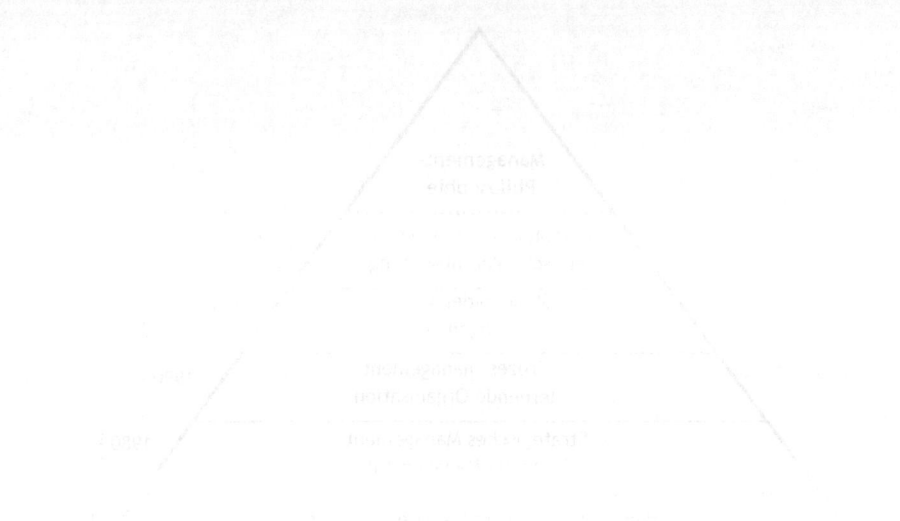

2 Die Einführung in die Management-Philosophie

Leitzitat:

„Sagen und Taten machen einen vollendeten Mann. Sagen soll man, was vortrefflich, und tun, was ehrenvoll ist: das eine zeigt die Vollkommenheit des Kopfes, das andere die des Herzens, und beide gehen aus der Erhabenheit der Seele hervor … Das Sagen ist leicht, das Tun schwer. Die Taten sind die Substanz des Lebens, die Reden sein Schmuck. Das Ausgezeichnete in Taten ist bleibend, das in reden vergänglich. Die Handlungen sind die Frucht der Gedanken: waren diese weise, so sind jene erfolgreich."

Balthasar Gracián

2.1 Leitgedanken der Philosophie

Was ist Philosophie? Wozu braucht man (eine) Philosophie? Als Teilgebiete der Philosophie lassen sich zunächst folgende Wissenschaftsgebiete nennen:[4]

- *die Metaphysik,* welche sich mit dem Weltganzen beziehungsweise dem sinnlich nicht Erfahrbaren beschäftigt.
- die *Ontologie,* dem Sein in seiner Gesamtheit.
- die *Logik,* als die Lehre vom (Folge) richtigen und geordneten Denken und der Wahrheit.
- die *Ethik,* als die Lehre vom richtigen (rechten) Handeln.
- die *Ästhetik,* als die Lehre vom Schönen und seiner Erscheinungsformen in den Künsten und der Natur.
- die *Anthropologie,* zur Selbstbestimmung des Menschen und seiner Stellung in der Welt.

Hauptgegenstand der Philosophie soll der Mensch sein. „Philosophie ist der Versuch des Menschen, die Rätsel seines Daseins – der ihn umgebenen äußeren Welt wie seines eigenen Innern – mit dem Mittel des Denkens zu lösen."[5] Die Philosophie hat somit ihre Wurzeln mit dem Beginn von Sprache und Denken gefunden. Sprache will nicht nur etwas aussagen oder konstatieren. Sprache ist Voraussetzung für das Denken und gleichzeitig auch

---

[4] vgl. Kunzmann, Burkard 2007, S. 13.
[5] Störig 2002, S. 22.

seine Grenze. Sprache und Denken sind Vorgänge, durch welche Menschen erst zu Menschen im engeren Sinne gemacht werden. In diesem Zusammenhang gewinnt der berühmte Satz von *René Descartes (1596–1650)*, einer der großen Philosophen des späten Mittelalters beziehungsweise Barocks eine besondere Bedeutung: „Ego cogito, ergo sum, sive existo – ich denke, also bin ich". Ein viel zitierter Satz, dessen Herleitung häufig jedoch nicht bekannt ist. *Descartes* stellte alles in Frage, um zu sehen, ob die Erkenntnis auch radikalen Zweifeln standhält. Könnte es sein, dass der menschlich Verstand zur Erkenntnis der Wahrheit ungeeignet ist? Alles, was wir von außen wahrnehmen, könnte eine Täuschung sein! Man lasse sich die folgende Übersetzung der *Descartes'schen* Gedanken auf sich wirken und dabei von dem teils ungewohnten Sprachstil nicht stören.

„… Seit langem hatte ich bemerkt, dass in betreff der Sitten man bisweilen Ansichten, die man als sehr unsicher kennt, folgen müsse, als ob sie ganz zweifellos wären. Aber weil damals bloß der Erforschung der Wahrheit leben wollte, so meinte ich gerade das Gegenteil tun zu müssen und alles, worin sich auch nur das kleinste Bedenken auffinden ließe, als vollkommen falsch verwerfen, um zu sehen, ob danach nicht ganz Unzweifelhaftes in meinem Fürwahrhalten übrigbleiben würde. So wollte ich, weil unsere Sinne uns bisweilen täuschen, annehmen, dass kein Ding so wäre, wie die Sinne es uns vorstellen lassen; und weil sich manche Leute in ihren Urteilen selbst bei den einfachsten Materien der Geometrie täuschen und Fehlschlüsse machen, so verwarf ich, weil ich meinte, dem Irrtum so gut wie jeder andere unterworfen zu sein, alle Gründe als falsch, die ich vorher zu meinen Beweisen genommen hatte; endlich, wie ich bedachte, dass alle Gedanken, die wir im Wachen haben, uns auch im Schlaf kommen können, ohne dass dann einer davon wahr sei, so machte ich mir absichtlich die erdichtete Vorstellung, dass alle Dinge, die jemals in meinem Geist gekommen, nicht wahrer seien als die Trugbilder meiner Träume. Alsbald aber machte ich die Beobachtung, dass, während ich so denken wollte, alles sei falsch, doch notwendig *ich*, der das dachte, irgendetwas sein müsse, und da ich bemerkte, dass diese Wahrheit „Ich denke, also bin ich" (je pense, donc je suis; Ego cogito, ergo sum, sive existo) so fest und sicher wäre, dass auch die überspanntesten Annahmen der Skeptiker sie nicht zu erschüttern vermöchten, so konnte ich meinem Dafürhalten nach als das erste Prinzip der Philosophie, die ich suchte, annehmen.

Dann prüfte ich aufmerksam, *was* ich wäre, und sah, dass ich mir vorstellen könnte, ich hätte keinen Körper, es gebe keine Welt und keinen Ort, wo ich mich befände, aber dass ich mir deshalb nicht vorstellen könnte, dass *ich* nicht wäre; im Gegenteil, selbst daraus, dass ich an der Wahrheit der anderen Dinge zu zweifeln dachte, folgte ja ganz einleuchtend und sicher, dass ich war; sobald ich dagegen aufgehört zu denken, mochte wohl alles andere, das ich mir jemals vorgestellt, wahr gewesen sein, *ich* aber hatte keinen Grund mehr, an mein Dasein zu glauben. Ich erkannte daraus, dass ich eine Substanz sei, deren ganze Wahrheit oder Natur bloß im *Denken* bestehe und die zu ihren Dasein weder eines Ortes bedürfe noch von einem materiellen Dinge abhänge, so dass dieses *Ich*, das heißt die Seele, wodurch ich bin, was ich bin, vom Körper völlig verschieden und selbst leichter zu erkennen ist als dieser und auch ohne Körper nicht aufhören werde, alles zu sein, was sie ist ..."⁶

Jeder möge in einem Selbstversuch sich vorstellen, man existiere nicht. Es gelingt mit einem Körperteil, zum Beispiel, dass man keine Hand oder Fuß hätte, aber es gelingt uns nicht vorzustellen, dass es uns nicht gäbe. Sobald wir denken, existieren wir.

Jeder von Menschen gedachte Gedanke muss – um objektiv in Erscheinung zu treten – sich notgedrungen einer sprachlichen Aussageform bedienen. Dies gilt selbst für logische, streng wissenschaftliche Zusammenhänge, bei denen hilfsweise eine Kunstsprache (Formelsprache) zur Anwendung kommt, um Wahrheitswerte beziehungsweise Funktionszusammenhänge auszudrücken. Sprache ist dabei in Anlehnung an *Wilhelm von Humboldt (1767–1835)* nichts fest Vorgegebenes, sondern dynamisch und immer in Bewegung und Veränderung. Der Vorrat an Wörtern, Wendungen, Fügungen, den unsere Sprache bereithält, ist einer einzigartigen Mischung von Zufall und Notwendigkeit entsprungen.

Durch das Denken (und natürlich durch den aufrechten Gang) heben wir Menschen uns von der Tierwelt ab. Besonders bei einem Kind, welches gerade sprechen lernt, merkt man mit jedem neu gelernten Begriff, wie sich auch die Verstandeswelt erweitert. Es hört Sprachlaute, versucht sie zu imitieren, lernt allmählich die Sprache zu verstehen und einzusetzen. Das Kind kann, sobald es die Sprache gelernt hat, eine unbegrenzte Anzahl von Sätzen bilden oder auch verstehen, die es niemals zuvor gehört hat. Ergo, mit der Erweiterung der Sprache, erweitert sich auch das Wissen.

Semantisch gesehen setzt sich der Begriff „Philosophie" aus dem gr./lat. „philos" – Freund und „sophia" – Weisheit zusammen, sodass man als freie Übersetzung die Philosophie als „Liebe zur Weisheit" bezeichnen könnte, oder die Wissenschaft vom Denken.

Im Gegensatz zur Religion, welche in ihrem Wesen primär an den Glauben appelliert, verwendet die Philosophie das Denken als ihr eigentliches Mittel. Begrifflich lässt sich der Gegenstand der Philosophie nicht eindeutig abgrenzen, und es kommt vor allem bei der Sinn- und Daseinsfrage stets zu einer Verwicklung mit Glaubensinhalten. So verwundert es nicht, dass nahezu alle herausragenden Philosophen sich auch mit der Theologie beschäftigt haben.

In der Antike umfasste die Philosophie das ganze damals verfügbare (theoretische) Wissen. Philosophie war allumfassend und diente allgemein der Vermehrung des Wissens. Seit Beginn der Neuzeit haben sich die Naturwissenschaften, ab dem 18. und 19. Jahrhundert dann auch die Geistes- und Sozialwissenschaften von der Philosophie emanzipiert. Aus den übergeordneten Wissenschaftsgebieten der Philosophie erwachsen die zahlreichen Einzelphilosophien, wie zum Beispiel die Naturphilosophie, die Kulturphilosophie, die Geschichtsphilosophie, die Rechtsphilosophie, die Sozialphilosophie usw.

---

⁶ Descartes, René: Die Beweisgründe für das Dasein Gottes und der menschlichen Seele als Grundlage der Metaphysik, aus der Abhandlung über die Methode des richtigen Vernunftgebrauchs, in: Schorlemmer (Hrsg.) 2003, S. 474 f.

2.2 Die Begründung der Management-Philosophie

Die praktische Philosophie bestand seit *Aristoteles (384–322 v. Chr.)* aus den drei Disziplinen der Ökonomie, Politik und Ethik. Diese Einheit wurde spätestens durch die Verselbständigung der ökonomischen Theorie seit *Adam Smith (1723–1790)* verlassen. Politische oder moralische Rechtfertigungszwänge traten in den Hintergrund. Maßgebend waren schwerpunktmäßig die ökonomische Rationalität, also die wirtschaftliche Leistung und die Lehre vom effizienten Handeln.[7]

Analog kann die Verbindung zwischen der Philosophie- und Wirtschaftswissenschaft gebildet werden. Auch hier nimmt die Stellung des Menschen eine überragende Bedeutung ein. Häufig wird vergessen, dass das Unternehmen ein soziales Gebilde ist, welches durch Menschen geprägt wird. Alle wirtschaftlichen Aktivitäten werden durch Menschen geleitet.[8] Insofern sind wirtschaftliche Prinzipien, wie zum Beispiel das erwerbswirtschaftliche Prinzip der Gewinnerzielung oder Managementprinzipien, geradezu prädestiniert auch philosophisch beleuchtet zu werden. Gegenstand der Management-Philosophie sind beispielsweise folgende Fragestellungen:

- Wie ist die Stellung des Menschen im Unternehmen?
- Nach welchen Grundsätzen sollen Mitarbeiter geführt und Kunden behandelt werden?
- Welche Maßnahmen sind im Wettbewerb mit anderen Marktteilnehmern zulässig?
- Welche langfristige Daseinsberechtigung kommt dem Unternehmen zu?
- Welche Werte schafft das Unternehmen für die Gesellschaft?
- Wie werden die Interessen der Eigentümer berücksichtigt?
- Wie soll mit der Umwelt und Natur (Ressourcen) umgegangen werden?

Aufgabe der Philosophie ist es somit auch, die Unternehmenswelt zu erklären und Antworten auf die Fragen zu geben. Neben der Logik und naturwissenschaftlichen Aspekten kommt dabei vor allem der Ethik eine hohe Bedeutung zu.

Das Wesen einer Management-Philosophie mit seiner grundlegenden Werte- und Verhaltensorientierung wurde erstmals durch *Peter Ulrich* und *Edgar Fluri* erfasst:

> „Unter Management-Philosophie werden ... die grundlegenden Einstellungen, Überzeugungen, Werthaltungen verstanden, welche das Denken und Handeln der maßgeblichen Führungskräfte in einem Unternehmen beeinflussen. Bei diesen Grundhaltungen handelt es sich stets um Normen, um Werturteile, die aus den verschiedenen Quellen

---

[7] Vgl. Dyllick 1992, S. 80 ff.

[8] Im Gegensatz zu natürlichen Systemen, die aus sich selbst heraus entstehen, sind soziale Systeme das Ergebnis konstruktiven Denkens und Handelns von Menschen. Vgl. Probst 1983, S. 326.

stammen und ebenso geprägt sein können durch ethische und religiöse Überzeugungen wie auch durch die Erfahrungen in der bisherigen Laufbahn einer Führungskraft."[9]

Der normative Charakter des Management wird demzufolge in den Vordergrund gestellt. Ausgehend von der Erkenntnis, dass jedes Unternehmen an seinen Werten – materiell wie immateriell – gemessen wird, hat Management-Philosophie somit stets mit Wertefragen zu tun, wie zum Beispiel der Wertebehandlung, Wertevermittlung und Werteentwicklung.[10]

Als „Management-Philosophie" bezeichnet man demzufolge eine ganzheitlich ausgerichtete, werteorientierte Unternehmensführung, welche sich ausgehend vom Mensch als Individuum mit dem Unternehmen in seiner Gesamtheit und seiner Stellung in der Gesellschaft beschäftigt sowie dem ethisch verantwortlichen Handeln der Unternehmensführung.

Die Management-Philosophie wird hier also nicht als Synonym mit der Unternehmensphilosophie gleichgesetzt, welche die Sollvorgaben, die Grundsätze zur Umsetzung der Unternehmensstrategie vorgibt, sondern übergreifend als ganzheitliche Unternehmensführung verstanden. Die Management-Philosophie soll die Generalisten in der Unternehmensführung wieder fördern, nachdem sich vielerorts ein regelrechtes Spezialistentum – auch im obersten Führungskreis – entwickelt hat. In einer global vernetzten Welt ist es immanent wichtig, den Gesamtüberblick zu behalten. Die Management-Philosophie steht im Spannungsverhältnis von Wirtschaft, Politik und Gesellschaft und rückt somit wieder in die ganzheitliche Betrachtung der Wirtschaftswissenschaft.

2.3 Das Spannungsfeld zwischen Mensch und Philosophie

Leitzitat:

„Wenn es keine Menschen gäbe, gäbe es keine Wirtschaft. Folglich ist die Wirtschaft für den Menschen da und nicht umgekehrt."

Götz Werner

Immanuel Kant (1724–1804) hat rückschauend auf sein Lebenswerk gesagt, dass seine Arbeit auf die Beantwortung von drei Fragen ausgerichtet war:[11]

---

[9] Ulrich, Fluri 1995.
[10] Vgl. Probst 1983, S. 322–332; vgl. auch Bleicher 2011, S. 100 ff.
[11] Vgl. Störig 2002, S. 27.

- Was *können* wir wissen?
- Was *sollen* wir tun?
- Was *dürfen* wir glauben?

Die erste Frage betrifft das menschliche Erkennen. Wie ist die Welt beschaffen? Die zweite Frage geht auf das menschliche Handeln. Wie soll ich mein Leben gestalten, wie verhalte ich mich gegenüber Mitmenschen? Die dritte Frage zielt auf den menschlichen Glauben ab. Gibt es eine höhere Macht oder Unsterblichkeit?

Im Gegensatz zum reinen Götterglauben versucht die Philosophie seit der griechischen Antike die Phänomene der Welt mit Hilfe des Denkens (insbesondere der Logik) zu erklären. Jede Philosophie ist daher auch Aufklärung.[12]

Ziel der Philosophie ist es insbesondere, Sollvorgaben für das Leben zu entwickeln; im Sinne einer Management-Philosophie demzufolge Sollvorgaben für das Leben und Wirtschaften im Unternehmen, eine der wichtigsten Aufgaben der Unternehmensführung.

Für die nachfolgenden Untersuchungen und Ausführungen zur Management-Philosophie ist Ausgangspunkt der Mensch als Individuum. Die Herkunft und Daseinsberechtigung des Menschen beschäftigt große Bereiche der Philosophie. Die ethische, religiöse oder biologische (Vor-)Prägung des Menschen hat natürlich einen gehörigen Stellenwert bei den Einflussfaktoren. Im Mittelpunkt steht jedoch der Mensch, das Individuum und *nicht* die Schöpfung. Philosophisch wäre dennoch zu klären, was ein Mensch ist. Die Betrachtung des rein betriebswirtschaftlichen „Homo oeconomicus" ist nicht hinreichend. Wir gehen täglich mit Menschen um, haben unsere schulischen Vorkenntnisse über die Biologie des Menschen als Lebewesen und wissen sicherlich um das hohe, verfassungsgeschützte Gut der Würde des Menschen. Eine recht anschauliche Beschreibung des Menschen stellt im Folgenden der Dogmatiker *Walter Kasper* dar, der die Einmaligkeit und gleichzeitige unendliche Offenheit des Menschen anthroposophisch beleuchtet.

Jeder Betriebswirt, jeder Manager ist gehalten, sich mit der Eigenart des Menschen auseinanderzusetzen. Die Gewinnung von Menschen, sei es als Kunden, Mitarbeiter, Kooperations- oder Lieferantenpartner, ist aus philosophischer Sicht die größte Herausforderung und damit Hauptaufgabe des Managements.

> „Wir Menschen sind seltsame Wesen. Dauernd machen wir uns Gedanken über uns selbst. Wir sind nicht einfach da, tun unsere Arbeit, schauen auf unser Fortkommen, sind gesund oder krank. Wir denken über alles dies nach. Wir fragen, wie wir auf andere wirken, warum und wozu wir da sind, wozu wir arbeiten oder krank sind. Solche

---

[12] Nach Immanuel Kant ist Aufklärung der Ausgang des Menschen aus seiner selbst verschuldeten Unmündigkeit. Aufklärung ist bestimmt durch den Gebrauch der Vernunft und die eigenständige Leistung des denkenden Individuums in Distanz zu Tradition und Autorität. Vgl. Kunzmann, Burkard, Wiedmann 2007, S. 103.

> Gedanken können einen Menschen froh und glücklich, aber auch unzufrieden, ja krank machen. Oft genug werden wir uns selbst zum Problem. Die Innenwelt des Menschen ist für uns also genauso eine Realität wie die Außenwelt. Ja, sie ist im Grund noch wichtiger. Denn wir Menschen betrachten die Außenwelt von unserem Standpunkt aus; wir machen uns zum Zentrum, von dem her sich unsere Welt aufbaut. Wenn wir diese Beobachtungen, die jeder mit sich selbst machen kann, zusammenfassen, dann können wir sagen: Der Mensch ist kein Ding, das einfach vorhanden ist, kein Es, sondern ein Ich, das auf sich selbst bezogen ist und seiner selbst bewusst ist. Der Mensch hat in sich selbst eine Mitte, er steht in sich selbst. Deshalb ist der Mensch nie eine bloße Nummer, ein Fall, ein auswechselbares Rädchen im großen Weltprozess. Jeder Mensch ist einmalig, unvertauschbar und unwiederholbar. Er darf nie bloßes Mittel zum Zweck sein; er ist Selbstzweck ... Wir Menschen sind auf andere Menschen angewiesen. Die meisten Menschen halten es gewöhnlich nicht gut aus, lange Zeit allein und einsam zu sein. Sie brauchen andere Menschen, denen sie sich mitteilen können, die sie bestätigen und ermutigen, die sie aber auch ergänzen uns bereichern. Der Menschen will angenommen, bejaht und geliebt werden. Ein Ich dagegen, das sich egoistisch in sich selbst verschließt, verarmt und verkümmert. Das Ich ist also auf das du angewiesen. Ich und Du stehen aber wieder in einer größeren Welt des Wir. Dieses Wir meint die Familie, die Freunde, die Schulklasse, die Kollegen am Arbeitsplatz, die Gemeinde, den Staat, die ganze Menschheit. Immer ist das Ich darauf angewiesen, dass ihm von den anderen ein Raum der Freiheit gewährt wird, dass es als Person anerkannt wird ... So bewegt sich das menschliche Leben in der Spannung von Ich und Du, von Ich und Wir. Diese Spannung ist aufhebbar. Ich allein wäre Egoismus, Wir allein wäre Kollektivismus. Das weist darauf hin, dass zur menschlichen Person noch eine dritte Dimension gehört. Sie ist sogar die wichtigste und die grundlegendste, weil sie erst die beiden anderen zusammenhält. Gemeint ist jenes merkwürdige letzte Unerfülltsein, jenes Suchen und Hungern nach Mehr. Es kann sich in primitiver Weise äußern, wenn Menschen immer noch mehr besitzen, immer noch mehr leisten oder immer noch mehr Vergnügen oder Einfluss und Ansehen haben wollen und dabei doch immer unzufriedener und rastloser, ja innerlich leer und hohl werden. Das Streben nach Mehr kann sich auch äußern im Wissensdurst des Menschen, im rastlosen Suchen nach Wahrheit, oder im selbstlosen Einsatz für eine bessere und gerechtere Welt. Das Streben nach Mehr kann sich aber auch negativ äußern in der fruchtbaren Erfahrung einer entsetzlichen Leere oder Oberflächlichkeit des alltäglichen Betriebs. In diesen unterschiedlichen Phänomenen geht es immer darum, dass der Mensch mehr sucht, dass er sich und die Welt übersteigt und dabei nie an ein Ende kommt. Wir sind als Menschen nie fertig, sondern stets unterwegs ..."[13]

Bei der Existenzbetrachtung wirkt sich erschwerend, dass im Sinnesapparat des Menschen alles nebeneinander oder hintereinander stattfinden muss. Auf der einen Seite zeichnet dies ein strukturiertes Management aus. Auf der anderen Seite „versklaven" wir uns in Korridoren. Auch hier lohnt sich eine philosophische Betrachtung. Danach sind wir gefan-

---

[13] Kasper 1979, S. 1 f.

gen in Raum und Zeit. Wir suchen vergebens nach dem Anfang und Ende der Zeit. Die Urknalltheorie hilft uns in dieser Beziehung nur begrenzt weiter. Denn was war vor dem Urknall? Es gelingt uns nicht, von Raum und Zeit zu abstrahieren. Seit der antiken Philosophie existiert die Überzeugung, dass ein Entstehen aus dem Nichts undenkbar sei. So hat *Heraklit* bereits 540 v. Chr. den berühmten Ausspruch getätigt: „Wir können nicht zweimal in denselben Fluss steigen. Alles fließt, nichts besteht."[14] Viele Philosophen kommen daher zu der Erkenntnis, dass es vor der Schöpfung weder eine Materie noch eine Zeit gegeben haben konnte. Einer der berühmtesten Vertreter dieser Lehre ist *Aurelius Augustinus (354– 430)*, der damit die Grundlagen für die christliche Philosophie gelegt hatte. Wenn die Zeit erst mit der Schöpfung entstanden ist, so steht Gott außerhalb der Zeit und die Frage nach dem Wann der Weltentstehung ist sinnlos. Er proklamiert, dass die Zeit von unserem Bewusstsein nicht zu trennen und nichts Reales ist. Denn die Vergangenheit besteht nur in unserer Erinnerung, die Zukunft nur in unserer Erwartung. Beide sind eigentlich nicht wirklich, sondern nur die Gegenwart, das unmittelbare Jetzt. Die Gegenwart dauert keine Stunde, keine Minute, keine Sekunde, sie dauert überhaupt nicht. Die Gegenwart umfasst keinen Zeitraum. So kann man wohl kaum behaupten, die Zeit existiere. Die Vergangenheit existiert nämlich nicht mehr und die Zukunft existiert noch nicht. Bleibt die Gegenwart. Nach *Augustinus* wurde die Welt nicht in der Zeit, sondern mit der Zeit erschaffen. Denn was in der Zeit geschieht, das geschieht vor und nach einer Zeit- nach einer, die vergangen ist, vor einer, die erst kommen wird. Vor der Welt konnte die Zeit aber nicht existieren, weil es keine Bewegung, keinen Zustandswandel gab. In der Welt sein bedeutet somit immer auch in der Zeit sein.[15]

Eine weitere Schwierigkeit für uns Menschen ist die Einheitsfindung mit der Welt. Egal, wo wir uns befinden, wir betrachten die Welt von außen – mit unseren Augen beziehungsweise Sinnen – und nicht als ein integrativer Bestandteil, was insbesondere in der anthroposophischen Philosophie von *Rudolf Steiner (1861 – 1925)* zum Ausdruck kommt.

> „Das Universum erscheint uns in zwei Gegensätzen: Ich und Welt. Diese Scheidewand zwischen uns und der Welt errichten wir, sobald das Bewusstsein in uns aufleuchtet. Aber niemals verlieren wir das Gefühl, dass wir doch zur Welt gehören, dass ein Band besteht, das uns mit ihr verbindet, dass wir nicht ein Wesen außerhalb, sondern innerhalb des Universums sind. Dieses Gefühl erzeugt das Streben, den Gegensatz zu überbrücken. Und in der Überbrückung dieses Gegensatzes besteht im letzten Grunde das ganze geistige Streben der Menschheit. Die Geschichte des geistigen Lebens ist ein fortwährendes Suchen der Einheit zwischen uns und der Welt. Religion, Kunst und Wissenschaft verfolgen gleichermaßen dieses Ziel. Der Religiös-Gläubige sucht in der Offenbarung, die ihm Gott zuteil werden lässt, die Lösung der Welträtsel, die ihm sein mit der

---

[14] Denn neue Wasser sind inzwischen heran geströhmt, und auch wir selbst sind beim zweiten Mal schon veränderte Individuen geworden.

[15] Vgl. Augustinus, Aurelius: Vom Gottesstaat, XI. Buch, 6. Kap. Übers. von W. Thimme, Zürich/München 1978, zitiert nach Störig 2002, S. 258 f.

> bloßen Erscheinungswelt unzufriedenes Ich aufgibt. Der Künstler sucht dem Stoffe die Ideen seines Ich einzubilden, um das in seinem Innern Lebende mit der Außenwelt zu versöhnen. Auch er fühlt sich unbefriedigt von der bloßen Erscheinungswelt und ihr jenes Mehr einzufordern, das sein Ich, über sie hinausgehend, birgt. Der Denker sucht nach den Gesetzen der Erscheinungen, er strebt denkend zu durchdringen, was er beobachtend erfährt. Erst wenn wir den Weltinhalt zu unserem Gedankeninhalt gemacht haben, erst dann finden wir den Zusammenhang wieder, aus dem wir uns selbst gelöst haben."[16]

Der Manager hat aus diesem Blickwinkel eine wichtige gesellschaftliche Rolle zu übernehmen. Durch die Schaffung und Aufrechterhaltung produktiver Betriebsamkeit gibt er den Menschen ein Stück Daseinsberechtigung zum Wohle der Menschheit in seiner Gesamtheit.

---

[16] Steiner 1987, S. 24.

3 Die Macht und Kraft der Gedanken

Leitzitat:

„Wir sind, was wir denken. Alles, was wir sind, entsteht aus unseren Gedanken. Mit unseren Gedanken formen wir die Welt."

Gautama Buddha

3.1 Die philosophische Bedeutung von Gedanken

Wenn der Mensch die Realität in unserer Welt beeinflussen oder verändern möchte, so ist als Anstoß dazu stets ein Gedanke notwendig, unabhängig davon, ob dieser planvoll und gezielt zustande kam oder einfach durch Zufall („Gedankenblitz"). Bevor sich etwas ereignen kann, muss es erst einmal im Kopf entstehen, oder nach dem römischen Kaiser *Marc Aurel (121–180)*: „Das Leben eines Menschen ist das, was seine Gedanken daraus machen."

Das Denken und die Beobachtung sind die beiden Ausgangspunkte für alles geistige Streben des Menschen und zeichnen den Menschen letzten Endes aus.

> „Was für ein Prinzip wir auch aufstellen mögen: wir müssen es irgendwo als von uns beobachtet nachweisen, oder in der Form eines klaren Gedankens, der von jedem anderen nachgedacht werden kann, aussprechen. Jeder Philosoph, der anfängt über seine Urprinzipien zu sprechen, muss sich der begrifflichen Form, und damit des Denkens bedienen … Beim Zustandekommen der Welterscheinung mag das Denken eine Nebenrolle spielen, beim Zustandekommen einer Ansicht darüber kommt ihm aber sicher eine Hauptrolle zu … Das Subjekt denkt nicht deshalb, weil es ein Subjekt ist; sondern es erscheint sich als ein Subjekt, weil es zu denken vermag."[17]

Das Denken spielte bereits die zentrale Rolle zur Erkenntnisgewinnung bei den antiken griechischen Philosophen. Der Gedanke beziehungsweise die Idee war für *Sokrates (469–399 v. Chr.)* Basis für die Erkenntnisfähigkeit des Menschen. Die großen Philosophen in der griechischen Geistesgeschichte wurden daher auch „Sophisten" genannt. Sie spielten mit dem Wort, verwickelten die Menschen auf Marktplätzen in Dialoge und versuchten durch „Frage-und-Antwort-Spiel" zur geistigen Tiefe zu kommen. Von *Sokrates* stammt der berühmte Ausspruch: „Ich weiß, dass ich nichts weiß!" Er hat seine Aufgabe oft mit der Hebammenkunst verglichen und gesagt, *er* habe nicht die Weisheit zu gebären, sondern nur anderen bei der Geburt ihrer Ideen zu verhelfen. Dies unter Einsatz rhetorischer und dialektischer Methoden. So fand die Rhetorik und Dialektik bei den Sophisten ihren Ur-

---

[17] Steiner 1987, S. 32 u. S. 50 f.

sprung,[18] und sie gehört auch heute noch zur Grundausbildung jeglicher Managementschule.

Sokrates Schüler *Platon (427–348 v. Chr.)* wurde mit seinem „Höhlengleichnis"[19] für das kritische Denken berühmt. Was wir sehen oder wahrnehmen ist eine Welt voller Ideen (Schatten), welche unsere subjektive Wirklichkeit bilden. Der ideelle Ursprung der Welt dahinter übersteigt dagegen unsere Denkkraft. Der Mensch ist ein eingeschränktes Wesen. Zunächst ist er ein Wesen unter anderen Wesen. Sein Dasein gehört dem Raum und der Zeit an. Dadurch kann ihm auch immer nur ein beschränkter Teil des gesamten Universums gegeben sein. Dasjenige, was der naive Mensch mit den Sinnen wahrnehmen kann, das hält er für wirklich, und dasjenige, wovon er keine solche Wahrnehmung hat (Gott, Seele, das Erkennen usw.), das stellt er sich analog dem Wahrgenommenen vor.[20]

Idee kann vom Griechischen abgeleitet (*idea* verwandt mit *eidos* = Bild) auch als Urbild oder „ideales Sein" übersetzt werden. Ideen im Sinne Platons sind die Urbilder der Realität, aus denen die sichtbaren Gegenstände dieser Welt geformt sind.[21] *Aristoteles (384–322 v. Chr.)* führte die Lehre Platons fort, indem er die Gedanken begrifflich ordnete und das Denken kategorisierte. *Aristoteles* hat durch seine analytische Vorgehensweise den Grundstein für die Logik als eigene Wissenschaft geschaffen. Seine Lehre „vom richtigen Denken" mittels Definitionen und Ableitung von Schlüssen vom Allgemeinen zum Besonderen beziehungsweise vom Einzelnen zum Allgemeinen ist uns heute als Deduktion beziehungsweise Induktion bekannt. So entstand die Grundlage für das Bilden von Allgemeinbegriffen.

In der Philosophiegeschichte stützte sich in der späteren Epoche der Aufklärung *John Locke (1632–1704)*, einer der Hauptvertreter des englischen Empirismus, in seiner Erkenntnistheorie erneut auf das Phänomen der Ideenwelt. „Alles, was der Geist in sich selbst wahrnimmt oder was unmittelbares Objekt der Wahrnehmung, des Denkens oder des Verstandes ist, das nenne ich Idee."[22] Jedes Wissen ist abhängig von der Erfahrung. Die Ideen sind dem Menschen nicht angeboren. Ganz im Gegenteil, bei der Geburt gleicht der Verstand einem unbeschriebenen Blatt, woher der Begriff „tabula rasa" geprägt wurde. Das Vermögen, Vorstellungen bilden zu können, ist dagegen vorhanden. Unser Geist hat die Fähigkeit, komplexe Ideen durch Vergleichen, Abstrahieren, Verbinden usw. zu erzeugen.

---

[18] Maier 1913, S. 146 ff.

[19] Platon beschreibt im Höhlengleichnis einige Menschen, die von Kindheit an in einer unterirdischen Höhle festgebunden sind, dass sie weder ihre Köpfe noch ihre Körper bewegen und nur auf die Höhlenwand blicken können. Licht erscheint von einem Feuer, welches hinter ihnen brennt. Zwischen dem Feuer und ihren Rücken laufen Menschen der dahinter liegenden Welt entlang. Die „Gefangenen" haben ihr Leben lang aber nur ihre Schatten an der Höhlenwand gesehen und deuten diese Folge dessen als die wahre Welt (Wirklichkeit).

[20] Vgl. Steiner 1987, S. 74 u. S. 100.

[21] Vgl. Kunzmann, Burkard, Wiedmann 2007, S. 39.

[22] Kunzmann, Burkard, Wiedmann 2007, S. 119.

Durch das Denken entstehen Begriffe und Ideen.[23] Der Umfang unseres Wissens ist jedoch begrenzt und reicht nicht weiter als unsere Ideenwelt es zulässt. Oder mit den Worten von *Karl Raimund Popper (1902–1994)*: „Durch unser Wissen unterscheiden wir uns nur wenig, in unserer grenzenlosen Unwissenheit aber sind wir alle gleich."

3.2 Der realitätsschaffende Charakter von Gedanken

Jeder Gedanke hat die Tendenz sich zu verwirklichen. Was beachtet wird, verstärkt sich. Der realitätsschaffende Charakter von Gedanken ist keine Erfindung der Esoterik, sondern eher Ergebnis einer logischen Kette von Prozessen in unserem Bewusstsein und natürlich auch Unterbewusstsein.[24] Schon *Henry Ford (1863–1947)* sagte: „Eine Sache entwickelt sich von selbst, wenn man dauernd an sie denkt!" Aus diesem Grund ist es wichtig, die Gedanken in eine positive Richtung zu lenken und über kreative Gedanken neue Realitäten zu schaffen (aufbauendes Denken). Dagegen wirken andauernde negative Gedanken (notorischer Pessimismus) zerstörerisch. *Florian Langenscheidt* schreibt dazu passend im „Wörterbuch des Optimisten":

> „Pessimisten scheuen das Risiko wie der Teufel das Weihwasser. Alles kann schließlich schiefgehen- und wird es auch eher, wenn man nur intensiv daran glaubt. Ohne Risikobereitschaft aber gibt es keinen Fortschritt, keine Veränderung, keine neuen Horizonte … Dass zwei Menschen in 14.000 Kilometer Entfernung miteinander reden und sich seit Neuestem sogar dabei sehen können. Dass sich einer von beiden sogar auf einem Schiff befinden kann und der andere auf dem Gipfel eines Berges. Dass sich die gesamte Lieblingsmusik eines Menschen in einer kleinen flachen Kiste transportieren lässt. Dass ein Patient nach dem Herausnehmen seiner Galle durch mikroinvasive Chirurgie am nächsten Tag schon wieder Kaffee trinken gehen kann. Dass das menschliche Genom gänzlich entschlüsselt ist und so der Weg frei wird für den Ausschluss vieler erblicher Krankheiten … Alle diese Entwicklungen tragen Risiken in sich. Hätten die Entwickler nur darauf geschaut, hätten wir nie geschafft, was uns zu vorsichtigem Optimismus Anlass gibt."[25]

Häufig werden Optimisten als weltfremde Träumer oder realitätsfern abgestempelt. Zu Unrecht. Erst durch den Optimismus des Gelingens entstehen neue Realitäten. Insofern sind die Optimisten die wahren Realisten. Ohne sie gäbe es kein Fortkommen in der Welt.

---

[23] Ideen sind qualitativ von Begriffen nicht verschieden, sondern lediglich mit mehr Inhalt versehen beziehungsweise „gesättigter". Vgl. Steiner 1987, S. 48.

[24] Enkelmann 1998, S. 41.

[25] Langenscheidt 2008, S. 116 f.

Über Optimismus und Pessimismus wird in der Gesellschaft kontrovers diskutiert. Wir Menschen als humane Lebewesen brauchen eine gesunde Lebenseinstellung, um existieren zu können.[26] Eine optimistische Grundeinstellung ist somit auch Basis für jede Management-Philosophie. Ist es doch gerade Sinn und Zweck der Management-Philosophie, Werte zu schaffen und nicht zu zerstören. Optimismus ist somit immanenter Bestandteil der Management-Philosophie.

> „Optimistisch ist jemand, der Positives in der Zukunft erwartet und Erfolge sich selbst zuschreibt ... Negative Ereignisse gelten in seiner Wahrnehmung als temporär, betreffen nur ein einziges Event und sind fremdverursacht. Ein Pessimist dagegen nimmt positive Ereignisse als temporär, nur ein einziges Vorkommnis betreffend und fremdverursacht wahr."[27]

Abbildung 3.1: Im Leben ist alles eine Frage der Perspektive

Quelle: Enkelmann, Nikolaus B.: Optimismus ist Pflicht, (Gabal Verlag) Offenbach 2009.

---

[26] Vgl. dazu unter anderem Utermöhle 2006. Klaus Utermöhle ist Vorsitzender vom Club der Optimisten e.V. in Hamburg.

[27] Creusen, Eschemann, Johann 2010, S. 23 u. S. 70 f.

Der realitätsschaffende Charakter von Gedanken

Leider sind negative Ereignisse und Katastrophennachrichten medienwirksamer, sodass wir unser Unterbewusstsein fast schon vor Nachrichtensendungen und der Umwelt abschotten müssen, um nicht permanent mit negativen Gedanken konfrontiert zu werden.[28]

Positiv emotionalisierte Menschen sind aufmerksamer und nehmen mehr wahr. Sie sind sozial integrierter und leistungsfähiger, was sich unter anderem in allgemeiner Zufriedenheit, Flexibilität und Empathie niederschlägt. Positive Gedanken und Emotionen fördern zudem das Erfolgsbewusstsein.[29] Lebenswichtig für den Beruf des Managers. Wie Gedanken die Persönlichkeit eines Menschen beeinflussen, zeigt vereinfacht **Abbildung 3.2**.

Abbildung 3.2: Die Macht und Kraft der Gedanken

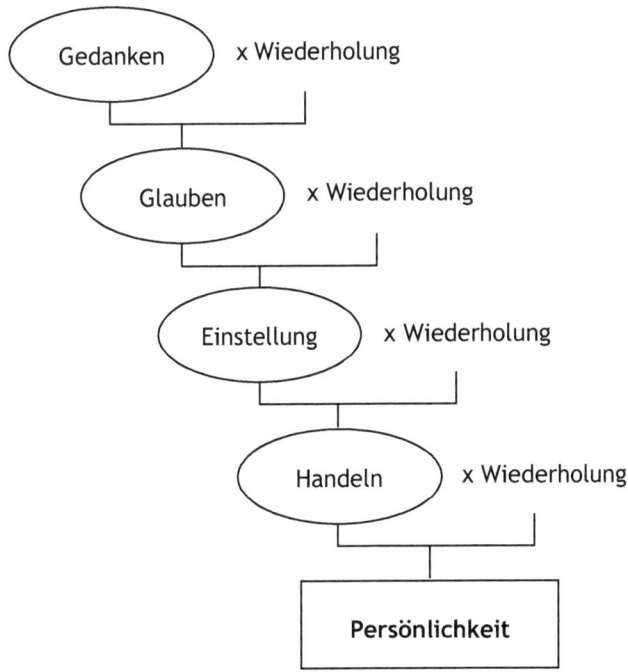

Wenn ein *Gedanke* stetig wiederholt wird, geschieht in unserem Unterbewusstsein eine innere Suggestion. Der Inhalt des Gedankens wird irgendwann nicht mehr hinterfragt. Schließlich kann das ja nicht so verkehrt sein, was einem ständig durch den Kopf geht. Ansonsten hätte man den Gedanken schon längst verworfen. Man glaubt also mittlerweile

---

[28] Vgl. Fedrigotti 1989, S. 77 ff.
[29] Vgl. Creusen, Eschemann, Johann 2010, S. 19.

an das, was vorher nur lose im Kopf herumschwirrte. Wenn der *Glaube* – wie bei einer Religion – gebetsmühlenartig vertieft wird, verändert sich die *Einstellung*. Der Unterschied zwischen Einstellung und Glaube liegt in der Vordergründigkeit des ursprünglichen Gedankens. Man beginnt nach außen darüber zu sprechen und auch gegen Kritik zu verteidigen. Wenn diese innere Überzeugung nachhaltig ist und wir immer wieder darüber sprechen und anfangen, uns die Umsetzung gedanklich vorzustellen, beginnt die Verhaltenswirksamkeit. Dem gedanklichen Plan folgt das *Handeln*. Aus einer ursprünglichen Idee folgt die Tat, ein Gedanke wird durch Handeln zur Realität. Wiederholtes Handeln bildet Identität beziehungsweise *Persönlichkeit*, sowohl für Menschen als auch für Unternehmen oder sonstige soziale Gebilde. Diese Wirkungskette fasst *Alfred Herrhausen (1930–1989)* wie folgt zusammen: „Wer sagt, was er denkt, und tut, was er sagt, der ist, was er tut!"[30]

3.3 Das kritische Denken als Vorstufe zur Kreativität

Die Suche nach der Wahrheit mittels argumentativer Dialektik fördert das (kritische) Denken. Um auf wirklich neue Gedanken zu kommen, sind wir gefordert, möglichst kreativ zu denken. Das Rad, die Dampfmaschine, das Telefon, die Eisenbahn, die Kernenergie, die Raumfahrt bis hin zur Mikroelektronik wären ohne schöpferische Kreativität nicht Wirklichkeit geworden. Kreativität ist kein eindeutiger Begriff, wodurch es eine Fülle von Definitionen dafür gibt. Die besondere Fähigkeit des kreativen Denkens liegt in der Überwindung verfestigter Strukturen und Denkmuster, um Wissens- und Erfahrungselemente verschiedenster Herkunft aus unserem Gehirn abzurufen. Dabei muss man berücksichtigen, dass der Großteil unseres Wissens aus standardisierten Vorstellungen darüber besteht, wie ein Sachverhalt typischerweise aussieht. Diese Wissensstrukturen nennt man auch Schemata.[31]

Das Beispiel in **Abbildung 3.3** zeigt am Gegenstandsbereich „grün", welche assoziativen (gedanklichen) Verbindungen in diesem Gehirn nur durch die Nennung dieses Schlagwortes in wenigen Sekunden entstanden sind. Unsere Gedanken rufen wir demzufolge nicht linear ab, sondern netzwerkartig, vergleichbar mit einem Spinnennetz.

---

[30] Herrhausen 1990.

[31] Schemata geben die wichtigsten Merkmale eines Gegenstandsbereiches mehr oder weniger abstrakt in sogenannten propositionalen beziehungsweise semantischen Netzwerken wieder. Die Knoten des Netzwerkes zeigen die assoziativen Verbindungen zwischen den Vorstellungen zu dem Gegenstandsbereich. Vgl. dazu Kroeber-Riel, Weinberg, Gröppel-Klein 2009, S. 230 ff.

Abbildung 3.3: Schemata als semantische Netzwerke im Gehirn

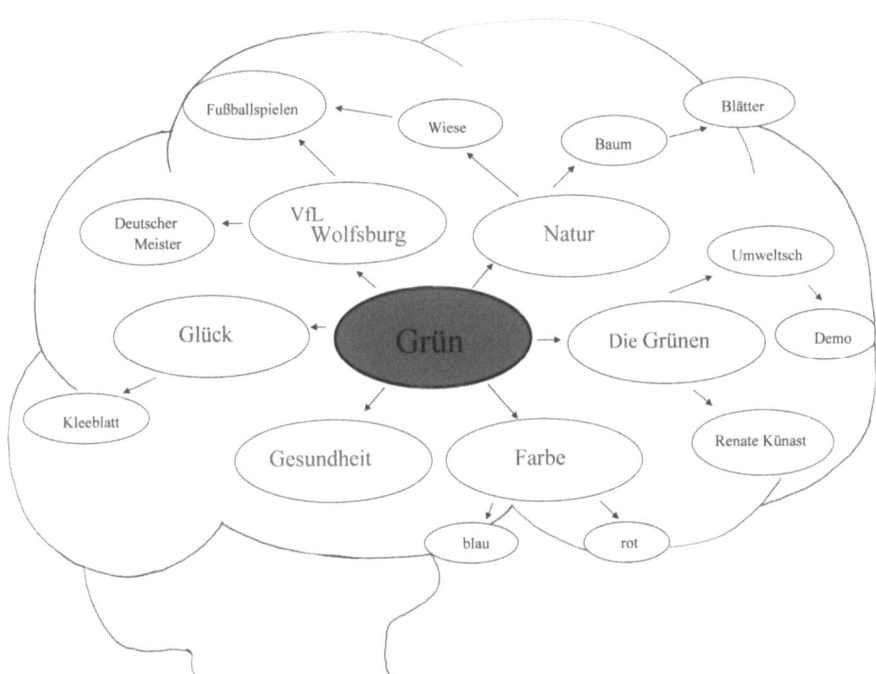

Bei routinemäßigen Denkvorgängen bewegen sich unsere Gedanken in vorstrukturierten Bahnen. Neue Informationen werden durch Vergleiche mit gespeicherten Schemata abgeglichen. Wenn man so will, eine reine Bequemlichkeit unseres Gehirns, die natürlich in der Regel sehr effizient ist. Sind sie einmal etabliert, haben sie eine große Verhaltenswirksamkeit.[32] Um auf neue Ideen oder originelle Lösungsansätze zu kommen, müssen wir jedoch die eingefahrenen Denkstrukturen verlassen. Insbesondere für komplexe Problemlösungen ist es wichtig, dass wir unseren Blickwinkel für neue Ideen, Tatbestände oder Handlungsvarianten öffnen.

Exkurs: Erkenntnisse aus der Gehirnforschung

Das menschliche Gehirn ist mit seinen Milliarden Nervenzellen (Neuronen) leistungsfähiger als jeder Computer, und das, obwohl es nur wenige Pfund wiegt und wir nur einen kleinen Teil der Gehirnkapazität ausnutzen. Die Hirnforschung hat dank neuer Technologien die Hemisphären lokalisiert, in denen bestimmte Denkvorgänge ablaufen. Allgemein

---

[32] Vgl. zur Schematheorie auch Fischer 2009, S. 209 ff.

bekannt ist die duale Funktionsweise nach rechter und linker Gehirnhälfte nach den Entdeckungen des Neurobiologen *Roger Sperry (1913–1994)*. Danach steuert die linke Gehirnhälfte die rechte Körperhälfte und nimmt die Funktionen des logischen, analytischen, sequentiellen und rationalen Denkens stärker wahr. Im Gegensatz dazu steuert die rechte Gehirnhälfte die emotionale und expressive Art der Wahrnehmung. In der rechten Hälfte finden ganzheitliche, intuitive, visuelle, integrierende Prozesse der Wahrnehmung und des Denkens statt.

Der Medizin-Nobelpreisträger *Ned Herrmann (1922–1999)* entwickelte die Erkenntnisse der Gehirnforschung von Sperry weiter und geht bei der Differenzierung noch einen Schritt weiter, indem er die Hemisphären wiederum unterteilt in jeweils eine obere (kortikale, cerebrale) und untere (limbische) Ebene. Das limbische System sitzt im Zentrum des Gehirns und ist im Wesentlichen verantwortlich für unsere Gefühle, unser affektives und zwischenmenschliches Verhalten sowie für unser Gedächtnis. Die Wahrnehmung beziehungsweise Informationsverarbeitung im oberen Teil ist eher gedanklich, im unteren Teil eher gefühlsmäßig betont. *Herrmann* hat diese Zusammenhänge in seinem Modell in vier Quadranten metaphorisch[33] dargestellt.

Auf dieser Erkenntnis hat Herrmann das Herrmann Brain Dominance Instrument (HBDI) entwickelt, das aus 120 Fragen besteht. Die Auswertung des standardisierten Fragebogens ergibt eine Kategorisierung der Denkstile, und es kristallisieren sich für bestimmte Tätigkeiten und Berufsfelder typische Profile heraus:

A-Quadrant: analytisch, logisch, technisch, mathematisch, begriffliches Denken
→ zum Beispiel Ingenieure, Naturwissenschaftler, Banker

B-Quadrant: organisiert, strukturiert, administrativ, konservativ, kontrolliert, planend
→ zum Beispiel Buchhalter, Verwalter, Organisator

C-Quadrant: emotional, musikalisch, zwischenmenschlich, spirituell, verbal
→ zum Beispiel Personalentwickler, Sozialarbeiter, Lehrer, Pflegende Berufe

D-Quadrant: künstlerisch, ganzheitlich, einfallsreich, aufbauend, konzeptionell
→ zum Beispiel Unternehmer, Schriftsteller, Künstler, Trainer, Entwickler

---

[33] Metaphorisch bedeutet in diesem Sinne, dass ein direkter Zusammenhang zwischen Denkpräferenzen einerseits und biologischen Gehirnfunktionen andererseits nicht dargestellt wird.

Abbildung 3.4: Das Herrmann Brain Dominance Instrument (HBDI®)

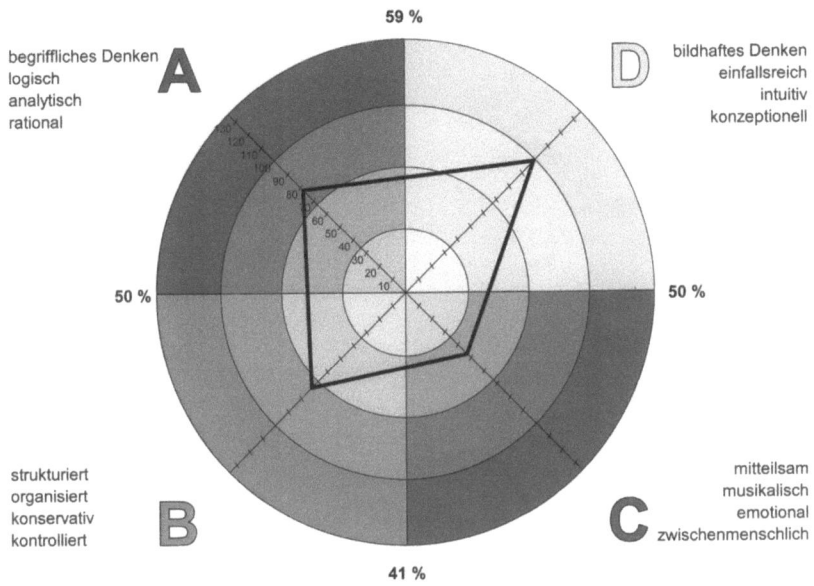

Quelle: Herrmann International Deutschland, Weilheim 2011

Die bevorzugten Denkweisen eines Menschen können unterschiedlich dominant in den jeweiligen Quadranten ausgeprägt sein. Es gibt keine guten oder schlechten Denkpräferenzen. Es gibt jedoch eine hohe Korrelation zwischen der Arbeit, die wir gut und gerne erledigen und unseren Denkpräferenzen.

Manager sind in der Regel mehrfachdominant, wie in der **Abbildung 3.4** dargestellt, wodurch eine Kommunikation mit Personen anderer Profilformen vergleichsweise leicht fällt. Dieses Muster ist gleichermaßen in der Lage, konzeptionell-ganzheitlich, logisch-analytisch und trotzdem kreativ-progressiv zu denken. Studien von Psychologen zeigen auf, dass unternehmerisch denkende Menschen – ähnlich wie Künstler – sehr stark mit ihrer Arbeit verwoben sind.[34] Sie haben ein ausgesprochenes Bedürfnis nach Leistung und einen ausgeprägten Hang zu kreativen Gedanken und innovativen Ideen (gelber Quadrant). In Stresssituationen verfallen sie jedoch in den grünen Quadranten zurück.

---

[34] Vgl. Jost 2008, S. 38 f.

Teil II:
Die Grundelemente philosophiegesteuerter Unternehmensführung

Teil II:

4 Der Gegenstand der Unternehmensführung und der Überblick über das Gesamtmodell

Leitzitat:

„Es gibt Leute, die halten den Unternehmer für einen räudigen Wolf, den man totschlagen müsste. Andere meinen, der Unternehmer sei eine Kuh, die man ununterbrochen melken könne. Nur wenige sehen in ihm ein Pferd, das den Karren zieht."

Winston Churchill

4.1 Der Gegenstand der Unternehmensführung

Unternehmensführung ist kein Selbstzweck, sondern immanenter Bestandteil produktiver Arbeitsteilung in Wirtschaftsbetrieben. Die Gesamtaufgabe einer Unternehmung ist ab einer bestimmten Größenordnung zu komplex, um von einem Einzelnen vollständig bewältigt werden zu können. Daraus ergibt sich der Zwang, die Unternehmensaufgaben auf mehrere Entscheidungseinheiten zu differenzieren und geeignete Regeln zur Abstimmung zu implementieren.[35] Organisation und Führung bekommen ihre Daseinsberechtigung in arbeitsteiligen Systemen. Bereits *Erich Gutenberg (1897–1984)* bezeichnete die Geschäfts- und Betriebsleitung als „die eigentlich bewegende Kraft des betrieblichen Geschehens"[36] und ordnete sie als sogenannten dispositiven Faktor in das Zentrum des Systems der produktiven Faktoren. Ebenso *Peter F. Drucker (1909–2005)*, der im angelsächsischen Raum die Unternehmensführungslehre prägte: „Management is the organ of the institution … Managers are the basic resource of the business enterprise."[37] *Fredmund Malik* geht noch einen Schritt weiter und stellt die Bedeutung des Managements für die gesellschaftliche Entwicklung im Allgemeinen heraus:

> „Management ist das wichtigste Organ einer funktionierenden Gesellschaft. Management ist die Schlüsselfunktion in jeder Gesellschaft, jedem Gemeinwesen, jeder Organisation. Kein soziales System kann ohne Management entstehen oder bestehen.
>
> Management ist der wichtigste Wettbewerbsfaktor. Managementwissen ist die wichtigste Ressource, um einen Wettbewerbsvorsprung zu erlangen. Das gilt für Unternehmen

---

[35] Vgl. Frese 2005, S. 4 f.
[36] Gutenberg 1971, S. 131.
[37] Drucker 1985, S. 39 u. S. 379.

ebenso wie für den Einzelnen. Management macht Menschen und Organisationen wirksam. Erst durch Management wird aus Klugheit, Intelligenz, Talent und Wissen das, was wirklich zählt: Ergebnisse."[38]

Unternehmensführung ist eine hochmenschliche Angelegenheit. Unternehmen werden häufig als komplexe Gebilde dargestellt mit Funktionen und Institutionen, die an computerähnliche Ablaufprogramme erinnern. Dabei hat unternehmerisches Handeln stets mit Menschen zu tun: Mitarbeiter, Kunden, Kollegen, Geschäftspartner, selbst Vorgesetzte sind allesamt Menschen. Aus diesem Grund gewinnen zahlreiche Erkenntnisse aus wirtschaftswissenschaftlichen Nachbardisziplinen für eine wissenschaftstheoretische Erforschung der Unternehmensführung an Bedeutung, allen voran angewandte Teile der Soziologie, Psychologie, Anthropologie sowie der Philosophie.[39]

Aus dem Angelsächsischen verwenden wir heutzutage für Inhalte der Unternehmensführung alle möglichen Abwandlungen des Begriffes „Management". Insbesondere die fortschreitende Tendenz zur Trennung von Führung und Kapital und der damit einhergehenden Abnahme von Unternehmerunternehmungen[40] führte zu einer Verstetigung und Verselbständigung von Managementdisziplinen in Wissenschaft und Praxis.

In Anlehnung an *Peter Ulrich* und *Waldemar Hopfenbeck* sei „Management" zunächst als zielorientierte Gestaltung, Steuerung und Entwicklung des soziotechnischen Systems Unternehmung in sach- und personenbezogener Dimension[41] definiert. Aus funktionaler Sicht wird mit dem Begriff Management ein Bündel von Strukturierungs-, Koordinations- und Integrationsaufgaben beschrieben, die für den Erhalt von arbeitsteilig organisierten Unternehmungen zwingend notwendig sind.[42] *Christian Bleis* und *Antje Helpup* sehen Management vorwiegend als dynamischen Eingriff in das komplexe System der Unternehmung:

„Ein Unternehmen ist ein künstliches, soziales, dynamisches und offenes System. Management ist das Gestalten, Lenken und Entwickeln solcher Systeme, wobei die entsprechenden Handlungen stets Eingriffe in dynamische, komplexe und vernetzte Situationen bedeuten. Ganzheitliches, vernetztes Denken ist eine wichtige Voraussetzung für gutes, wirkungsvolles Management."[43]

---

[38] Malik 2007, S. 54.

[39] Vgl. Staehle 1999, S. 73 ff.

[40] Vgl. zum Begriff Gutenberg 1971, S. 487. Manager unterscheiden sich vom Eigentümer-Unternehmer dadurch, dass sie angestellte Führungskräfte sind, die keine oder nur wenige Anteile am Eigentum an Produktionsmitteln halten.

[41] Hopfenbeck 2002, S. 493; vgl. auch Ulrich, Fluri 1995, S. 99 ff; vgl. weiter Bleicher 2011, S. 73 ff.

[42] Reuter, Edzard: Manager, in: Wittmann, Kern, Köhler, Küpper, Wysocki 1993, Sp. 2664.

[43] Bleis, Helpup 2009, S. 16.

Wie oben dargestellt, gewinnt für unsere Betrachtung im Rahmen der Management-Philosophie zusätzlich der Wertschaffungseffekt des Managements eine besondere Bedeutung, sodass

> „Management" als die Gestaltung, Steuerung und Entwicklung von Unternehmen mit dem Ziel der Werteschaffung für die beteiligten Gesellschaftsgruppen definiert werden kann.

Der Begriff des Managers im engeren Sinne hat keine eineindeutige Übersetzung. Für unsere Betrachtungsweise ist der Manager als angestellte Führungskraft von Bedeutung. Im Gegensatz zum Eigentümer-Unternehmer hat er in der Regel kein Eigentum an den Produktionsmitteln, oder nur Anteile, zum Beispiel in Form von Aktien oder Aktienoptionen.

Peter F. Drucker hat die fünf Grundeigenschaften eines Managers sehr einfach und anschaulich zusammengefasst:[44]

> 1. „A Manager, in the first place, sets objectives. He determines what the objectives should be ...
>
> 2. Second, a manager organizes. He analyzes the activities, decisions, and relations needed. He classifies the work ...
>
> 3. Next, a manager motivates and communicates. He makes a team out of the people that are responsible for various jobs ...
>
> 4. The fourth basic element in the work of the manager is measurement. He analyzes, appraises an interprets performance ...
>
> 5. Finally, a manager develops people, including himself."

Durch die Trennung von Führung und Kapital ist im Aktiengesetz das Management institutionalisiert. So leitet gem. § 76 AktG der Vorstand die Geschäfte unter eigenen Verantwortung. Eine Personenidentität als Vertreter der Eigentümer im Aufsichtsrat und Führungskraft im Unternehmen als Vorstand oder Prokurist ist gem. § 105 AktG unzulässig. Auch in Personengesellschaften wird die Unternehmensleitung zunehmend von angestellten Geschäftsführern in Komplementärgesellschaften wahrgenommen; in mittelständischen Kapitalgesellschaften werden zunehmend Beiräte eingerichtet.

Die Entwicklung kann historisch nachvollzogen werden. Viele privatwirtschaftliche Unternehmen wurden erst nach dem zweiten Weltkrieg aufgebaut, nachdem Enteignungen, Währungsreform und politische Instabilität überwunden waren und die gesellschaftliche Verfassung auf Basis der sozialen Marktwirtschaft das private Unternehmertum nachhaltig ermöglichte. Anfangs waren die Unternehmen mit wenigen Ausnahmen in der Führung ihres Gründers als Unternehmer-Unternehmung strukturiert. Je größer die Unternehmen über die Jahrzehnte wurden, und je mehr Generationenwechsel folgten, desto

---

[44] Drucker 1985, S. 400.

mehr nahm das angestellte Management die Leitungsfunktion in den Unternehmungen war. Die Aufgabe wurde zu komplex, als das sie von einem Patriarchen allein zu bewältigen war, Erbengenerationen waren zudem nicht immer in der Lage, das Unternehmen in gleicher Qualität fortzuführen.

Die Entstehung des Managements als eigenständige Berufsgruppe geht demnach einher mit der allmählichen Trennung von Unternehmensführung und Unternehmenseigentum. Ein Prozess der bis heute andauert und tendenziell noch ausgeprägter Einkehr in die Unternehmenswelt nehmen wird. Umso wichtiger das Handwerkszeug für diese Berufsgruppe zu erweitern.

4.2 Der entscheidungsorientierte Ansatz

Der betrieblichen Praxis nützt vor allem eine entscheidungsorientierte Managementlehre, bei der – in Bezug auf die Gestaltungsaufgabe der Wissenschaft – dem Management Handlungsanweisungen über die bestmögliche Erreichung vorgegebener Ziele geliefert werden. Alles betriebliche Geschehen basiert auf menschlichen Entscheidungen. Das Treffen von Entscheidungen begründet eine der konstitutiven Daseinsberechtigungen des Management. Entscheidungen sind vor allem dadurch gekennzeichnet, dass eine Wahl zwischen mehreren Alternativen getroffen werden muss.[45] Entscheiden bedeutet somit immer auch Verzichten. Das Ergebnis der Entscheidung ist der Entschluss. Durch den entgangenen Nutzen der nicht gewählten Alternative entstehen die sogenannten Opportunitätskosten[46] beziehungsweise Kosten des Verzichts.

Der Unternehmensführung kommt als höchste Instanz im Unternehmen die besondere Aufgabe der Koordination betrieblicher Entscheidungen zu. Führungsentscheidungen sind allgemein dadurch gekennzeichnet, dass:[47]

- sie von besonderer Bedeutung für die Vermögens- und Ertragslage der Unternehmung sind,
- nur aus einer ganzheitlichen Perspektive getroffen werden können,
- sie Grundsatzcharakter mit hoher Bindungswirkung für das Unternehmen beinhalten,
- sie allgemein nicht delegierbar sind.

Die Entscheidungsträger sind beim Entscheidungsprozess dem Gesetz der Ambivalenz ausgesetzt, wonach jeder Entscheidung Vorteile und Nachteile gegenüberstehen, und dass

---

[45] Vgl. zu den Entscheidungsprozessen insbesondere Witte, Eberhard: Entscheidungsprozesse, in: Frese (Hrsg.) 1992, Sp. 552 ff.

[46] Die Opportunitätskosten erfassen den Nutzen der zweitbesten Alternative, auf welche beim nutzenmaximierenden Planungskalkül verzichtet wurde. Vgl. Schneider 1995, S. 269.

[47] Vgl. im Überblick Macharzina 2010, S. 40 f.; vgl. auch Gutenberg 1969, Sp. 1677 ff.

keine Wirkung ohne mehr oder minder problematische Nebenwirkungen erzielt werden kann.[48] Es bewahrheitet sich das Sprichwort: „Bäume und Entscheidungen sind wesentlich leichter zu fällen als zu tragen."

Zur besonderen Bedeutung von Entscheidungen in Führungspositionen hat der deutsche Hockey Erfolgstrainer und Sportdirektor des Bundesliga Emporkömmlings TSG 1899 Hoffenheim *Bernhard Peters* folgende grundsätzliche Anmerkungen verfasst:

> „Richtige Entscheidungen zu treffen ist sicherlich einer der schwierigsten Aufgaben im Leben. Das gilt für alle Menschen, nicht nur für Trainer und Führungskräfte. Aber entscheiden ist Kern jeder Führungsaufgabe. Nur wer entscheiden kann, ist als Führungskraft geeignet, wird als solche anerkannt und sich durchsetzen können. Wem entscheiden schwer fällt, wer sich das nicht zumuten will, der sollte um seiner selbst und der von ihm Abhängigen willen keine Führungsposition anstreben. Nicht nur deshalb, weil man Entscheiden (können) nicht wirklich lernen kann. Entscheiden ist eben auch eine Frage der Persönlichkeit, des Charakters. Der Vorgang einer Entscheidung ist kein statischer Prozess, er fordert den Entscheider, belastet und motiviert ihn, denn: Entscheiden (können) bedeutet Macht ausüben (können). Wer entscheidet, muss mit Starken und mit Schwachen umgehen können, mit Stärken und mit Schwächen, den eigenen und denen anderer. Starke (Führungs-)Persönlichkeiten stehen zu den von ihnen getroffenen Entscheidungen, sie kommunizieren negative Entscheidungen selbst und dokumentieren auch bei positiven Entscheidungen durch die persönliche Übermittlung, wie wichtig ihnen dieser Vorgang ist – und die Menschen, die ihre Entscheidungen betreffen.
>
> Entscheiden ist das Bindeglied zwischen Denken und Handeln. Das kann sich auf die Auswahl einer Handlung aus einer Menge an Möglichkeiten beziehen, dann steht der eigentliche Entschluss zu einer Handlung im Vordergrund. Oder man versteht darunter einen Prozess von Entscheidungsschritten. Charakteristisch für eine Entscheidung ist stets, dass die entscheidende Person vor mindestens zwei verschiedenen Handlungsmöglichkeiten steht und sich aufgrund bestimmter Kriterien für eine der Optionen entscheiden muss. Führungskräfte allgemein, so auch Trainer im Leistungssport, müssen sich zwischen Personen, zwischen Objekten oder auch zwischen Vorgehensweisen oder Strategien entscheiden. Klar ist dabei: Die Auswahl einer Option zieht jeweils Konsequenzen nach sich. Geht es dabei um Menschen, sind diese Konsequenzen anders zu bewerten als bei Entscheidungen, von denen unmittelbar keine Personen betroffen sind. Meistens, jedoch nicht immer, sind diese Konsequenzen bei Menschen, gegen die entschieden wurde, schmerzhaft. Es gibt jedoch auch – zugegeben seltene – Fälle, in denen Führungspersönlichkeiten sich gegen Menschen entscheiden – und jenen damit zu einer ungeahnten Erleichterung verhelfen."[49]

---

[48] Vgl. Tietz 1988, S. 32.

[49] Peters 2008, S. 182 f.

Viele Menschen scheuen die Verantwortung oder haben einfach nur Angst, Entscheidungen zu treffen. In einer Gesellschaft, die von Frieden und Sicherheitsmechanismen geprägt ist, ist das Risiko von situationsverändernden Entscheidungen ungemein größer, als wenn man ohnehin wenig zu verlieren hat. Und je weitreichender die Entscheidungen sind, desto größer und weit reichender auch die Konsequenzen. Entscheidungen zu treffen verlangt daher auch Mut. Bloßer Verstand ist noch kein Mut. Hierin mag die Erklärung dafür liegen, dass die Gehaltsspirale im Top-Management immer weiter auseinander driftet. Was in der Gesellschaft vielerorts auf Unverständnis trifft, ist letztendlich nur das Ergebnis von Angebot und Nachfrage. Gut ausgebildete Mitarbeiter, die zudem noch bereit sind, viel zu arbeiten, sind zwar knapp, aber dennoch im tariflichen Gehaltsgefüge zu haben. Kommt dagegen die Entscheidungs- und damit Verantwortungskomponente hinzu, müssen wir je nach Dimension den tariflichen Bereich in der Regel verlassen.

4.3 Die Grundelemente einer entscheidungsorientierten Management-Philosophie

Ein Grundmodell der Unternehmensführung muss sich den Umgang mit mehr oder weniger populärwissenschaftlichen oder modischen Managementbegriffen gefallen lassen. Häufig ist es „alter Wein in neuen Fässern", welcher nahezu eine ganze Branche von Unternehmensberatern hervorragende Umsätze beschert. Nichtsdestotrotz tragen sie auch für die Wissenschaft dazu bei, immer wieder Kontakt zu Nachbardisziplinen zu knüpfen und dem Zeitgeist entsprechend Methoden und Modelle theoretisch auszuformulieren und empirisch zu stützen.[50]

Für einen management-philosophischen Ansatz der entscheidungsorientierten Unternehmensführung ist es im Folgenden von Vorteil, die wesentlichen Elemente eines unternehmenspolitischen Managementsystems in einen Kontext zu bringen, weil in der betriebswirtschaftlichen Literatur keine eindeutige Abgrenzung zwischen den Entscheidungstatbeständen eines Unternehmens existiert. Man findet eine Vielzahl an Schlagwörtern, deren Begriffswelt in eine sinnvolle, logische Struktur gebracht werden soll. Die Kenntnis der unternehmenspolitischen Grundelemente ist für die strategische Unternehmensführung immanent wichtig, weil sowohl das Bewusstsein als auch das Unterbewusstsein der Entscheidungsträger hierdurch geleitet wird. Die Professionalität von Unternehmensentscheidungen steigt, Aktionismus[51] und reaktives Management nehmen ab.

---

[50] Vgl. zu den Modewellen im letzten Jahrhundert Staehle 1999, S. 79.

[51] Aktionismus wird hier als Handeln ohne Bewusstsein über die Konsequenzen für das Unternehmen und der Gesellschaft verstanden.

Die Grundelemente einer entscheidungsorientierten Management-Philosophie bestehen aus:

- der Unternehmensvision,
- der Unternehmensethik,
- der Unternehmensphilosophie,
- der Unternehmenskultur,
- der Unternehmensstrategie,
- der Unternehmenspolitik,
- der Unternehmenstaktik.

Abbildung 4.1: Das Grundmodell einer entscheidungsorientierten Management-Philosophie

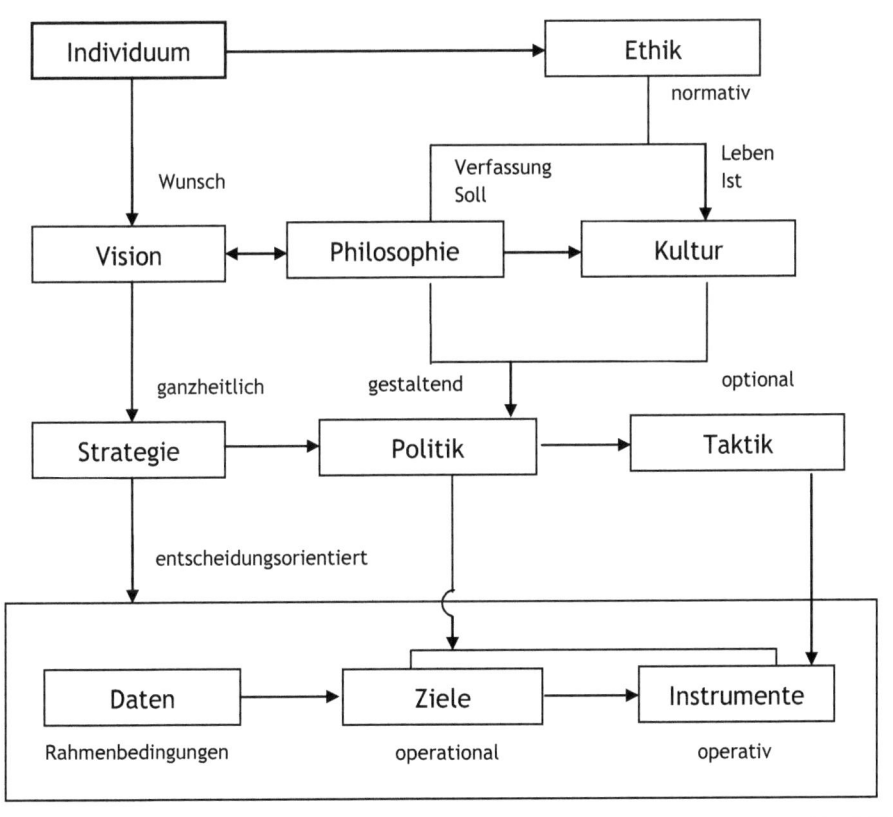

Im Folgenden sollen Theorie und Praxis nicht als diametrale Gegensätze verstanden werden. Vielmehr sind Theorie und Praxis zwei Seiten einer Medaille. Waren beide Begriffe in der abendländischen Philosophie kaum voneinander zu trennen, haben Sie sich heutzutage in den meisten Wissenschaftsdisziplinen auseinander entwickelt. Ursprünglich waren die aus dem Griechischen „theorein" (ansehen, betrachten, erwägen) und „prattein" (tun, handeln) abstammenden Begriffe eine logische Einheit. „Denke, bevor du handelst". Die Theorie entsprach dem Blick eines bewusst beobachtenden Auges, und in diesem klar hellenistischen Sinn war jeder vernünftige Mensch ein Theoretiker, sofern ihm daran gelegen war, seine geistigen Kräfte zu nutzen. Wohlformulierte Theorien dürfen nicht dazu verleiten, sich auf die gewonnenen Erkenntnisse zu beschränken und alles andere auszublenden. In diesem Sinne soll auch das unternehmenspolitische Entscheidungssystem ganzheitlich und handlungsorientiert formuliert werden und zum Veredeln der Praxis dienen.

5 Die Unternehmensvision

Leitzitat:

„Alle Dinge haben ihren Ursprung in einer Vision. Sie brauchen nur noch umgesetzt werden."

Indianische Weisheit

5.1 Auf die Vision kommt es an

„Vision" kommt ursprünglich aus dem Lateinischen (visio, visionis) und bedeutet so viel wie Sehen, Erscheinung, Anblick.

Metaperspektivisch steht vor jeder Unternehmensgründung die Vorstellung eines Individuums oder einer Gruppe von Individuen als Unternehmensgründer über den Zweck des Unternehmens, der künftigen Daseinsberechtigung im wirtschaftlichen Leben. Dieses Bild von der Zukunft als Vorstellung über das Unternehmen zu einem zukünftigen Zeitpunkt gibt wie ein Kompass die Richtung für alles weitere unternehmerische Handeln an. Es handelt sich um die Unternehmensvision. „Die Vision ist das Bewusstsein eines Wunschtraumes einer Änderung der Umwelt."[52] oder allgemein formuliert: „Visionen sind die inneren Bilder, die jemand von der Zukunft hat."[53] Die Vision beschreibt ein Vorstellungsbild über die angestrebte Zukunft. Die Unternehmensvision ist in aller Regel langfristig ausrichtet. Häufig besteht sie über mehrere Jahrzehnte.

Die Vision steht als oberstes Leitbild am Anfang einer jeden unternehmerischen Tätigkeit. Je klarer, sinnvoller und anregender sie in den Köpfen der Entrepreneure vorhanden ist, desto größer die Erfolgs- und Eintrittswahrscheinlichkeit in der Zukunft. Sehr treffend ist dazu der berühmte Ausspruch von *Walt Disney (1901–1966)*: „If you can dream it, you can do it!" Wenn das, was wir uns wünschen, als geistiges Bild schon vorhanden ist, wird das Unterbewusstsein daran arbeiten, dass der Traum zur Realität wird.[54]

Unternehmensgründer bewerten rückblickend ihre ursprüngliche Geschäftsidee höher als das vermeintlich fehlende Startkapital.[55] Zur Akquisition von Kapital gibt es Finanzinstitute, die Geschäftsidee muss der Unternehmer selbst mitbringen. Engpass für den wirtschaftlichen Fortschritt sind vielmehr treibende Visionäre, die in ihrem Denken und Handeln ihrer Zeit voraus sind, wie zum Beispiel *Werner von Siemens (1816–1892)*:

---

[52] Höhler 1991, S. 208.

[53] Vgl. Doppelreiter, Gerlinde; Jäger, Ursula: Der Weg zur Vision, in: Niedermair (Hrsg.) 2000, S. 79.

[54] Vgl. Mann 1990, S. 31 ff.

[55] Vgl. Scheer 2000, S. 45.

> „Als ich mit 17 Jahren aus dem Mecklenburgischen nach Berlin kam, reiste ich zu Fuß und benötigte mehrere Tage dazu, denn ich besaß nichts abgesehen von meinen Händen, meinem Verstand und meinem Traum. Dem Traum von „einem Weltgeschäft à la Fugger", wie ich es als Jugendlicher nannte. Es war der Traum von einem Unternehmen, welches durch ständige Erfindungen und den unternehmerischen Weitblick dazu beiträgt, Wissen und Wohlergehen der Menschheit zu steigern und welches – das war meine feste Überzeugung – gerade in dieser Kombination erfolgreich ist. Es war der Traum von einem Unternehmen, das der doppelten Verantwortung des Unternehmens gerecht wird, derjenigen gegenüber sich selbst und seinen Angestellten, und keiner geringeren als derjenigen gegenüber der Welt, die ihn umgibt."[56]

Nach dem Gesetz der sich selbst erfüllenden Prophezeiung strebt jeder Gedanke nach Verwirklichung, im Positiven wie im Negativen.[57] Wir Menschen brauchen Visionen als inneren Antrieb zur Selbstmotivation und Identifikation mit unserem Leben. Anschaulicher *Antoine de Saint-Exupéry (1900–1944)*: „Wenn du ein Schiff bauen willst, so trommle nicht die Männer zusammen, um Holz zu beschaffen, Werkzeuge vorzubereiten und Aufgaben zu vergeben, sondern lehre die Männer die Sehnsucht nach dem endlosen Meer."

Die Unternehmensvision kann somit wie folgt definiert werden:

> Die Unternehmensvision ist ein positives Vorstellungsbild über den zukünftigen Zustand der Unternehmung, der sich im Laufe der unternehmerischen Tätigkeit (selbst) erfüllt.

Das Wesen der Unternehmensvision liegt mehr in den Richtungen, die sie weist, und weniger in den Grenzen, die sie setzt. Daher vernachlässigen Visionen bewusst externe und interne Restriktionen, um den Kreativitätsspielraum nicht einzuengen. Betriebswirtschaftliche Zahlen oder zeitliche Daten haben daher in Visionen nichts zu suchen. Es geht nicht um die Formulierung von quantitativen Zielen. Visionen sind tendenziell zeitlos und dem Polarstern vergleichbar: Die wegsuchende Karawane in der Wüste richtet ihre Reise ebenfalls an den Leitbildern des Sternenhimmels aus, wobei nicht die Sterne das Ziel sind; sie sind jedoch eine sichere Orientierung für den Weg in die Oase, egal aus welcher Richtung die Karawane anstrebt, mit welcher Reiseausstattung sie versehen und wie unwegsam das Gelände ist.[58]

Auch in der Unternehmung brauchen die Mitarbeiter eine Vision, der sie wie einem Fixstern folgen können. Die Vision ist nicht das Ziel, gibt jedoch die Richtung für ihr Denken, Handeln und Fühlen an. Ein Unternehmen mit klarer Vision verfügt über einen wesentlichen Wettbewerbsvorteil: Es zieht motivierte und engagierte Mitarbeiter an. Die Vision

---

[56] von Siemens, Werner zitiert nach Simon 2002, S. 17.

[57] Vgl. Field, Richard H. G.: Self-Fulfilling Prophecy im Führungsprozess, in: Kieser, Reber, Wunderer (Hrsg.) 1995, Sp. 1918 ff.

[58] Vgl. Hinterhuber 2004a, S. 73–75.

organisiert und kanalisiert die Energien der Mitarbeiter in eine bestimmte Richtung. Sie wird zu Quelle der Motivation für die Mitarbeiter und Führungskräfte, die Unternehmensentwicklung aktiv und kreativ mitzugestalten. „Der Mensch ist bestrebt, Sinn im Leben zu erfahren. Dieser Sinn wird in Unternehmen auf einer globalen Ebene mittels einer Unternehmensvision vermittelt."[59] Wer eine Vision hat, kann Geduld haben, Fehler machen, Umwege in Kauf nehmen und Abweichungen korrigieren, weil er die Richtung kennt, in die er gehen will.[60]

Im Gegensatz zu den Unternehmensleitbildern, die teilweise über das Marketing nach außen kommuniziert werden, ist die Unternehmensvision primär nach innen ausgerichtet, vergleichbar einem internen „Code". *Rudolf Mann* postuliert sogar die Einstellung, dass Unternehmen ihre Visionen nicht nach außen verkünden brauchen. Wenn im Unternehmen eine Vision existiert, ist das für Außenstehende über die Ausstrahlung spürbar.

> „Die Vision richtet sich mit ihrer Botschaft vor allem nach innen. Sie formuliert ein gemeinsam getragenes Wir-Gefühl und bündelt Energien als Ausdruck von Licht und Liebe im Unternehmen. Nach außen braucht man Visionen nicht zu verkünden. Weil sie von alleine strahlen, wenn sie zünden. Jeder Außenstehende spürt, dass da im Unternehmen etwas geschehen ist, weil die Anziehungskraft, die Sympathie, die gegenseitige Akzeptanz und Zuneigung sich verändert haben. Immer dann, wenn Unternehmen ihre Visionen nach außen vorzeigen, kann man davon ausgehen, dass sie innen keine Kraft haben. Es ist nur die Sehnsucht, die wir nach außen durch ein schönes Bild kaschieren, wenn uns innen die Leere bedrückt."[61]

Woran erkennt man dann eine Vision in der Unternehmenswelt, wie äußern sich Visionen? Eine Vision wäre beispielsweise: „Wir wollen zum Mars fliegen", ohne zu wissen, wann das sein wird und wie es erreicht wird. *Steve Jobs* und *Stephen Wozniak* hatten die Vision der „Demokratisierung des Computers". Ihre Gründung *Apple Computer* hat zu einem neuen Industriezweig dem Personal Computer geführt. *Gottlieb Daimler (1834–1900)* hatte Ende des 19. Jahrhunderts die Vision, dass die Konstruktion eines Fahrzeugmotors die Pferde ersetzen könnte. Diese Vision führte zur Gründung der Daimler-Motoren-Gesellschaft."[62] Grundidee des Harvard-Studenten *Mark Zuckerberg* war 2004 nichts weiter, als ein Online-Treffpunkt für Studenten zu errichten. Durch seine Vision ist *Facebook*, das mit über 750 Millionen Nutzern mittlerweile größte soziale Netzwerk der Welt entstanden. Dazu *Zuckerberg* in einem Interview: „Wir wollen die Effizienz steigern, mit der die Menschen ihre Welt verstehen ... Wir wollen den Leuten dazu verhelfen, dass sie eine positive Erfahrung machen und den größten Nutzen aus dieser Zeit ziehen ... Ich glaube, wir kön-

---

[59] Creusen, Eschemann, Johann 2010, S. 99.
[60] Vgl. Hinterhuber 2004a, S. 75 ff.
[61] Mann 1990, S. 5.
[62] Hinterhuber 2004a, S. 75.

nen die Welt offener und aufgeschlossener machen."[63] *Facebook* ist zwischenzeitlich auf dem besten Wege, die universelle Identifizierungsplattform für jeden Internetnutzer zu werden.

Aber Vorsicht: Visionen bedeuten nicht „immer mehr" beziehungsweise quantitatives Wachstum. „Auch eine Eiche hört ab einer bestimmten Höhe auf, ihr Wachstum nach oben auszurichten. Sie konzentriert sich auf die Festigung der Wurzeln und die Stärkung des Inneren ... Jeder Windstoß würde sie ansonsten umwerfen."[64] Visionäre wollen in der Regel gar nicht über Nacht reich werden, sondern mit ihren Ideen die Welt ein Stück verändern und etwas Bleibendes, etwas Wertvolles hinterlassen. Auch Mark Zuckerberg lehnte mehrfach millionenschwere Übernahmeangebote ab, obwohl er jahrelang immer wieder neues Geld brauchte, um die massiven Server und Entwicklungen finanzieren zu können. Selbst im Jahre 2006, als er die laufenden Kosten immer noch nicht mit (Werbe-) Einnahmen decken konnte, schlug er ein Übernahmeangebot von *Yahoo* über einer Milliarde Dollar aus.[65]

Qualitative Visionen gewinnen in einer gesättigten Welt an Bedeutung. Ansonsten werden aus Visionen Illusionen oder Utopien. *Napoleon Bonapartes (1769–1821)* Vision war ein Vereinigtes Europa unter französischer Vorherrschaft; seine Vision stellte sich bald als Illusion heraus.[66]

Reinhold Würth, einer der erfolgreichsten Unternehmer der Nachkriegsgeschichte, begründet seinen Erfolg ganz wesentlich auf seine Unternehmensvision: „Dank kühner und manchmal sicher ehrgeiziger Visionen haben meine Mitarbeiterinnen, Mitarbeiter und ich in den letzten vierzig Jahren aus einem Drei-Mann-Betrieb ein Weltunternehmen gemacht."[67] Dazu *Würths* Verständnis von Visionen:

> „Visionen sind geistige Höhenflüge zwischen Vergangenheit und Zukunft. Visionen sind mehr als Träume, denn sie sind mit Argumenten unterlegbar. Gleichwohl sind sie weniger als strategische Planungen, weil Visionen über den Zeithorizont der letzteren hinaus gehen. Aus den Erfahrungen der Vergangenheit lernend, sich aber zugleich auch von ihnen lösend, versucht der erfolgreiche Visionär, die Zukunft in seinen Gedanken ebenso kühn wie realitätsnah vorwegzunehmen. Wenn es ihm gelingt, diese Zukunft einigermaßen gültig, das heißt glaubwürdig und nachvollziehbar für ein Unternehmen zu formulieren, kann aus einem erfolgreichen Visionär ein erfolgreicher Unternehmer werden ... Visionen leben von der Begeisterung, von der Überzeugungskraft, von dem Charisma desjenigen, der sie verkündet. Eloquenz und gedankliche Schärfe sind hierfür

---

[63] Kirkpatrick 2011, S. 11 u. S. 46.
[64] Lasko 1995, S. 45.
[65] Vgl. Kirkpatrick 2011, S. 214 f.
[66] Vgl. Hinterhuber 2004a, S. 85.
[67] Würth 1995, S. 67.

> ganz sicherlich nützlich. Aber letzten Endes kommt es nicht auf die glanzvolle Formulierung an, sondern auf die Berechenbarkeit, Geradlinigkeit und Ehrlichkeit des Visionärs, auf seine Dickköpfigkeit und Durchsetzungsfähigkeit, wenn es darum geht, kühne Visionen in konkrete Taten umzusetzen."[68]

Das traditionelle Management reduziert Probleme gern auf Sach- und Finanzfragen, Fertigungsfragen oder Produktdiskussionen, auf Vertriebskonflikte oder Marketingentwürfe. Fehlerquellen auf diese Weise zu materialisieren entlastet in jedem Fall die Führung und beruhigt das Gewissen der Manager an der Spitze. Die häufigste Fehlerquelle wird dabei übersehen: Die meisten Probleme sind mentale Probleme. Was im Unternehmen nicht gedacht wird, das kann auch nicht umgesetzt werden. Wo kein Entwurf vorliegt, entsteht keine neue Lösung. Wo das Tagesgeschäft die Köpfe beschäftigt, da bleibt kein Raum für innere Bilder einer künftigen Wirklichkeit. Gefragt ist eine Innovationskultur ohne Denkverbote, damit Freiraum für Visionen entsteht.

Die Zukunft erdenken ist ein Kernstück unternehmerischer Daseinsberechtigung. Nur durch Visionen können die Regeln des Marktes oder der Branche verändert werden. *Clayton Christensen* spricht in diesem Zusammenhang von sogenannten Durchbruchinnovationen, bei denen nicht nur das Bestehende weiter entwickelt, sondern „disruptiv" völlig neue, meist revolutionäre Erfindungen produziert werden.[69] Dies geschieht meist durch studentische Visionäre in heruntergekommenen Garagen, weil die Entwicklungsabteilungen der großen Unternehmen sich zu sehr mit der Weiterentwicklung der vorhandenen Produkte beschäftigen. Durch die visionär entstandenen, „disruptiven" Innovationen können nicht selten etablierte Anbieter in Bedrängnis kommen, wenn sie nicht rechtzeitig ihr Geschäftsmodell anpassen konnten. Man denke an die großen Technologiesprünge bei der Mobiltelefonie, digitalen Fotografie, Online-Shopping usw.

---

[68] Würth S. 67 f.

[69] Vgl. Christensen 2003, passim.

5.2 Das Erfolgspotenzial von Ideen

Leitzitat:

„Man sollte den Kurs eines Schiffes nach den Lichtern der Sterne und nicht nach den Lichtern vorbeifahrender Schiffe bestimmen."

Omar Bradley

Nach *Knut Bleicher* resultiert eine erfolgreiche Vision aus den Komponenten:[70]

- *Offenheit* gegenüber den wahren Bedürfnissen der Menschen,
- *innere Spontaneität* mit der Fähigkeit, verschiedenen Blickpunkte einnehmen zu können,
- *Realitätssinn*, um die Dinge so sehen und deuten zu können, wie sie sind beziehungsweise sich entwickeln werden,
- *Erfahrung* im Umgang mit komplexen Problemlandschaften,
- *Kreativität*, als immanentes Wesensmerkmal von Visionen.

Der Visionär muss in der Lage sein, große Zeitspannen gedanklich zu überbrücken. Zudem muss er über das Machtpotenzial verfügen, die Vision ins Unternehmen zu tragen. Typischerweise ist dies bei den Inhabern oder Gründern von Unternehmen der Fall. Deren Ausstrahlungskraft gepaart mit einer gewissen Vorbildwirkung ermöglicht eine weitere Implementierung in der Unternehmensorganisation.

In größeren oder älteren Unternehmen gestaltet sich die Visionsfindung wesentlich schwieriger, wodurch das Erfolgspotenzial neuer Visionen deutlich abgeschwächt wird. Im Zuge der Unternehmensentwicklung geht zudem die Gründervision zunehmend verloren. Neue Menschen treten in das Unternehmen ein und geben der Unternehmensvision eine neue Prägung.[71] Hier spielen technologische Vorgehensweisen bei der Generierung oder Unterstützung von Visionen, beispielsweise unter Anwendung von professionellen Szenario-Techniken, eine größere Rolle. Die Leuchtturmfunktion bleibt jedoch für alle Unternehmensbeteiligten im Wesentlichen erhalten. Für den Erfolg ist vielmehr die Intensität und Innovativität von neuen Ideen ausschlaggebend.

Eine Kategorisierung zukünftiger Ideen nach dem Erfolgspotenzial beziehungsweise der Überzeugungsintensität geben *Herstatt und Köpe*:

---

[70] Vgl. Bleicher 2011, S. 110 f.
[71] Vgl. Mann 1992, S. 37 f.

Abbildung 5.1: Das Erfolgspotenzial von Ideen

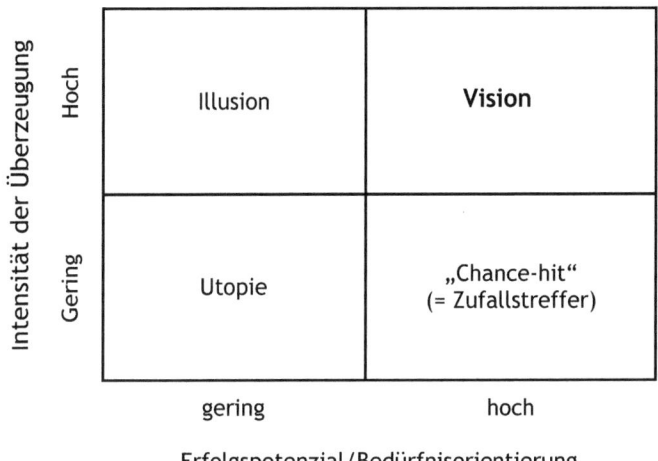

Quelle: Herstatt, Cornelius; Köpe, Christian: Vision im Management, in: Visionen realisieren, hrsg. v. Tschirky, Hugo; Müller, Roland, (Industrielle Organisation) Zürich 1996, S. 14-22.

Für die Mitglieder im Unternehmen haben Visionen anspornende Wirkung im Sinne von *Victor Hugo (1802–1885)*: „Nichts ist mächtiger, als eine Idee, deren Zeit gekommen ist." Sie sind die aufgestoßenen Fenster, in denen die Landschaft der Zukunft sichtbar wird. Sie geben dem Planen der Führung und des einzelnen Mitarbeiters Perspektive. Die Visionen sind es auch, die Argumente liefern, warum es sich lohnt, dabei zu sein. Eine Vision erleichtert den Abschied von gestern, rechtzeitig mit verbrauchten Traditionen zu brechen, denn die Lösungen der Vergangenheit passen nicht für die Zukunft der Erben und Enkel. Die Visionen werden zur Quelle von Handlungsimpulsen und Innovationen. Visionär starke Firmen sind häufiger Trendsetter als andere. Sie setzen damit Maßstäbe und Normen für die Konkurrenz. Spitzenplätze werden meist durch diese Form mentaler Stärke erreicht und gehalten. Wenn Mitarbeiter die Visionen des Unternehmens kennen, dann haben sie eine Perspektive für ihre Mitarbeit, sie finden Argumente dem Unternehmen die Treue zu halten und erleben Sinnvermittlung.

Eine kooperativ entwickelte Vision setzt neue Kräfte frei, reißt alte Denkbarrieren ein und schafft Identifikation. Sie beschreibt für alle den Grund, warum ein Unternehmen existiert, eine Art „Daseinsberechtigung". Das gemeinsame Auffinden einer Vision impliziert darüber hinaus den ersten Schritt zur Umsetzung, weil die Energien im Menschen frei gesetzt werden, welche erforderlich sind, um die Vision Wirklichkeit werden zu lassen. Die substanzielle Leistung einer Vision besteht darin, dass sie aus der Unmenge von realen Möglichkeiten einige auswählt und mit Bedeutungsgehalt versieht.

5.3 Die Visionsfindung

Ausgewählte Leitsätze zur Visionsfindung können in Anlehnung an *Hans H. Hinterhuber* wie folgt formuliert werden:[72]

- Denke in Alternativen und stelle bestehende Zustände in Frage!
- Sammle Erfahrungen, sei aufmerksam und beobachte mit offenen Sinnen!
- Denke positiv und vermeide negative Emotionen!
- Versetze dich in die Lage der anderen und interessiere dich für die Probleme deiner Mitmenschen!
- Beschäftige dich mit der Frage, was zurückblickend im Alter dein ganz persönliches Werk sein könnte!
- Strebe eine Vision an, die deinen Möglichkeiten entspricht!
- Habe Sinn für Humor und bewahre eine gesunde Distanz zu den weltlichen Dingen!

Vor allem muss eine Unternehmensvision sehr lebendig formuliert werden und möglichst die emotionale Seite der Menschen im Unternehmen ansprechen, zum Beispiel durch Verwendung einer bildhaften Sprache.[73] Die Verhaltenswirksamkeit ist dann am größten.[74]

Die Entwicklung von Visionen erfordert jedoch auch Zeit: Zeit zum Innehalten, Zeit zum Träumen, Zeit zum Reflektieren, Zeit zum Meditieren, eben Zeit zum Visionieren. „Ohne Träume verhungern Visionen. Ohne Visionen finden sich keine Ziele. Ohne Ziele gibt man auf, bevor überhaupt begonnen wurde."[75] Visionen fallen nicht vom Himmel. Sie müssen vielmehr in den Organisationen aufgespürt beziehungsweise erarbeitet werden. Die Suche von Visionen ist anspruchsvoll und anstrengend. Am besten wird eine neue Vision im Team entwickelt. Neue Gedanken sind dazu erforderlich, die zunächst auch abstrus sein dürfen. Frei nach *Albert Einstein (1879–1955)*: „Wenn eine Idee nicht zunächst absurd erscheint, taugt sie nichts!", beziehungsweise *Einstein* weiter: „Phantasie ist wichtiger als Wissen, denn Wissen ist begrenzt."

Um ein bewusstes Bild über die Zukunft zu entwickeln, bietet es sich an, folgende drei Leitfragen zu beantworten:[76]

1. Welches werden die zehn wichtigsten Probleme für die Menschheit in der Zukunft sein?

---

[72] Vgl. Hinterhuber 2004a, S. 78 f.

[73] Vgl. Creusen, Eschemann, Johann 2010, S. 110.

[74] Vgl. Kroeber-Riel 1993, S. 81 ff.

[75] Pechtl, Waldefried: Visionen, in: Pamperl o. J.

[76] Vgl. Liebig 1993, S. 209 f.

Die Visionsfindung

2. Welche zehn Maßnahmen sollten wir (Individuum, Unternehmen, Wirtschaft, Gesellschaft) zur Bewältigung dieser Probleme ergreifen?
3. Welchen Einfluss haben die vorgenannten Fragen und Antworten auf die eigene Unternehmensplanung und individuellen Entscheidungen?

Die visionäre Kraft besteht darin, die entfernte Zukunft bestmöglich zu antizipieren. Je weiter wir in Zukunft blicken, und je entfernter das Bezugsumfeld zu uns selbst ist, desto nebulöser werden unsere Vorstellungen über die Zukunft.

Abbildung 5.2: Der Blick in die Zukunft

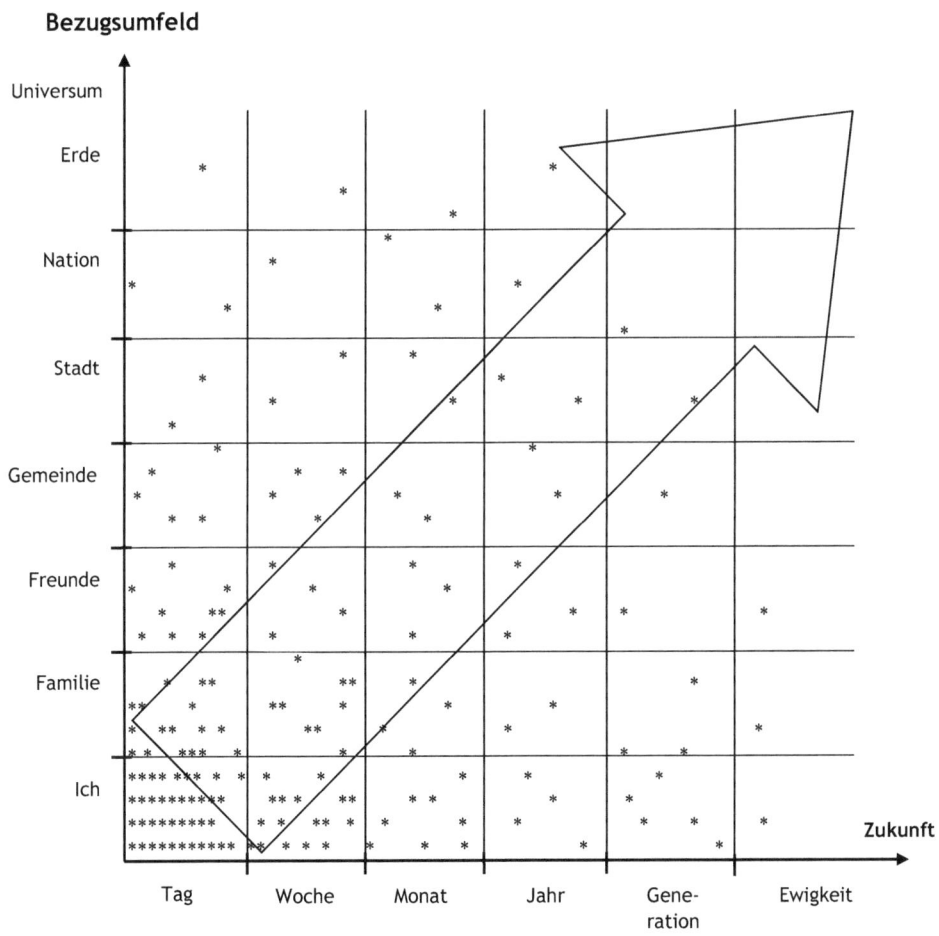

Quelle: In Anlehnung an Meadows, Dennis: Die Grenzen des Wachstums, Stuttgart 1972, S. 11.

Bei der Ideenfindung sind die Regeln der Kreativitätstechniken zu beachten, um fruchtbare Gedanken nicht im Ansatz zu ersticken.

Exkurs: Kreativität und Kreativitätstechniken

Kreativität ist die Fähigkeit, Wissens- und Erfahrungselemente aus verschiedenen Bereichen unter Überwindung verfestigter Denkstrukturen zu neuen Gedanken (Ideen) zu verschmelzen. Mit Hilfe von Kreativitätstechniken werden Methoden entwickelt, um schneller und zielstrebiger auf neue Gedanken beziehungsweise Ideen zu kommen. Dabei werden durch heuristische Prinzipien wie der Assoziation oder Analogienbildung das intuitive Hervorbringen von Ideen gefördert.

Beispiele für Kreativitätstechniken sind in dieser Hinsicht:

a) Methoden der intuitiven Assoziation

Die bekannteste und am häufigsten angewendete Methode, um verbal oder schriftlich intuitiv die Ideen einer Gruppe von Teilnehmern aufzugreifen und assoziativ weiter zu entwickeln, ist das „Brainstorming", welches von *Alex Osborn (1888–1966)* entwickelt wurde. Das Erfolgskonzept des Brainstorming liegt in der Disziplin bei der Ideenfindung der Teilnehmer. Die üblichen negativen Begleiterscheinungen in Konferenzen wie destruktive Kritik oder Rivalität zwischen den Teilnehmern muss per Commitment[77] von vornherein unterbleiben. Alle Gedanken dürfen frei und ungehemmt formuliert werden. Jegliche „Killerphrasen" wie zum Beispiel „Das passt nicht!", „Zu altmodisch!", „Bereits bekannt!" etc. sind verboten. Die absolute Zahl an produzierten Ideen soll möglichst hoch sein, um die Wahrscheinlichkeit eines „Treffers", der weiter entwickelt werden kann, zu erhöhen. Bereits *Peter F. Drucker (1909 – 2005)* unterstrich in seinen Veröffentlichungen immer wieder die Bedeutung eines handlungsorientierten Brainstormings unter Einbeziehung von Mitarbeitern aus den verschiedensten Geschäftsbereichen, um möglichst grenzenlos an der Entwicklung neuer Chancen für neue Produkte und Dienstleistungen zu arbeiten.[78]

Wird das Brainstorming schriftlich durchgeführt, spricht man vom sogenannten „Brainwriting". Als erste Methode entstand die „Methode 635", bei der sechs Teilnehmer drei Ideen auf ein Formular aufschreiben, welches dann fünf Mal weiter gereicht wird. Alle fünf Minuten werden die Formulare ausgetauscht, und der nächste versucht, assoziativ die bereits nieder geschriebenen Ideen weiter zu entwickeln.

---

[77] Als Commitment bezeichnet man öffentlichkeitswirksam vertretene Standpunkte mit Festlegungscharakter. Das bedeutet, dass eine Umkehr von der einmal geäußerten Meinung nur mit mehr oder weniger schwer wiegendem Gesichtsverlust möglich ist. Sozialpsychologisch spricht man von einer Selbstwertbedrohung, die derart gravierend wirkt, dass hierdurch häufig vermeintlich bessere Lösungen verhindert werden. Vgl. Fischer, Wiswede 2009, S. 724.

[78] Vgl. Haas Edersheim 2007, S. 123 ff.

Die Visionsfindung 55

Ähnlich wie beim Brainstorming hat sich als weitere Alternative zum reinen dialektischen Argument (und Gegenargument) das parallele Denken bewährt. Eine beliebte Methode in der Unternehmenspraxis ist die „Sechs-Hüte-Methode" von *Edward de Bono*. Statt langatmige Diskussionen und destruktive Animositäten der Konferenzteilnehmer zu ertragen, wird wiederum durch eine vorab festgelegte didaktische Vorgehensweise (Diskussionsdisziplin) die Reihenfolge bestimmt, wann Pro („gelber Hut") und Contra („schwarzer Hut") Argumente ausgetauscht werden. Das Besondere dabei ist, dass jeder Teilnehmer beiträgt, auch diejenigen, welche den Vorschlag grundsätzlich für falsch halten.

Mittels dem „weißen Hut" werden gezielt ungefärbt-sachliche Informationen ins Spiel gebracht und durch den „grünen Hut" die Kreativität von allen gefordert, wie man die Nachteile beziehungsweise Gefahren des „schwarzen Hutes" kompensieren könnte. Mit dem „roten Hut" tragen alle ihre persönlichen (Bauch-)Gefühle kurz vor, ohne dafür Begründungen liefern zu müssen und schließlich fasst der „blaue Hut" die gewonnenen Erkenntnisse in seiner Moderationsfunktion zusammen und kommt zu einer Entscheidung.

Abbildung 5.3: Die sechs Hüte des Denkens

Quelle: de Bono, Edward: Die sechs Hüte des Denkens, Forum für kreatives Denken (FkD), Leverkusen 2005.

Obwohl häufig gut ausgebildete, erwachsene Menschen am Tisch sitzen, entwickelt sich der Kommunikationsprozess nicht selten zu einer verbalen Auseinandersetzung von festgefahrenen Meinungen, was nicht verwunderlich ist. Denn das Leben ist ambivalent. Nur ganz selten gibt es die sogenannte Win-Win-Situation, bei der alle nur profitieren. Die Regel ist dagegen, dass jede Aktivität oder Entscheidung für das Eine einen Verzicht oder gar Verlust für etwas Anderes bewirkt. Ressourcen (zum Beispiel Geld, Zeit, Betriebsmittel oder Personal) können nicht gleichzeitig für alles Denkbare eingesetzt werden. Entscheiden heißt verzichten! Gehe ich nach links, kann ich nicht gleichzeitig nach rechts gehen.

b) Methoden der intuitiven Konfrontation

Bei den Methoden der intuitiven Konfrontation werden durch Reizwörter oder Bilder die inneren Schemata des Gehirns angesprochen. Die Darbietung problemfremder Reize, Ereignisse, Gegenstände oder Vorgänge sollen über die Verbindungen der semantischen Netzwerke im Gedächtnis zu spontanen „Eingebungen" beziehungsweise Ideen führen, welche unter normalen Denkumständen verborgen geblieben wären.

Abbildung 5.4: Zufallsworttechnik beim Lateralen Denken

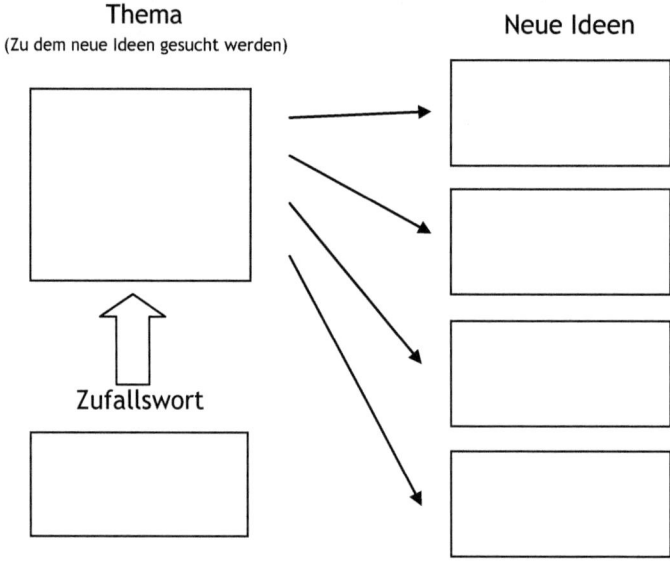

Quelle: In Anlehnung an de Bono, Edward: Die sechs Hüte des Denkens, Forum für kreatives Denken (FkD), Leverkusen 2005.

Als besondere Technik hat sich dazu das Laterale Denken nach *De Bono* heraus gebildet. „Man kann kein Loch an einer anderen Stelle graben, wenn man das vorhandene Loch nur tiefer aushebt." Mittels zufällig ausgewählter Substantive sollen Verbindungen zum eigentlich Problem beziehungsweise Thema hergestellt und neue Ideen entwickelt werden. Man wählt zufällig ein Wort aus einer (vorbereiteten) Liste mit völlig verschiedenen Substantiven aus und schreibt dazu die Assoziationen (mindestens 4–5) auf. Auf diese Weise werden Gedächtnisinhalte aktiviert, die mit dem betreffenden Schema assoziativ verknüpft sind. In der Regel finden sich Öffnungen aus einem festgefahrenen Gedankenkanal, welche den Weg zu einer neuen Lösung ebnen.[79]

In vielen Unternehmen hat sich mittlerweile ein Ideenmanagement institutionalisiert. Ziel ist es, die zahlreichen Ideen zur – in der Regel Verbesserung von Prozessabläufen und Qualitätsverbesserung – von Seiten der Mitarbeiter zu nutzen. Auch wenn dabei selten spektakuläre Ideen vermittelt werden, so tragen sie in der Summe dazu bei, Zeit und Geld zu sparen und die Arbeitszufriedenheit, Motivation und Identifikation der Mitarbeiter zu erhöhen. *Petra Leipold* definiert Ideenmanagement insofern als eine Art betriebliches Vorschlagswesen plus kontinuierliches Verbesserungsstreben. Ideenmanager sind demzufolge „kreative Erbsenzähler."[80]

Die große Kunst beim institutionalisierten Ideenmanagement besteht darin, dass sich die Mitarbeiter durch das Ideenmanagement nicht ausspioniert fühlen; ebenso wenig dürfen sich die Führungskräfte von den Mitarbeiterideen übergangen beziehungsweise in ihrer Daseinsberechtigung verletzt fühlen. Dem betrieblichen Ideenmanager kommt in diesem Prozess infolge dessen eine wichtige Moderationsfunktion zu.

5.4 Die Visualisierung von Gedanken

Die Metaplantechnik

Eine im Management weit verbreitete Methode neue Gedanken und Informationen aufzuzeigen ist die Metaplantechnik. Praktisch in jedem Seminarhotel oder Sitzungsräumen gehören ein Metaplankoffer sowie Pinnwände zur Grundausstattung.

Bei der Metaplantechnik werden farbige Kärtchen verwendet, die an Pinnwänden befestigt werden. Es handelt sich um eine Gruppenfragetechnik, bei der alle Teilnehmer mit einbezogen werden können. Es können aktuelle Stimmungen und Wünsche eingefangen sowie Gruppenkonsens hergestellt werden.

Der Besprechungsleiter stellt eine auf der Pinnwand visualisierte Frage an die Teilnehmer. Zur Beantwortung werden Karten verteilt mit der Bitte, die gestellte Frage schriftlich zu bearbeiten. Wegen der Lesbarkeit sollten die Karten mit Druckbuchstaben, mit dicken Stiften groß und deutlich und mit maximal drei Zeilen pro Karte beschriftet werden. Außerdem sollte auf jeder Karte nur ein Gedanke festgehalten sein, um später eine inhaltliche Bündelung vornehmen zu können. Anschließend werden alle Karten eingesammelt und für alle sichtbar zu der Frage an die Pinnwand geheftet. Bei jeder Karte kann die Gruppe mitbestimmen, ob eine Zuordnung zu einer bereits angepinnten Karte getroffen werden kann. Nachdem alle Karten an der Wand angebracht sind, wird die Zuordnung nochmals

---

[79] Vgl. DeBono 2002, S. 71 ff.
[80] Vgl. Leipold 2010.

von der Gruppe kontrolliert, und es werden für die einzelnen Kartencluster Überschriften – meistens auf sogenannten „Wolkenkarten" – festgelegt.

Das Ergebnis dieser Kartenabfrage kann weiterverarbeitet werden. Man könnte beispielsweise für jedes Problemfeld eine Kleingruppe bilden, die den Auftrag erhält, Lösungsvorschläge zu erarbeiten und dem Plenum diese später zu präsentieren. Oder man kann eine Gewichtung der Problemfelder vornehmen. Die Teilnehmer bekommen Klebepunkte mit der Aufgabe, diese an die Problemfelder zu kleben, die ihnen besonders wichtig sind. Anschließend kann man anhand der Anzahl der Klebepunkte eine Rangfolge der Wichtigkeit dieser Problemfelder bilden.

Zum Abschluss wird das Ergebnis zur Dokumentation abfotografiert und protokolliert.

Die Metaplantechnik fördert die Kreativität, erzeugt eine aktive Beteiligung und führt zu hoher Motivation und starker Identifikation der Teilnehmer mit den Ergebnissen der Arbeit. Die Anwendung ist unkompliziert, leicht zu erlernen und mit einfachen Hilfsmitteln zu praktizieren. Verbal Schwache können sich schriftlich oft besser artikulieren als mündlich, die Methode kann anonym angewendet werden, so dass Probleme thematisiert werden, die offen nicht angesprochen worden wären.

Abbildung 5.5: Visualisierung der Metaplantechnik

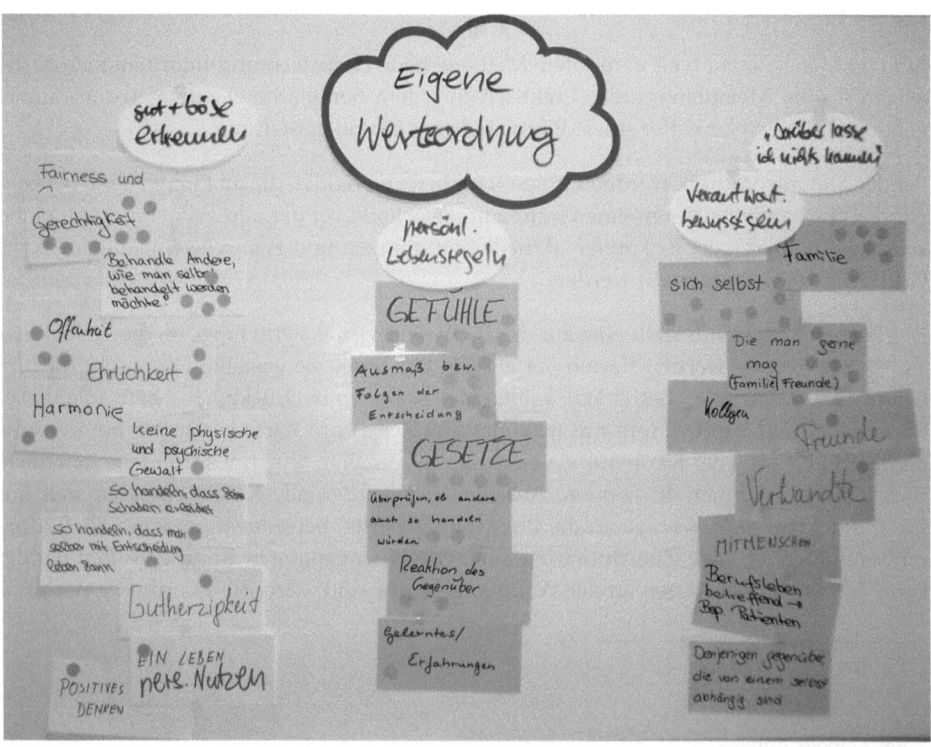

Das Assoziogramm (Mind Mapping)[81]

Anfang der 1970er Jahre prägte der englische Mentaltrainer *Tony Buzan* den Begriff des „Mind Mapping" und formulierte Regeln für eine Technik zur Dokumentation von Gedanken in Form einer Gedächtniskarte, das auch Assoziogramm genannt wird.

Das Assoziogramm beschreibt eine kognitive Technik, die zur visuellen Darstellung eines Themengebietes genutzt werden kann. Das Assoziogramm wird in der Regel auf unliniertem Papier im Querformat erstellt. In der Mitte wird das zentrale Thema möglichst in einem oder wenigen Stichworten formuliert. Davon ausgehend werden – wie bei Kapitelüberschriften in einem Buch – jeweils weitere Schlüsselbegriffe zu dem betreffenden Thema auf den Verbindungslinien in Großbuchstaben erfasst. Daran schließen sich dünner werdende Zweige unter Verwendung von Kleinbuchstaben weitere Gedankenebenen an. Für die verschiedenen Gedankenschritte werden möglichst unterschiedliche Farben oder auch Bildelemente verwendet, um beide Gehirnhälften anzusprechen. Je nach Umfang der linguistischen und logischen Fähigkeiten des Verfassers, werden die Gedankenströme kanalisiert und strukturiert. Formal gesehen ergibt das Mind Mapping am Ende ein beschriftetes Baumdiagramm.

Abbildung 5.6: Visualisierung einer Unternehmensvision mit Hilfe eines Assoziogramms

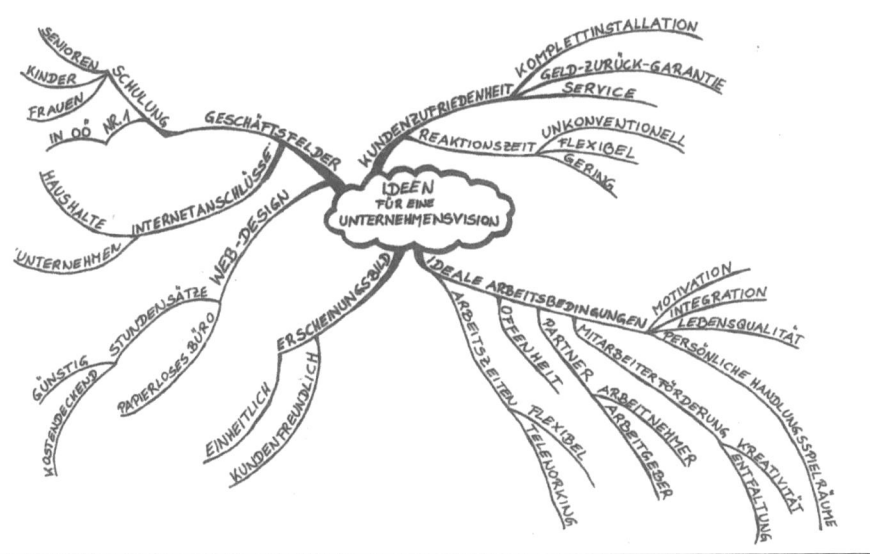

Quelle: Niedermair, Gerhard (Hrsg.): Zeit für Visionen, (Verlag Wissenschaft und Praxis) Sternenfels 2000, S. 74.

---

[81] Vgl. dazu Buzan 2002.

Auf diese Weise können sich die Gedanken in mehrere Richtungen – wie beim semantischen Netzwerk – entfalten und die kreativen Fähigkeiten des Gehirns besser ausgeschöpft werden. Der Vorteil zum herkömmlichen Brainstorming besteht vor allem in der vernetzten Struktur der Gedankenerfassung, was der „unsortierten" Denkweise des Menschen entgegen kommt. Diese Art der Gedankenanordnung über die semantische Struktur des Wissens fördert zudem die Erinnerbarkeit des Untersuchungsgegenstandes über lange Zeiträume.

In Unternehmen gilt das Mind Mapping als probates Mittel zur Ideenfindung und Problemlösung. Eine Technik, welche das Denken inspiriert und zu schnellen Ergebnissen führt.

5.5 Motivation und Verantwortung von Visionen

Visionen dürfen nicht verwechselt werden mit mysteriösen Träumen, abgehobener Ideologie, weltfremden Utopien, verführerischen Illusionen, okkulten Praktiken, perfider Scharlatanerie oder subtilen Werbeslogans. Wer die Zukunft gestalten möchte, muss auch bereit sein, für sein Handeln die Verantwortung zu übernehmen. Fehlt die innere Überzeugung- und Verantwortungsbereitschaft degradiert die Vision zur Utopie beziehungsweise kreative Spinnerei. Sehr poetisch gibt der Schriftsteller und Philosoph *Paulo Coelho* die Bedeutung der Eigenverantwortung wieder:

> „Der Schüler näherte sich dem Meister: ‚Seit Jahren such ich die Erleuchtung', sagte er. ‚Ich fühle, dass sie nicht mehr weit ist. Ich möchte wissen, welchen Schritt ich als nächsten tun soll.' ‚Und wie erwirbst du deinen Lebensunterhalt?', fragte der Meister. ‚Noch habe ich nicht gelernt, mich selbst zu ernähren. Mein Vater und meine Mutter unterstützen mich. Aber das tut doch hier nichts zur Sache.' ‚Der nächste Schritt besteht darin, dass du eine halbe Minute lang in die Sonne blickst', sagte der Meister. Der Schüler gehorchte. Als die Zeit um war, bat der Meister den Schüler, er möge ihm das Feld um sich herum beschreiben. ‚Ich kann es nicht sehen, die Helligkeit der Sonne hat meinen Blick getrübt', antwortete der Schüler. ‚Ein Mensch, der nur das Licht sucht und die Verantwortung für sich selbst anderen überlässt, wird die Erleuchtung nicht finden. Ein Mensch, der in die Sonne starrt, wird am Ende blind', sagte darauf der Meister."[82]

Das Prinzip der Verantwortung hat in der Philosophie nicht zuletzt durch das Werk von *Hans Jonas (1903–1999)* festen Einklang gefunden. Verantwortung ist stets gebunden an Macht. Und weil dem Menschen gegenüber der Natur so viel Macht zugewachsen ist, trägt er auch immer mehr Verantwortung. Urbild jeder Verantwortung ist das Verhältnis zum eigenen Kind, sozusagen der Urgegenstand jeder Verantwortung. Wenn wir nun visionär

---

[82] Coelho 1994a, S. 68.

in Zukunft blicken, müssen wir demzufolge ein Verantwortungsbewusstsein gegenüber unseren Ur-Ur-Ur-Enkeln entwickeln, die vielleicht im 22. Jahrhundert und später leben. Nach *Jonas* gebietet es die Ehrfurcht vor dem Menschen (und hier den Mitarbeitern), dass wir den in Zukunft lebenden Menschen (und schaffenden Mitarbeitern) die Möglichkeit erhalten, in Freiheit und Würde zu leben und zu arbeiten.[83]

Viele Persönlichkeiten, die große Verdienste für die Menschheit errungen haben, waren sich über den Zusammenhang von Vision, Motivation, Macht und Verantwortung intuitiv bewusst. *Martin Luther King (1929–1968), Mahatma Gandhi (1869–1948), Nelson Mandela*, um nur einige zu nennen, hatten Visionen, für die sie Menschen begeistern, und damit die notwendigen Kräfte zur Realisierung – teilweise für nachkommende Generationen – mobilisieren konnten. Sie sprachen nicht nur über Visionen, sie lebten sie vor und waren bereit, Verantwortung für ihr Handeln zu übernehmen. Dieses Bewusstsein zeigt sich ebenso bei den großen Unternehmerpersönlichkeiten, die ihren Traum (vor)leben und ihre Mitarbeiter auf diese Weise regelrecht mitziehen.

Die Motivation durch Visionen

Visionen haben einen ungemein starken motivationalen Charakter: „Wenn das Leben keine Vision hat, nach der man strebt, nach der man sich sehnt, die man verwirklichen möchte, dann gibt es auch kein Motiv sich anzustrengen:"[84] Ohne Visionen schauen Menschen zu kurzfristig. Und in der kurzfristigen Betrachtung erscheinen Wünsche, Vorhaben oder Ziele wie ein riesiger Berg. Visionär denkende Menschen sind dagegen in der Lage, Ressourcen aufzubauen und ihre Vision zu gestalten.[85]

Das folgende Plakat verdeutlicht den Motivationsaspekt:

> „Alle Arbeiter in einem Steinbruch verrichten die gleiche Arbeit, aber ihre Gesichtsausdrücke sind verschieden. Ein Beobachter fragt sie deshalb nach Ihrer Tätigkeit. Ein trauriger Arbeiter sagt: „Ich haue Steine." Ein zufriedener Mitarbeiter sagt: „Ich verdiene meinen Lebensunterhalt." Der fröhliche Arbeiter aber erwidert: „Ich baue einen Palast!"

Visionen sind wie Kathedralen und sollen die Mitarbeiter zu einem gemeinsamen Ziel führen. Oder, um beim Kunsthandwerk zu bleiben: „Gäbe es nur eine Wahrheit, könnte man von einem Thema keine hundert Bilder machen." (Pablo Picasso)

---

[83] Vgl. Jonas 1984.
[84] Erich Fromm zitiert nach Simon 2002, S. 19.
[85] Vgl. Lasko 1995, S. 45.

Abbildung 5.7: Auf die Vision kommt es an

6 Die Unternehmensethik

Leitzitat:

„Den Wert eines Unternehmens machen nicht die Gebäude und Maschinen und auch nicht seine Bankkonten aus. Wertvoll an einem Unternehmen sind nur die Menschen, die dafür arbeiten, und der Geist, in dem sie es tun."

Heinrich Nordhoff

6.1 Der Gegenstand der Unternehmensethik

Wie im ersten Kapitel dargestellt, gehört die Ethik zum Hauptgegenstand der Philosophie. Als Ethik (griechisch Ethos = Sitte, Brauch; ursprünglich auch „gewohnter Ort des Lebens") wird im Allgemeinen die Lehre von den Werten des Seins und der Normen des Handelns sowie deren Begründung verstanden. Die Unternehmensethik umfasst danach die moralischen Normen für das unternehmerische Handeln. Anthropologisch gesehen übernimmt die Moral eine Orientierungsfunktion für den Menschen.

Es stellt sich in diesem Zusammenhang weniger die Frage, ob das Gesamtsystem der (sozialen) Marktwirtschaft an sich ethisch gut oder wünschenswert ist,[86] als vielmehr um die Gesinnungs- und Verantwortungsethik[87] der Manager. Ging es bei der Unternehmensvision um die Frage: „Was wollen wir tun?", stellt sich bei der Unternehmensethik der Anwendungsbereich auf die Frage: „Was soll ein Unternehmen tun?"

Andrew Crane & Dirk Matten definieren Unternehmensethik in entscheidungsorientierter Hinsicht als „...the direct attempt to formally or informally manage ethical issues or problems through specific policies, practices, and programmes"[88], also sämtliche Sollvorschriften und Gegenstandsbereiche im Unternehmen, die moralischen Charakter beinhalten.

---

[86] Vgl. zur Diskussion, ob Ethik in Unternehmen ein Oxymoron ist Crane, Matten 2010, S. 4 f.

[87] Vgl. Weber 1994, S. 77–81. In Anlehnung an die Philosophie des Positivismus nach Auguste Comte (1798–1857), welcher den Begriff des Altruismus als Gegensatz zum Egoismus geprägt hat, kann eine vernünftige Gesellschaftsordnung nur verwirklicht werden, wenn die Menschen die Hingabe an das Ganze zum Prinzip ihres Handels machen. Nicht aber einem einzelnen Staat oder Gruppe sollen sie sich hingeben, sondern der ganzen Menschheit, dem großen Wesen (Grans Être), das Comte zum Objekt einer geradezu religiösen Verehrung erheben will. Das Grundprinzip des Positivismus ist, vom Gegebenen, Tatsächlichen auszugehen und alles darüber hinaus als nutzlos abzutun. Die Philosophie und die Wissenschaft wird auf das Reich der Erscheinungen beschränkt.

[88] Crane, Matten 2010, S. 185.

Beschäftigen wir uns mit dem „Sollen" im tieferen Sinne, stellen wir fest, dass Sollen als Imperativ das „Wollen" eines Befehlenden unterstellt.[89] Wem steht aber das Recht zu, über das Sollen zu entscheiden? Die Rechtsphilosophie lehrt uns, dass es ein Stufenbau der Rechtsnormen gibt. Das heißt, zu jeder Rechtsnorm muss es eine andere Rechtsnorm geben, die das Verfahren regelt, indem die erste Rechtsnorm erzeugt wird. Und auch die höchste verfassungsregelnde Norm bedarf wieder einer solchen höheren Norm, bis man zu einer Art Grundnorm angelangt ist.[90]

„Werte sind unbedingte Vorrangregeln mit moralischer Qualität", ein Stück zivile Religion. Hervorgerufen durch die Tatsache, dass die Menschen egoistisch und nicht altruistisch sind,[91] kommt der Ethik allgemein die Aufgabe zu, Regeln zu entwickeln, die, wenn sie von der Mehrheit der Menschen innerhalb eines sozialen Systems befolgt werden, das Gemeinwohl zugunsten der Menschen, die in diesem System leben, optimiert. Ethische Normen entstehen – wie alle Normen – formal durch Konvention oder Konsens.

Unternehmensethik soll nicht als Führungsinstrument missverstanden werden, sondern als normative Orientierung den Werteboden für unternehmerisches Handeln bilden.[92]

> Die Unternehmensethik ist die höchste normative Grundlage für alle Entscheidungen und Handlungen in einem Unternehmen. Sie leitet sich aus dem individuellen und gesellschaftlichen Rechts- und Wertesystem ab und prägt somit gleichermaßen die Leitsätze der Unternehmensphilosophie als auch den tatsächlichen Umgang in der Unternehmenskultur.

Der Augustiner-Pater und Unternehmensberater *Hermann-Josef Zoche* zieht den Vergleich mit einer Leitplanke:[93]

> „Sie ist wie eine Art Geländer, an dem man sich halten kann. Das Geländer verhindert, dass man auf Abwege gerät. Man fährt auf einer kleinen Straße, die keine Leitplanke hat. Es kommt ein Auto entgegen, und man versucht Platz zu machen. Dabei kommt man von der Fahrbahn ab. Das Auto steckt fest. Im schlimmsten Fall muss man Hilfe holen. Aber auch fremde Hilfe kann eine solche Situation unangenehm sein: Man verliert Zeit, muss vielleicht ein Stück im Rückwärtsgang fahren, das Auto wird schmutzig, es fällt schwer, ruhig und besonnen zu sein. Wäre eine Leitplanke da gewesen, hätte man

---

[89] Vgl. Seelmann 2004, S. 45.

[90] Vgl. dazu Kelsens „Reine Rechtslehre" zur Rechts- und Staatsphilosophie in Seelmann 2004, S. 67.

[91] Bei zahlreichen ökonomischen und politischen Phänomenen gerne durch das Gefangenendilemma der Spieltheorie erklärt, bei der am Verhalten zweier Gefangenen in einem getrennten Verhör stets das individuelle Wohl und nicht das Gemeinwohl maximiert wird, obgleich bei kollektiver Rationalität (Kooperation) ein größerer gemeinsamer Nutzen entstehen würde. Vgl. zum Beispiel Varian 1989, S. 450 f.

[92] Vgl. zu den Bedingungen der betriebswirtschaftlichen Unternehmensethik Schneider, 1995, S. 144 ff.

[93] Zoche 2005, S. 148.

Der Gegenstand der Unternehmensethik

> eine Orientierung gehabt. Man hätte abbremsen und langsam heranfahren können. Bei besonders gefährlichen Straßen, mit ein- oder beidseitigen Abhängen, können Leitplanken sogar lebensrettend sein. Nicht anders verhält es sich mit der Firmenethik. In einer werteorientierten Firmenethik wird dem Angestellten die Sicherheit gegeben, dass er in seiner Arbeit zu nichts gezwungen wird, was diesem Wertesystem widerspricht. Er selbst darf am Arbeitsplatz nach dem Wertemaßstab der Firmenethik handeln und weiß sich solange in Sicherheit, solange er gegen diese Grundsätze nicht verstößt. Dasselbe gilt auch für das Management, ja selbst für den Chef. Der Angestellte wird vom ersten Tag an mit dem Wertesystem der Firma konfrontiert. Er kann sich damit auseinandersetzen, er kann sich dafür oder dagegen entscheiden. Durch die freie Festlegung der Mitarbeiter auf eine bestimmt Firmenethik erhält diese den Charakter allgemeiner Verbindlichkeit."

Bedeutende Unternehmerpersönlichkeiten geben der Unternehmensethik dementsprechend einen hohen Stellenwert:

> „An dem Tag, an dem die Manager vergessen, dass eine Unternehmung nicht weiter bestehen kann, wenn die Gesellschaft ihre Nützlichkeit nicht mehr empfindet oder ihr Gebaren als unmoralisch betrachtet, wird die Unternehmung zu sterben beginnen."[94]

> „Eine anständige Art der Geschäftsführung ist auf die Dauer das Einträglichste, und die Geschäftswelt schätzt eine solche viel höher ein, als man glauben sollte ... Lieber Geld verlieren als Vertrauen."[95]

Für die Unternehmensethik besteht in diesem Sinne eine große Herausforderung, moralische Grundnormen für unternehmerisches Handeln im Einklang mit dem individualistischen und gesellschaftlichen Wertesystem zu legen. Außerdem stellt sich die Frage, ob die Ausnutzung der Naturgüter ohne weiteres durch nur eine kleine Gruppe der Gesellschaft legitim ist. Muss nicht derjenige, der sein individuelles Wohl durch Inanspruchnahme der Natur im weitesten Sinne den übrigen (Welt-)Bürgern dafür eine Entschädigung zahlen? In welcher Form auch immer, die gesellschaftliche Verantwortung wird sich auf die Unternehmensverfassungen niederschlagen und die Unternehmensethik fester Bestandteil der Unternehmensführung werden. In Anlehnung an *Thomas Dyllick* kann man sagen, dass das unternehmerische Handeln begründungspflichtig wird. Es genügt für ein Unternehmen nicht mehr nur wirtschaftlich effizient zu sein. Es muss sich auch gesellschaftskonform und politisch korrekt verhalten.[96]

> „Die Unternehmung findet sich in der Gesellschaft wieder und die Gesellschaft in der Unternehmung. Die Unternehmung kann deshalb auch nicht mehr verstanden werden als ein abgeschirmter Bereich der Gesellschaft, indem allein durch die private Hand-

---

[94] Herrhausen 1990.

[95] Bosch, Robert zitiert nach Fehrenbach, Franz, in Handelsblatt, Nr. 207 vom 26.10.2010, S. 20.

[96] Vgl. Dyllick 1992, S. 477.

> lungsautonomie ihres Managements und ihrer Eigentümer verfügt wird, sondern sie findet sich effektiv *in* der Gesellschaft wieder. Daraus wird aber auch verständlich, dass immer weniger genügt, dass die Unternehmungen wirtschaftlich effizient sind, sondern sie müssen gleichzeitig auch den Anforderungen der politischen Legitimität und der moralischen Autorität nachkommen. Diese gesellschaftliche Herausforderung des Managements verlangt nach einer entsprechenden Fähigkeit zum kompetenten Umgang mit gesellschaftlichen Anliegen und öffentlichen Auseinandersetzungen. Diese Aufgabe kann weder eine PR-Abteilung noch eine Rechtsabteilung delegiert werden. Sie ist eine Aufgabe der obersten Führung."[97]

Ethik ist für die Unternehmensführung zunächst ein exogener Einflussfaktor. Die normative Grundlage erhält die Unternehmensethik aus:[98]

- den Rechtsnormen,
- den moralisch-sittlichen Normen, wiederum unterschieden in
  - endogene Moral,
  - exogene Moral.

Die Übertretung von Rechtsnormen wird durch staatliche Organe bestraft. Endogene Moral ist ein Katalog von Gewissensnormen, deren Übertretung endogen, also psychisch durch Ängste, Scham- und Schuldgefühle, bestraft wird. Exogene Moral sichert die Sozialverträglichkeit und wird im Fall ihrer Verletzung durch sozialen Ausschluss sanktioniert, wie zum Beispiel aus Gremien, Parteien, Verbänden, was für das Unternehmen Image-, Informations- oder Einflussschäden nach sich ziehen kann. Es besteht die latente Gefahr der Abstoßung aus dem Wirtschaftsleben, sei es aufgrund fehlender Akzeptanz bei Kunden und Mitarbeitern oder juristischen Zwangsmaßnahmen. Eine dauerhafte Verletzung ethischer Normen ist quasi nur aus dem illegalen Untergrund praktizierbar, wie bei Mafiaorganisationen und Ähnlichem.

---

[97] Dyllick 1992, S. 461.

[98] Vgl. Lay, Rupert: Moral und Macht von Führungskräften, in: Dahlems (Hrsg.) 1994, S. 630 f.

6.2 Der Einfluss des Rechts- und Wertesystems einer Gesellschaft

Die Grundlagen

Das Wertesystem einer Gesellschaft wird im Wesentlichen gespeist aus:[99]

- den religiösen Überlieferungen und Offenbarungen,
- der Auseinandersetzung mit der Natur,
- den tiefen Erfahrungen von Leben, Ehre und Würde.

Viele Werte können nicht in einem Rechtsnormensystem abgebildet werden, würden bei einem solchen Versuch vielleicht sogar beschädigt oder zerstört werden. Man denke an Ehe und Liebe, Kinder und Familie, Höflichkeit und Loyalität, Aufrichtigkeit und Fleiß, Demut und anderes mehr.[100]

Die traditionelle Begründung für die Würde des Menschen war seine in der Bibel verkündete Gottebenbildlichkeit, seine Schöpfung nach dem Ebenbild Gottes.[101]

Die ethischen Rechtsgrundlagen manifestieren sich in der Bundesrepublik Deutschland zum einen in den verfassungsrechtlichen Grundlagen des Grundgesetzes sowie durch das Prinzip der Sozialen Marktwirtschaft. Hieraus ergibt sich unter anderem die Sozialversicherungspflicht,[102] bei der Menschen die aufgrund von Krankheit (Krankenversicherung), Erwerbsunfähigkeit (Arbeitslosenversicherung), Alter (Rentenversicherung) oder Invalidität (Unfallversicherung) in Not geraten sind, von der Gemeinschaft (Solidaritätsprinzip) unterstützt werden. Es handelt sich praktisch um einen „Schadenersatz" als Ausgleich für Benachteiligungen, die durch den staatlichen Eigentumsschutz entstehen.

Darüber hinaus werden die Rechte der Arbeitnehmer in zahlreichen Arbeitsgesetzen, wie zum Beispiel Kündigungsschutzgesetz, Betriebsverfassungsgesetz, Mutterschutzgesetz, Arbeitsschutzgesetz, Arbeitsstättenverordnung, Bundesurlaubsgesetz, Datenschutzgesetz, Entgeltfortzahlungsgesetz, Jugendarbeitsschutzgesetz, Pflegezeitgesetz und vieles mehr sicher gestellt.[103]

---

[99] Vgl. Di Fabio 2005, S. 63.

[100] Vgl. Di Fabio 2005, S. 67.

[101] Gen 1, 26–27; Gen 9,6.

[102] Vgl. hierzu die umfangreiche Sozialgesetzgebung des SGB I – XII. Später wurde noch die Pflegeversicherung als weitere Pflichtversicherung in die Sozialversicherungspflicht mit aufgenommen.

[103] Vgl. ArbG Arbeitsgesetze, 78. Aufl., (C.H. Beck-Verlag) München 2011.

Die Sozialgesetzgebung geht sogar soweit, dass man – insbesondere nach der jüngsten Einführung des Allgemeinen Gleichbehandlungsgesetzes (AGG),[104] welches zum Ziel hat, ungerechtfertigte Benachteiligungen aus Gründen der Rasse, der ethnischen Herkunft, des Geschlechts, der Religion, der Weltanschauung, einer Behinderung, des Alters oder der sexuellen Identität zu verhindern oder zu beseitigen – mittlerweile von einer totalen Gleichheit der Menschen, zumindest im verfassungsrechtlichen Sinne sprechen kann.

Abbildung 6.1: Diskriminierungsverbote nach dem Allgemeinen Gleichbehandlungsgesetz (AGG)

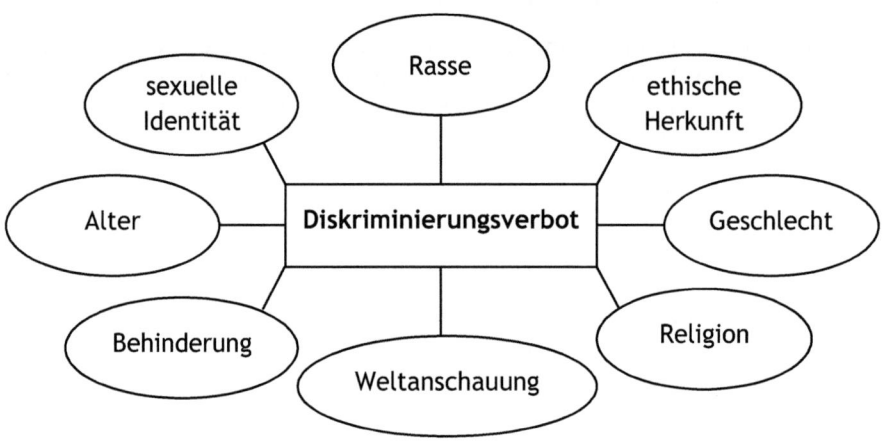

„Die westliche Gesellschaft hat etwas in der geschichtlichen Entwicklung Eigenartiges gewagt. Sie hat auf einen für eine Gemeinschaftsbildung völlig unwahrscheinlichen Pfad gesetzt, der von der Freiheit und der Gleichwertigkeit eines jeden Menschen ausgeht. Nicht eine ‚natürliche' Gemeinschaft, eine Klasse, ein Geschlecht, ein Volksstamm, eine Nation, auch keine beherrschende Idee, kein Glaube, keine Geschichte, kein Gott, nicht die Republik, das Reich, der König oder das Universum waren die höchste und den Grundsinngebende Instanz, sondern das bloße menschliche Individuum, der einzelne, jeder einzelne Mensch ... Die christliche Offenbarung gibt dem Menschen bereits Würde, weil er Mensch ist, und nicht weil er sich als würdig erwiesen hat."[105]

Bei allem moralischen Gleichheitsstreben im Unternehmen darf man den Bogen jedoch nicht überspannen und Gleichheit auf Kosten der Freiheit erwirken. Auch hier lohnt sich eine philosophische Betrachtung.

---

[104] Das AGG hat das Antidiskriminierungsgesetz (ADG) abgelöst und dient der Umsetzung von vier Europäischen Richtlinien aus den Jahren 2000 bis 2004.

[105] Di Fabio 2005, S. 12 f.

Zur Philosophie der Freiheit

Im Naturzustand, vor dem Zusammenschluss der Menschen zum Staat, herrscht vollkommene Freiheit und Gleichheit aller. Der einzelne hat die unbeschränkte Verfügungsgewalt über sich selbst und sein Eigentum. Was jedoch in einem freiheitlichen System akzeptiert werden muss ist die Unterschiedlichkeit der Individuen, auch in ihrem Verhalten. „Wenn man zwei Menschen 100 Euro in die Hand gibt, kann es sein, dass der eine das Geld versäuft und der andere daraus 200 Euro macht." Freiheit impliziert nicht zwangsläufig (Ergebnis) Gleichheit, und würde in der Konsequenz die Freiheit auch empfindlich einschränken.

Zur Paradoxie der Freiheit *Udo di Fabio* weiter:[106]

> „Freiheit gehört zum Menschen wie das Denken. Aus dem Denken wachsen Wille, Vorstellung und Plan. Eine diese Freiheit achtende Gesellschaft lässt die Menschen möglichst nach ihrem jeweils eigenen Lebensentwurf ihr Schicksal gestalten. Zu diesem ursprünglichem Begriff von Freiheit zählt auch, das Risiko des Scheiterns prinzipiell dem frei Handelnden und niemanden sonst zuzurechnen. Gleichheit besteht nur im Hinblick darauf, dass alle in dieser Hinsicht frei sind und sich alle an dieselben Spielregeln halten müssen, nicht aber in den notwendigerweise verschiedenen Ergebnissen individuellen Tuns oder Unterlassens. Dieses Grundprinzip individueller Freiheit hat tiefe Wurzeln, die – was manchmal heute aus dem Blick gerät – viel mit Ehre, Stolz und eben Würde zu tun haben … sie alle betonen einen Anspruch auf Respekt ihres Willens, der keine Rechtfertigung in fremden Willen braucht … Die Geschichte der Menschheit kann als ständiger Kampf um Intensität und Grad der Freiheit verstanden werden. Wie oft wurde den Menschen versprochen, sie könnten Freiheit gegen körperliche oder soziale Sicherheit eintauschen, und wie oft mussten sie nach der Enttäuschung dieses Versprechens sich ihre Freiheit und ihre Sicherheit zurückerkämpfen?… Denn wer die moralischen Grenzen der Freiheit überschreitet, riskiert im Ergebnis Unfreiheit, sei es durch Verachtung, soziale Ausgrenzung oder körperlicher Freiheitsverlust einer Freiheitsstrafe."

Freiheit führt im materiellen Sinne zu Ungleichheit, nicht dagegen unter ethischen Gesichtspunkten. So beruht doch das abendländische Denken auf den christlichen Gedanken der Gleichheit aller Kinder Gottes, praktisch als „Supermoral". „Gleichheit heißt, dass jeder gleich viel zählen soll, nicht, dass jeder gleich viel bekommen soll."[107]

Zur ökologischen Verantwortung der Unternehmen

Das Naturrecht verbietet es, das Leben, die Gesundheit, die Freiheit oder den Besitz anderer zu schädigen oder zu vernichten. Im Naturzustand herrscht Gütergemeinschaft. Zum Zwecke des Friedens und der Selbsterhaltung schließen die Menschen sich auf Basis eines

---

[106] Di Fabio 2005, S. 71 f.
[107] Menke 2004, S. 22.

Gesellschaftsvertrages zu einer Gemeinschaft zusammen und geben das Recht zur Gesetzgebung, der richterlichen und exekutiven Gewalt an eine übergeordnete Instanz ab.[108] Ein Gesellschaftsvertrag, welcher das Privateigentum rechtfertigt, darf die Naturgesetze nicht verletzen. Die Güter der Natur müssen aber, um nutzbar zu sein, und damit der Selbsterhaltung zu dienen, angeeignet werden. Die Umwandlung in Privateigentum geschieht aufgrund von Arbeit. Jeder Mensch hat ein Eigentum an seiner Person und das, was er durch seine Arbeit der Natur abgewinnt ... Da aber jeder nur so viel anzuhäufen berechtigt ist, wie er auch verbrauchen kann, entstehen zunächst keine großen Besitztümer. Dies ändert sich mit der Einführung des Geldes, die mit allg. Einverständnis erfolgte. Da dies ermöglicht, mehr zu erwirtschaften, als man verbrauchen kann, kommt es zur Anhäufung von Besitztümern und Ländereien.[109]

Die Verantwortung für ökologische Belange wird daher immer stärker Einzug in die Unternehmensethik nehmen. Neben der sozialen Verantwortung und würdigen Behandlung der Mitarbeiter, wird die ökologische Verantwortung für Natur und würdige Behandlung der Umwelt an Bedeutung gewinnen. Wir befinden uns auf dem Weg von einer sozialen Marktwirtschaft in eine ökosoziale Marktwirtschaft.[110] Diese Entwicklung wird auch in den Verfassungen der Unternehmen Spuren hinterlassen.

> „Die Ethik überprüft die Legitimation eines Systems. Damit werden die Marktwirtschaft oder Planwirtschaft auf ihren Sinn für den Menschen untersucht ... Dazu ein Beispiel: Die Bewältigung der Umweltprobleme ist nicht eine Frage der Technik oder der Mittel. Die Frage der Ökologie ist eine Frage der Ideologie, des Wollens und des Verzichts auf wirtschaftliche Vorteile, wie sie heute bewertet werden. ... Häufig wird nach dem Motto vorgegangen: Bevor nicht andere – von der Kategorie und Volumen her größere – Umweltschädiger etwas getan haben, habe man eine Freikarte für weitere Umweltschädigungen, da das eigene Schädigungsvolumen im Vergleich nur klein sei. Das Übergewicht und der Druck zur Bewältigung der Kurzfristprobleme beeinträchtigt die Befassung mit Langfristproblemen ... Menschen können gezwungenermaßen ihre Wertvorstellungen verändern: Es ist ein Hauptziel der öffentlichen Gesetzgebung, asoziales Verhalten zu stigmatisieren und somit die Werte und Verhaltensweisen der Bürger zu beeinflussen. ... Ähnlich hatte *Aristoteles* bereits in der Nikomachischen Ethik formuliert: Es ist das Ziel eines jeden Gesetzgebers, die Bürger zu guten Menschen zu machen, indem er ihnen gute Gewohnheiten beibringt; wenn ihm das nicht gelingt, wird er scheitern."[111]

---

[108] Aus dem Gesellschaftsvertrag entspringt die Volkssouveränität. Gesetze sind nur dann gültige Gesetze, wenn sie in Übereinstimmung mit dem Gemeinwillen ergangen sind. Andernfalls sind es diktatorische Erlasse.

[109] Vgl. dazu auch die Staatsphilosophie von Thomas Hobbes (1588–1679) in Kunzmann, Burkard, Wiedmann 2007, S. 120.

[110] Vgl. Radermacher, Beyers 2011, S. 253 ff.

[111] Tietz 1993c, S. 7; 15–16.

Der Aspekt der Nachhaltigkeit wird ein immer stärkerer Einflussfaktor für die Unternehmensethik werden. Vereinfacht kann man sagen, dass dem „Raubbau" an der Natur dadurch entgegen gewirkt wird, dass Unternehmen im Sinne einer ausgeglichenen oder positiven Umweltbilanz der Natur nur so viel entnehmen dürfen, wie sie durch Leistungen oder Kompensationsmaßnahmen wieder zurück geben, Durch Belohnungen (zum Beispiel Förderprogramme) oder Bestrafungen (zum Beispiel zusätzliche Besteuerung, Abgaben) wird die Nachhaltigkeit sukzessive verstärkt. Wer sich frühzeitig darauf einstellt, kann daraus sogar komparative Vorteile erzielen. So hat die *Deutsche Bank AG* den Nachhaltigkeitsaspekt bereits heute in ihre Leitsätze aufgenommen. „Mit Nachhaltigkeit die Zukunft sichern: Die Deutsche Bank möchte für ihre Mitarbeiter, Kunden und Aktionäre eine gesunde Umwelt sowie optimale Lebens- und Arbeitsbedingungen sichern."[112]

6.3 Die Kardinaltugenden für das Management

Leitzitat:

„Es ist nicht alles ‚unethisch', was unternehmerisch erfolgreich ist, aber es ist auch nicht alles ‚unökonomisch', was ethisch verantwortbar und lebenspraktisch sinnvoll ist."

Peter Ulrich

Entscheidungen und Handlungen im Management haben nicht selten die Konsequenz, dass Andere zu Schaden kommen: Mitarbeiter müssen entlassen werden, durch die Produktion werden Treibhausgase an die Umwelt ausgestoßen, Produktionsstätten sollen verlagert, Wettbewerber „vernichtet" werden, den Kunden werden in der Werbung Leistungsversprechen gemacht, die so vielleicht nicht immer einzuhalten sind.

Natürlich gibt es für die meisten Entscheidungstatbestände gesetzliche Grundlagen, an die sich das Management zu halten hat. Trotzdem entstehen beim Manager als Mensch Gewissenskonflikte, ob bestimmte Maßnahmen ethisch verwerflich sind und besser unterlassen werden. Wer bestimmt jedoch den Maßstab, welche Entscheidungen ethisch noch vertretbar sind? Gibt es Kardinaltugenden, wonach sich ein Manager richten soll?

Alfred Herrhausen hatte in seiner Zeit als Sprecher der Deutschen Bank schon gefordert, dass Manager im Dienste der Gesellschaft handeln und die Folgen ihrer Entscheidungen antizipieren sollen[113], ganz im Sinne des kategorischen Imperativs nach *Immanuel Kant* (1724–1804): „Handle so, dass die Maxime deines Willens jederzeit zugleich das Prinzip einer allgemeinen Gesetzgebung gelten könnte." Dabei muss man wissen, dass *Kant* selbst kein Moralphilosoph war, sondern lediglich die Arbeitsweise unserer praktischen Ver-

---

[112] www.deutsche-bank.de/csr/de/nachhaltigkeit.htm vom 02.06.2011.
[113] Vgl. Herrhausen 1990, S. 58.

nunft[114] untersucht hat. *Kant* nennt praktische Gesetze Imperative, welche bedingt oder unbedingt sein können. Sätze die allgemein, aber unbedingt gelten sollen, heißen unbedingte oder kategorische Imperative. Maxime sind nur Grundsätze, die nur für das Handeln eines Menschen gelten soll. Ein Gesetz ist dagegen ein Grundsatz, der den Willen eines jedes Menschen bestimmen soll.[115]

Abbildung 6.2 verdeutlicht diesen Zusammenhang:

Abbildung 6.2: Die Herleitung des kategorischen Imperativs nach Immanuel Kant

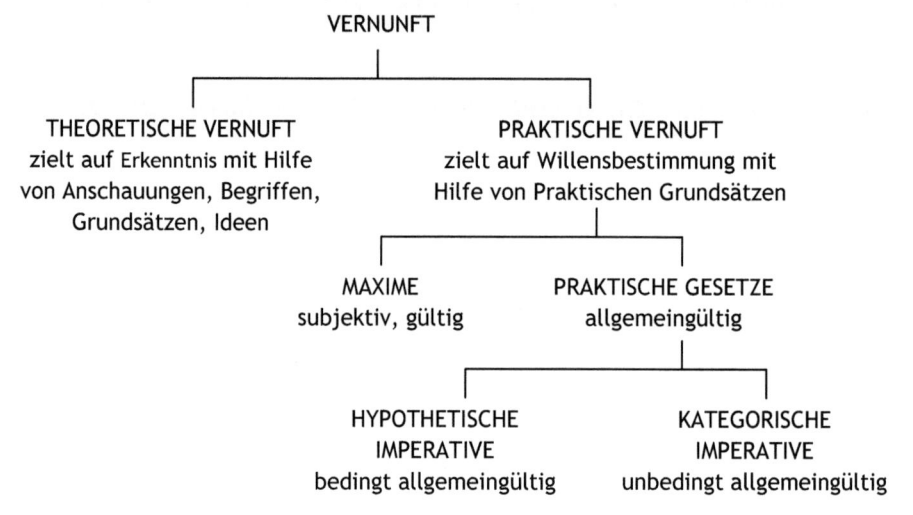

Quelle: Störig, Hans Joachim: Kleine Weltgeschichte der Philosophie, 3. Aufl., (Verlag W. Kohlhammer) Stuttgart 2002, S. 466.

Einen Vorläufer von Kants Handlungsmaxime ist in der altchinesischen Philosophie bei *Konfuzius (ca. 550 v Chr.)* als sittliches Ideal zu finden: „Was du selbst nicht wünschst, tu nicht den anderen!"[116] Die Philosophie des *Konfuzius* betont das Hingewandtsein auf den Menschen und die Regeln für das praktische Leben. So ist seine ganze Lehre eine Sammlung von Verhaltensgrundsätzen und moralischen Vorschriften.

---

[114] Praktische Vernunft bedeutet Willensbildung mit Hilfe von praktischen Grundsätzen.
[115] Vgl. Kant 2004.
[116] Störig 2002, S.102.

Nach *Aristoteles* ist der Mensch von Natur aus ein auf die „Polis", also ein auf Gemeinwesen bezogenes Lebewesen.[117] Die plakative Frage, welche Werte wir im gesellschaftlichen Gemeinwesen benötigen, verbirgt ein Stück Ratlosigkeit. Allgemein gilt: „bonum faciendum, malum vitandum" – das Gute ist zu tun, das Böse ist zu meiden. Mit der Frage nach dem Guten und Richtigen wurde die Lehre von den Tugenden als ethische Wegbeschreibung entwickelt. „Aufgabe der Tugendlehre ist es, Werte zu erkennen und zu definieren und dann die Wertorientierung einzuüben, sodass das menschliche Leben dadurch geprägt wird."[118] Tugend leitet sich von taugen ab und ist die Steigerung von gut sein. Tugend sucht das Beste zu erreichen, und dafür alle zur Verfügung stehenden Kräfte einzusetzen.[119]

Blickt man zurück auf *Platon*, so finden wir in seiner Anthropologie und Ethiklehre die vier Kardinaltugenden Weisheit, Tapferkeit, Besonnenheit und Gerechtigkeit,[120] was eine halbwegs brauchbare Anleitung für rechtes Handeln darstellt. Der bekannte Theologe und Philosoph der mittelalterlichen Scholastik *Thomas von Aquin (1224–1274)* erweitert die altgriechisch-überlieferten Kardinaltugenden um die christlichen Tugenden – Glaube, Liebe und Hoffnung, wobei die Liebe den Glauben überragt.[121] Liebe besagt im Sinne von *Josef Pieper (1904–1997)*, einer der großen Philosophen des letzten Jahrhunderts und Deuter von *Thomas von Aquin*, „Gutheißen", „Gut, dass es das gibt; gut, dass du auf der Welt bist."[122] Es würde etwas fehlen, wenn du nicht da wärst. Liebe ist demnach der Urakt des Willens.[123] Ist die Liebe wahr, braucht es nach *Aurelius Augustinus (354–430)* kein anderes moralisches Gesetz. „Liebe und tue, was du willst (dilige et quod vis fac)".[124]

---

[117] Die Entstehung des Staatswesens wird bereits von Platon – als Lehrer von Aristoteles – mit der Schwäche des Einzelnen begründet, nur für bestimmte Tätigkeiten begabt zu sein. So ergibt sich die Notwendigkeit, sich mit anderen zusammen zu schließen. Daher ist das Gemeinwesen von Grund auf arbeitsteilig.

[118] Eckert 2007, S. 12.

[119] Eckert 2007, S. 16 ff.

[120] Vgl. Störig 2002, S.183.

[121] Der Thomismus wurde im Jahre 1879 zur offiziellen Philosophie der katholischen Kirche erhoben. Nach Thomas von Aquin können Glaube und Vernunft sich nicht widersprechen, da beide von Gott stammen. Daher können Theologie und Philosophie nicht zu verschiedenen Wahrheiten gelangen, sondern sich nur in der Methode unterschieden. Danach geht die Philosophie von den geschaffenen Dingen aus und gelangt so zu Gott, die Theologie nimmt dagegen von Gott ihren Anfang. In Bezug auf Gut und Böse erklärt Thomas von Aquin, dass Gott die Welt im Ganzen vollkommen geschaffen hat. Der Mangel (privatio) beziehungsweise das Übel stammt nicht von ihm. Das Übel kann das Gute (das Sein) jedoch nicht aufzehren, da es sonst sich selbst aufheben würde. Vgl. Hirschberger 1980, S. 476 ff.

[122] Pieper 1972, S. 38 f.

[123] Missverständlich ist in der deutschen Sprache lediglich die Verwendung des Substantivs „Liebe". Liebe kann sich ausdrücken in Nächstenliebe (caritas), geschlechtlicher Liebe (eros) sowie die Gottes- und Menschenliebe (agape).

[124] Kunzmann 2007, S. 71.

Jeder Manager leidet irgendwann einmal unter Gewissensbissen, ob das, was er tut, auch sinnvoll und gut ist. Der Sozialphilosoph *Max Weber (1864–1920)* unterscheidet zwischen Gesinnungs- und Verantwortungsethik. Danach gilt für den Manager, dass weniger die gute Absicht seines Handelns als vielmehr die Folgenabschätzung maßgebend ist. Von seinem Tun hängt das Wohl vieler Menschen ab. Je mehr Macht ein Mensch besitzt, desto größer ist latente Gefahr, dass er in Versuchung gerät, diese für eigene Zwecke zu missbrauchen. „Der Manager muss gegen diese Macht, also gegen sich selbst, Kräfte mobilisieren, die sein Tun kontrollieren und nötigenfalls korrigieren."[125] Trotzdem bleibt das Spannungsfeld erhalten, dass häufig der Zweck die Mittel heilt, was man auch als „ethischen Utilitarismus" bezeichnen könnte. Geht es nach der absoluten Ethik des Evangeliums,[126] besteht für den Manager gesinnungsethisch absolute Wahrheitspflicht. Der Verantwortungsethiker rechnet dagegen mit den durchschnittlichen Defekten des Menschen und setzt eben nicht seine Vollkommenheit voraus. Jedoch besteht die Gefahr, dass er sittlich gefährliche Mittel anwendet, um den „heiligen" Zweck zu erreichen.[127]

Das Geschäftsleben ist in Anlehnung an die Spieltheorie der Makroökonomik ein Spiel mit Wiederholung. Durch Unaufrichtigkeit kann kurzfristig ein Vorteil erlangt werden. Langfristig gesehen ist der Schaden in der Regel um ein Vielfaches größer. Kunden wenden sich ab, Lieferanten verweigern die Belieferung, Mitarbeiter tauschen sich in Internetforen über ihre Arbeitgeber aus, Banken haben ihre „schwarze Listen".

Am liebsten würde jeder Manager heute noch gerne Geschäfte per Handschlag besiegeln. „Verträge braucht man nur, wenn man sich nicht verträgt." Und selbst dann gilt: wenn wir uns vertragen, brauchen wir keine Verträge. Vertragen wir uns nicht, nützen auch keine Verträge. Die traditionellen (deutschen) Kaufmannstugenden werden – auch international – sehr geschätzt. Als Entscheidungsträger sollte man darauf achten, sich mit Menschen abzugeben, die möglichst ein ethisch belastbares Ehrgefühl besitzen. Es erleichtert den geschäftlichen Umgang ungemein. Wenn das eigene Geschäftsmodell es erfordert, mit ethisch fragwürdigen Menschen Geschäftsabschlüsse zu schließen oder zu beschäftigen, so sollte die eigene Unternehmensethik in Frage gestellt werden. Das gleiche gilt für die Auswahl der Mitarbeiter. Man muss sich immer darüber bewusst sein: Geschäfte werden von Menschen gemacht!

> „Besser man werde im Preise als in der Ware betrogen. Bei Menschen mehr als bei allem anderen ist nötig, ins Innere zu schauen …"[128]

Rupert Lay fordert eine biophile Unternehmensethik, bei der eigenes und/oder fremdes personales Leben eher gemehrt denn gemindert wird und formuliert dazu folgende ethische Imperative:[129]

---

[125] Weimer, Weimer (Hrsg.) 1994, S. 153.
[126] Das christliche Ethikverständnis wird im Kern durch die Bergpredigt von Jesus Christus verkörpert, wie es im Matthäusevangelium, Kapitel 5–7 niedergeschrieben ist.
[127] Weimer, Weimer (Hrsg.) 1994, S. 168 f.
[128] Gracián 1954, S. 79.
[129] Vgl. Lay 1989, S. 81 ff.

Die Kardinaltugenden für das Management

- Tue das Gute und meide das Böse!
- Handle niemals gegen dein sittliches Gewissen!
- Zwinge niemanden, gegen sein sittliches Gewissen zu handeln!
- Zwinge niemanden, gegen sein moralisches Gewissen zu handeln!
- Vom Gewissen gebotene Handlungen dürfen nur aus schwerwiegenden Gründen unterlassen werden!

Ethische Fragestellungen, die jeder Manager für sich selbst klar beantworten sollte, sind beispielsweise:[130]

- Wie kann man bei den eigenen Entscheidungen erkennen, was gut und böse ist?
- Welche Lebensregeln würde man für sich selbst auferlegen beziehungsweise als zutreffend bezeichnen?
- Wem gegenüber fühlt man sich in erster Linie verantwortlich?
- Was ist mir besonders wichtig? Wovon würde ich selbst sagen: „Darüber lasse ich nichts kommen."?

Eine repräsentative Befragung von 530 Führungskräften im Raum Nürnberg ergab, dass neben den gültigen Rechtsnormen das moralische Gewissen des Individuums eine hohe Handlungsmaxime einnimmt. Religiöse Überlieferungen geraten mehr und mehr in den Hintergrund, auch wenn natürlich über die staatliche Verfassung und seinen abgeleiteten Rechtsnormen Implikationen aus dem Evangelium indirekt weiterhin vorhanden sind.

Für die zunehmende globalisierte Unternehmenswelt ist eine international allgemein anerkannte Wertebasis vergleichbar dem Antidiskriminierungsgesetz in Europa wünschenswert. Über die sogenannten „Corporate-Governance"-Regularien nähert sich die internationale Gemeinschaft dem Thema an, was im nächsten Abschnitt genauer betrachtet werden soll.

Ethik schafft Vertrauen und Vertrauen erleichtert die Transaktion zwischen Geschäftspartnern. Die Investition in eine institutionelle Unternehmensethik kostet daher nicht nur Ressourcen, sondern schafft in dieser Hinsicht auch Wettbewerbsvorteile. Die Bedeutung wird in Zukunft mit Sicherheit noch weiter zunehmen.

Zusammenfassend lassen sich in Anlehnung an *Thomas Dyllick* zwei Maxime für ethisch vertretbare Entscheidungen im Management formulieren. Eine Entscheidung ist ethisch umso angemessener,[131]

1. je größer der Kreis von Menschen und Gruppen ist, denen gegenüber die Entscheidung vertreten werden kann;
2. je mehr Bedürfnisse und Interessen durch die Entscheidung Betroffenen berücksichtigt werden.

---

[130] Vgl. Lay 1989, S. 26 ff.
[131] Dyllick 1992, S. 225 f.

Abbildung 6.3: Manager-Befragung über die eigene Werteordnung

1. Frage: Wie kann man bei eigenen Entscheidungen erkennen, was gut und böse ist?
Antwort:
- Indem man auf sein Gewissen hört — 85%
- Indem man sich an der gültigen Rechtsordnung orientiert — 51%
- Indem man auf die Auswirkung sieht:
- Nützt oder schadet es? — 44%
- Das ist reine Gefühlssache — 25%
- Es gibt keine allgemeingültigen Maßstäbe — 23%
- Maßstab sind die 10 Gebote — 19%
- Indem man sich an den Lehren seiner Kirche orientiert — 9%
- Das kann man aus der Bibel lernen — 3%

2. Frage: Welche Lebensregeln würden Sie für sich am ehesten als zutreffend bezeichnen?
Antwort:
- Handele so, dass die Richtschnur deines Handelns als Gesetz gelten kann — 54%
- Was du nicht willst, das man dir tu, das füg auch keinem anderen zu — 53%
- Natürlich leben — 44%
- Leben und leben lassen — 37%
- Liebe Gott über alles und deinen Nächsten wie dich selbst — 18%
- Jeder ist sich selbst der Nächste — 8%
- Tue Gutes und rede darüber — 4%

3. Frage: Wem gegenüber fühlen Sie sich in erster Linie verantwortlich?
Antwort:
- Meiner Familie — 82%
- Meinem Gewissen — 59%
- Meinen Mitarbeiter — 48%
- Mir selbst — 39%
- Gott — 20%
- Dem Gemeinwesen — 20%
- Meinem Vorgesetzten — 13%
- Der zukünftigen Generation — 12%
- Meiner Kirche — 2%

4. Frage: Was ist Ihnen besonders wichtig? Wovon würden Sie sagen: „Darüber lasse ich nichts kommen?"
Antwort:
- Dass der Frieden erhalten bleibt — 68%
- Meine Familie — 63%
- Die Achtung vor mir selbst — 50%
- Dass unsere Umwelt nicht zugrunde geht — 49%
- Dass ich in einem freien Staat leben kann — 48%
- Eine glückliche Ehe — 48%
- Meine persönliche Freiheit — 39%
- Gesundheitliches Wohlergehen — 33%
- Nicht schuldig werden — 27%
- Mein Glaube — 13%

* Mehrfachnennungen möglich

Quelle: Lay, Rupert: Ethik für Manager, (Econ Verlag) Düsseldorf 1989, S. 26 ff.

6.4 Compliance Management

Leitzitat:

„Eine anständige Art der Geschäftsführung ist auf die Dauer das Einträglichste, und die Geschäftswelt schätzt eine solche viel höher ein, als man glauben sollte."

Robert Bosch

Beim Compliance Management geht es um die Selbstverpflichtung des Unternehmens, sich an bestimmte Regeln im geschäftlichen Verkehr zu halten. Compliance (to comply = befolgen, gehorchen) Management umfasst alle Maßnahmen zur Gewährleistung der Einhaltung rechtlicher Gebote und des Nichtverstoßes gegen gesetzliche Verbote durch Unternehmen beziehungsweise deren Organmitglieder und Mitarbeiter. Das Unternehmen soll dabei zum einen vor negativen Folgen unethischen Handelns bewahrt werden, zum anderen durch ethisch „saubere" Geschäftspraktiken wohlwollendes Ansehen in der Öffentlichkeit erlangen. Das Compliance Management soll organisatorisch rechtskonformes Verhalten der Unternehmensbeteiligten sicherstellen und helfen, Gesetzesverstöße zu verhindern.

Aus den Erfahrungen diverser Skandale in großen deutschen Unternehmen, wie zum Beispiel:

- Bestechung von Geschäftspartnern (Korruption),
- Ausnutzung von Insiderwissen,
- ungerechtfertigte Bereicherungen von Organmitgliedern,
- kartellrechtliche Verstöße durch Preisabsprachen,
- Missbrauch von Kundendaten,
- Veruntreuung von Unternehmensvermögen,
- persönliche Bereicherung auf Unternehmenskosten („Lustreisen")

erließ die Regierungskommission des Deutschen Bundestages im Jahre 2002 den „Deutschen Corporate Governance Kodex",[132] indem die wesentlichen gesetzlichen Vorschriften

---

[132] Der internationale Ursprung von Corporate Governance ist auf die Code-of-Conduct-Bewegung im angelsächsischen Raum zurück zu führen, welche auf freiwillige Verhaltenskodices der Beteiligten gesetzt und im Jahre 1998 zum „Combined Code of Best Practice" geführt hatte. In Deutschland veranlasste die Holzmann-Krise den damaligen Bundeskanzler Gerhard Schröder zur Einberufung der Kommission. „Die Kommission soll sich aufgrund der Erkenntnisse aus dem Fall Holzmann mit den möglichen Defiziten des deutschen Systems der Unternehmensführung und -kontrolle befassen ..." Vgl. zur historischen Entwicklung des Deutschen Corporate Governance Kodex insbesondere Lutter, Marcus: Deutscher Corporate Governance Kodex, in: Hommelhoff, Hopt, Werder 2009, S. 123 ff.

zur Leitung und Überwachung deutscher börsennotierter Gesellschaften festgehalten wurden. Es handelt sich um international und national anerkannte Standards guter und verantwortungsvoller Unternehmensführung. Der Kodex soll zur Transparenz und Kontrolle in den Unternehmen beitragen und das Vertrauen der Anleger, Kunden, Mitarbeiter und der Öffentlichkeit in die Leitung und Überwachung der Gesellschaften fördern und steht im Einklang mit den Prinzipien der sozialen Marktwirtschaft.[133] Wichtige Inhalte des Deutschen Corporate Governance Kodex sind:

- die Trennung von Führung und Kapital (Gewaltenteilung zwischen Vorstand und Aufsichtsrat)
- das „True-and-fair-view-Prinzip" bei der Rechnungslegung,
- die Kontrolle und Transparenz bei der Unternehmensprüfung,
- die Erstellung eines Corporate Governance Berichts,
- die Motivation zu werteorientiertem Verhalten.

„Corporate Governance" bildet in normativer Hinsicht den Ordnungsrahmen für die Leitung und Überwachung des Unternehmens. Der Terminus kann mit dem Begriff der Unternehmensverfassung gleichgesetzt werden, wobei die Unternehmensverfassung mehr die Binnenordnung umfasst, Corporate Governance dagegen bewusst auch an Außenstehende adressiert ist.[134] Ganzheitlich betrachtet gehört beides zur Unternehmensethik. Mit der Einführung des Deutschen Corporate Governance Kodex ist seit dem Jahre 2002 im § 161 AktG verankert worden, dass Vorstand und Aufsichtsrat von börsennotierten Aktiengesellschaften jährlich zu erklären haben, das den Empfehlungen des Deutschen Corporate Governance Kodex entsprochen wurde. Die Regelungen zielen zunächst auf eine freiwillige Eindämmung opportunistischer Verhaltensweisen, welche insbesondere im Management durch Informationsvorsprünge und Interessenkonflikte im Verhältnis zu Anteilseignern, Mitarbeitern und sonstigen Geschäftspartnern entstehen können. Durch die Gewaltenteilung werden Verfügungsrechte auf mehrere Akteure verteilt und es kommt zu einer Vermeidung von Machtmonopolen, die zum Eigennutz missbraucht werden könnten. Informationsasymmetrien werden abgebaut, opportunistische Verhaltensweisen vermieden und potenziellen Interessenkonflikten entgegengewirkt.[135]

Im Siemens-Konzern wurde das Compliance Management folgender Präambel unterlegt:

---

[133] Vgl. Deutscher Corporate Governance Kodex in der Fassung vom 26.05.2010 der Regierungskommission.

[134] Vgl. v. Werder, Axel: Corporate Governance (Unternehmensverfassung) in: Schreyögg, v. Werder (Hrsg.) 2004, Sp. 160 f.

[135] Vgl. v. Werder, Axel: Corporate Governance (Unternehmensverfassung) in: Schreyögg, v. Werder (Hrsg.) 2004, Sp. 166.

> „Unsere Entscheidungen und unser Verhalten müssen stets moralischen Grundsätzen und unseren Werten entsprechen. Das verstehen wir unter Integrität. An diesem Anspruch messen wir uns, und an diesem Anspruch wollen wir von unseren Stakeholdern gemessen werden. Compliance, also die Einhaltung externer und interner Regeln, ist ein wesentlicher Bestandteil von Integrität und integraler Bestandteil unseres Geschäfts. Mit unserem Compliance-Programm verankern wir dieses Bewusstsein dauerhaft bei allen Führungskräften und Mitarbeitern im Unternehmen."

Das Compliance Management unterstützt die ohnehin nach § 130 OWiG bestehende Pflicht zu organisatorischen Aufsichtsmaßnahmen, um Zuwiderhandlungen gegen Rechtspflichten zu verhindern.[136] Ein institutionalisiertes Compliance Management exkulpiert in Einzelfällen die verantwortlichen Organmitglieder von ihrer persönlichen Haftung, wenn kein Vorsatz oder grobe Fahrlässigkeit innerhalb des Compliance Management nachgewiesen werden kann. Aufgrund des gestiegenen gesellschaftlichen Anspruchs an eine ethisch-verantwortungsvolle Führung von Wirtschaftsunternehmen, kann man davon ausgehen, dass zukünftig von den rechtlichen Sanktionsmöglichkeiten stärker Gebrauch gemacht wird, wenn Vorstände oder Geschäftsführer ihren Sorgfaltspflichten nicht genügend nachkommen oder dies im Schadenfall unter Beweis stellen können.[137]

Inhalte für eine Compliance Policy sind beispielsweise:[138]

- Bekenntnis zu Fairness im Wettbewerb und Einhaltung des Kartell- und Handelsrechtes,
- Integrität im Geschäftsverkehr und Bekämpfung von Korruption,
- Prinzip der Nachhaltigkeit zum Schutz der Umwelt sowie der Gesundheit und Sicherheit der Menschen,
- Wahrung der Chancengleichheit und Unterbindung von Vorteilsnahmen durch Insiderwissen,
- Ordnungsgemäße Aktenführung und Finanzberichterstattung
- Führung eines internen Kontrollsystems mit angemessener Dokumentation der Geschäftsprozesse,
- Faire und respektvolle Arbeitsbedingungen sowie Unterlassung von Diskriminierungen jeglicher Art,

---

[136] In Kapitalgesellschaften werden die Sorgfaltspflichten von Vorständen beziehungsweise Geschäftsführer durch die § 93 Abs. 1 AktG beziehungsweise § 43 Abs. 1 GmbHG konkretisiert.

[137] In den § 93 Abs. 2 AktG oder § 43 Abs. 2 GmbHG ist heute bereits geregelt, dass Vorstände und Geschäftsführer persönlich und solidarisch dafür haften, wenn sie ihre Obliegenheiten und Sorgfaltspflichten verletzten.

[138] Vgl. unter anderem die Prinzipien der Corporate Compliance Policy der Bayer AG Leverkusen vom 16.07.2010.

- Schutz des eigenen Know-how und Betriebsgeheimnissen sowie das Respektieren der Schutzrechte Dritter,
- Trennung von Unternehmens- und Privatinteressen,
- Kooperativer Umgang mit Behörden.

Organisatorische Einbindung im Unternehmen[139]

Die Umsetzung und Einhaltung der Compliance Prinzipien sind durch die Organisation und Führung des Unternehmens sicher zu stellen, also im Top-down-Verfahren vorzuleben. Das Compliance Management ist somit immanenter Bestandteil der Unternehmensführung. Viele Großunternehmen haben zu diesem Zweck einen „Chief Compliance Officer" (CCO) installiert, welcher wie eine interne Polizei über die Regeleinhaltung und Gesetzeskonformität der Unternehmensaktivitäten und seiner Beteiligten wacht.

Aus den negativen Erfahrungen mit Compliance-Verstößen, die dem Siemens-Konzern nach eigenen Angaben mehr als zwei Milliarden Euro gekostet und zahlreiche Entlassungen hochkarätiger Manager nach sich gezogen haben, wurde ein weit verzweigtes Antikorruptionssystem aufgebaut, das mittlerweile zu einem neuen Geschäftszweig herangewachsen ist. *Siemens* bietet sein Compliance Know-how als Beratungsleistung für andere globale Konzerne an. Über Kontrollformulare und sogenannte Anti-Bestechungs-Tests werden Geschäftspartner auf Integrität überprüft. Als Beweis werden Screen-Shots in den Unterlagen festgehalten. Zudem wurde eine eigenständige Software dafür entwickelt „Business Partner Compliance Due Diligence", mit der das Korruptionsrisiko bewertet werden soll. Über 16.000 Firmen hat *Siemens* auf diese Weise bereits „gescannt". Ausgewählte Fragen im Siemens Anti-Bestechungs-Test sind beispielsweise:[140]

- Wie wird bezahlt?
- Welche Gegenleistung gibt es?
- Hat die Firma des Geschäftspartners in den letzten Jahren den Namen gewechselt?
- Gibt es im Internet Informationen über das Unternehmen?

Bestechlichkeit und Bestechung von Angestellten sind seit eher Gegenstand des Strafgesetzbuches. So heißt es im § 299 StGB: „Wer als Angestellter oder Beauftragter eines geschäftlichen Betriebes im geschäftlichen Verkehr einen Vorteil für sich oder einen Dritten als Gegenleistung dafür fordert, sich versprechen lässt oder annimmt, dass er einen anderen bei dem Bezug von Waren oder gewerblichen Leistungen im Wettbewerb in unlauterer Weise bevorzuge, wird mit Freiheitsstrafe bis zu drei Jahren oder mit Geldstrafe bestraft." In der Vergangenheit wurde dieser Paragraph nur nicht konsequent angewendet. Erlaubt sind lediglich unternehmensbezogene Zuwendungen oder Zuwendungen direkt an den

---

[139] Vgl. zum Aufbau einer Compliance Organisation unter anderem Wecker, van Laak (Hrsg.) 2008.
[140] Vgl. Höpner, Axel: Saubermann und Söhne, in Handelsblatt, Nr. 207 v. 26.10.2010, S. 28 f.

Inhaber.[141] Bereits das Anbieten oder Versprechen von Vorteilsgewährungen beziehungsweise Zuwendungen an die Mitarbeiter ist eine strafbare Handlung, selbst dann, wenn es mit Einverständnis der Geschäftsleitung geschieht. Dies gilt ebenso für immaterielle Vorteile, wie zum Beispiel die Verschaffung von Auszeichnungen oder Ehrenämter.

In Finanzinstitutionen wie Banken sind durch organisatorische Maßnahmen sogenannte „Chinese Walls" zu errichten, um den Informationsfluss von Insiderwissen zwischen markt- und rückwärtigen Bereichen zu unterbinden beziehungsweise Interessenkonflikte zu vermeiden. Der Begriff wurde in den USA nach dem Börsenkrach von 1929 geprägt. Die US-Regierung sah die Notwendigkeit, eine Trennung oder Informationsbarriere zwischen Investmentbankern und Emissionsgeschäft zu errichten.

Weitere organisatorische Maßnahmen bestehen in einem wirksamen und handlungsorientierten Internen Kontroll-System (IKS) mit entsprechenden Verhaltensanweisungen, 4-Augen-Prinzip, Personalrotationen und anderem mehr. Verbotenes und Erlaubtes sind darin möglichst transparent auszuformulieren. Ferner muss ein Fehlverhalten auch konsequent sanktioniert werden.

Zweckmäßig erscheint zur Selbstüberprüfung bei eigenen unternehmerischen Entscheidungen ein sogenannten „Compliance-Spiegel", der aus folgendem Fragenkatalog bestehen könnte:[142]

- Bewege ich mich bei meiner Entscheidung im Rahmen der gesetzlichen und internen Vorgaben? (Legalitätstest)
- Stehe ich zu meiner Entscheidung, wenn diese auf höherer Ebene überprüft wird? (Vorgesetztentest)
- Befürworte ich, dass in allen vergleichbaren Fällen so entschieden wird? (Verallgemeinerungstest)
- Lässt sich meine Entscheidung nach außen vertreten? (Öffentlichkeitstest)
- Würde ich meine eigene Entscheidung als Betroffener akzeptieren? (Betroffenheitstest)
- Was würde „meine Mutter" zu meiner Entscheidung sagen? (Zweite Meinung)

---

[141] Angestellte Manager in Großunternehmen sind dabei nicht als Inhaber zu werten.
[142] Vgl. Thumann, Uwe, Chief Compliance Officer der Volkswagen Financial Services AG, Vortrag am 04.11.2010, Arbeitgeberverband Braunschweig.

7 Die Unternehmensphilosophie

Leitzitat:

„Führungskräfte müssen sich vermehrt Gedanken darüber machen, zu was ihr Tun und Lassen führt oder führen kann, damit aus diesem Tun und Lassen vor allem Sinnvolles und nicht Sinnloses entsteht."

Gilbert J. B. Probst

7.1 Einführung

Jedes Unternehmen besitzt eine Philosophie, entweder bewusst und zielgerichtet oder eben stillschweigend.

Die Unternehmensvision und die Unternehmensethik beeinflussen die Inhalte der Unternehmensphilosophie. In Anlehnung an *Bruno Tietz (1933–1995)* kann die Unternehmensphilosophie wie folge definiert werden:

> Die Unternehmensphilosophie bringt zum Ausdruck, wie sich ein Unternehmen gegenüber Mitarbeitern und Marktpartnern selbst sieht und wie es wünscht, gesehen und verstanden zu werden. Die Unternehmensphilosophie umfasst die über einen längeren Zeitraum gültigen, nicht hinterfragten und so hingenommenen Paradigmen in einem Unternehmen.[143]

Somit besteht eine enge Verbindung zur Unternehmensethik. In der Unternehmensphilosophie kommen ferner die übergeordneten Ziele zum Ausdruck, die sich das Unternehmen in Anlehnung an die Unternehmensvision selbst auferlegt. Somit enthält die Unternehmensphilosophie die ideologische Abstützung für die gesamte Unternehmenspolitik.

Teilweise wird die Unternehmensphilosophie in der Literatur im engeren Sinne auch als „Unternehmensmission" oder „Unternehmensverfassung" bezeichnet, weil in ihr die Soll-Vorgaben für das weitere strategische und operative Management enthalten sind.

> „Die Unternehmensverfassung lässt sich als die Grundsatzentscheidung über die gestaltete Ordnung der Unternehmung verstehen ... Abhängig von der Rechtsform der Unternehmung ist die Unternehmensverfassung selbst als Summe von Rechtsnormen zu sehen, die in der für die Unternehmung relevanten Gesetzgebung schriftlich verankert sind. Quasi als „Grundgesetz" der Unternehmung definiert sie mit ihren konstitutiven

---

[143] Vgl. Tietz 1988, S. 61.

Rahmenregelungen Gestaltungsräume und -grenzen und legt damit einen generell zu respektierenden Verhaltensrahmen nach innen wie nach außen fest."[144]

Die Unternehmensphilosophie gilt für die gesamte Belegschaft, also auch für das Management. Man muss bedenken, dass Manager in der Regel sogenannte „Alpha-Tiere" sind. Die Unternehmensphilosophie trägt dazu bei, das Verhalten und die Einstellung der Führungskräfte untereinander zu bändigen. Sie sind gleichsam zu schulen, dass sie ethisch fundiert, selbstkritisch über eine werteorientierte Führung reflektieren mögen.

Eine Unternehmensphilosophie ist keinesfalls als unumstößlich anzusehen, sollte jedoch nur dann abgeändert oder neu überdacht werden, wenn sich der Unternehmenszweck (-vision) als übergeordnete Daseinsberechtigung des Unternehmens ändert.

7.2 Der Mythos einer Unternehmensphilosophie

Der Unternehmensphilosophie kommt in hohem Grade eine motivationale Funktion zu, da sie wesentlich zur Identität und zum Selbstverständnis der Mitarbeiter beiträgt. Insbesondere in stark dezentralisierten Organisationen und bei kooperativen, partizipativen Führungsstilen ist eine übergeordnete gemeinsame Klammer für die Mitarbeiter von großer Bedeutung. Für Mitarbeiter mit schwach ausgeprägter Selbstmotivation gewinnt eine klar und anregend formulierte Unternehmensphilosophie die Ausstrahlungskraft eines Mythos: Sie glauben daran, ohne immer genau zu wissen warum.[145] „Der Konsens über die Glaubenssätze ist lebenswichtig. Glaube stimuliert. Stimulierter Glaube führt zum Erfolg. Erfolg überzeugt. Überzeugung wird Glaube."[146]

Dies erklärt, weshalb erfolgreiche Mitarbeiter eines Unternehmens sich nicht zwangsläufig in einem anderen Unternehmen profilieren können und versagen. Die Unternehmensphilosophie prägt die individuellen Leistungen mit. Es wird vielerorts unterschätzt, welche stimulierende Kraft in Zusammenhang mit Unternehmenswerten bei den Mitarbeitern erzeugt wird. Das Credo aus einer positiven Unternehmensphilosophie ist für die Mitarbeiter vor allem deshalb wertvoll, weil das Streben nach den Grundsätzen sowie ihre Verwirklichung mit angenehmen Gefühlen verbunden sind. Es sind die ausgelösten Emotionen, die den Handlungszielen aus der Unternehmensphilosophie ihren eigentlichen subjektiven Nutzen stiften. Dieser emotionale Antrieb wirkt wie eine positive Spirale, ein innerlicher Turbo für unseren Erfolg. Menschen, die an etwas glauben und Sinn empfinden, erfahren positive Emotionen, wodurch Lebenszufriedenheit, Motivation, Einsatzbereitschaft und Leistungsfähigkeit zunehmen.[147] Bereits die großen Feldherren verstanden

---

[144] Bleicher 2011, S. 183.

[145] Vgl. Bergen 1991, S. 85.

[146] Tietz, Bruno 1988, S. 62.

[147] Vgl. Creusen, Eschemann, Johann 2010, S. 103.

es, sich den „Innungsgeist (esprit de corps)" der Truppe in einen Mythos zu verwandeln und wahren Kampfgeist zu erzeugen, der immer wieder zum Erfolg geführt hatte.[148]

Abbildung 7.1: Der Mythos einer Unternehmensphilosophie

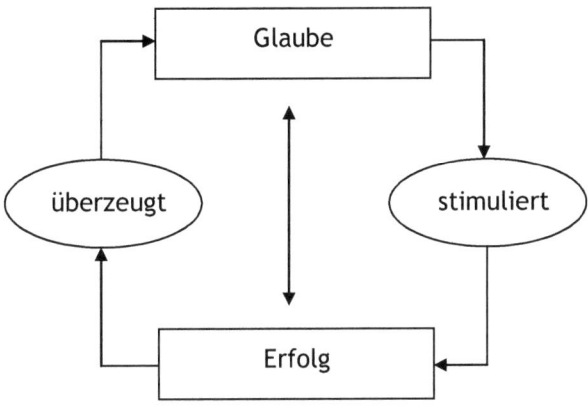

7.3 Die Bestandteile einer Unternehmensphilosophie

Der Überblick

Eine Unternehmensphilosophie lässt sich nach ihren Schwerpunkten in mehrere Bestandteile gliedern, so zum Beispiel in:[149]

- die Betriebstypenphilosophie (Geschäftsmodell, Geschäftsprinzipien)
- die Kundenphilosophie (Umgang mit Kunden)
- die Mitarbeiterphilosophie (Grundsätze für Führung und Zusammenarbeit)
- die Servicephilosophie (Service-/Qualitätsgrundsätze)
- die Kommunikationsphilosophie (Werbeleitlinien)
- die Produktionsphilosophie (Produktionsgrundsätze)
- die Sortimentsphilosophie (Leistungsprogramm, Produktleitsätze)
- die Logistikphilosophie (Lagerprinzipien, Transportleitfaden)

---

[148] Vgl. Clausewitz 1991, S. 362 f.
[149] In Klammern sind synonym verwendete Begriffe aus der Unternehmenspraxis aufgeführt.

- die Standortphilosophie (Standort-/Lagekriterien)
- die Wachstumsphilosophie (Expansionsgrundsätze)

Die Aufzählung stellt eine Auswahl dar. Letztendlich gelten Philosophiegrundsätze für alle Unternehmensbereiche. Bei der Unternehmensphilosophie geht es stets um die Formulierung von allgemeinen Leitlinien, nicht dagegen um konkrete Zielsetzungen. Dies ist Aufgabe der Unternehmenspolitik, die wiederum von der Unternehmensphilosophie beeinflusst wird.

Im Folgenden sind einige Philosophiebereiche genauer dargestellt:

Die Betriebstypenphilosophie

Als Betriebstyp bezeichnet man die Kombination der betrieblichen Einsatzfaktoren in der Weise, dass ein eigenständiger Marktauftritt entsteht. Insbesondere in Handels- und Dienstleistungsunternehmen bewirkt eine Veränderung von Personaleinsatz, Sortimentsumfang, Standortlagen etc., dass auch die Absatzpreise, der Serviceumfang, die Lieferquote etc. voneinander abweichen. Die unterschiedliche Kombination der Einsatzfaktoren führt zu unterschiedlichen Betriebstypen. Für gleichartige Betriebstypen bilden sich Betriebstypenbezeichnungen heraus, wie zum Beispiel Fachmärkte, Diskonter, Warenhäuser, Schnellrestaurant etc. Solange eine Betriebstypenkombination vom Konsumenten akzeptiert wird und rentabel ist, hat sie eine Daseinsberechtigung im Markt.[150]

Betriebstypen verändern sich dynamisch. In Anlehnung an die Evolutions- und Anpassungstheorien nach *Hegel*, *Marx* oder *Darwin*, durchlaufen Betriebstypen permanent Entwicklungsprozesse. „Survival of the fittest" durch Anpassungsfähigkeit an geänderte Rahmenbedingungen der Umwelt, des Wettbewerbs oder der Kunden gilt gleichermaßen für Betriebstypenkonzepte. Ebenso führen die Veränderungen dazu, dass die schwächeren Betriebe vom Markt verdrängt werden. Im Sinne der *Schumpeter´schen* Verdrängungstheorien erneuert sich der Markt stetig zum Wohle der Konsumenten.

Betriebstypenphilosophien sind ganzheitlich formuliert. Sie umfassen im Idealfall alle wichtigen Komponenten der Unternehmensstrategie, grenzen sich von dieser jedoch durch den Detaillierungsgrad ab. Die Betriebstypenphilosophie schwebt auf einer Art Metaebene über der allgemeinen Unternehmenspolitik und beeinflusst sie im Sinne einer internen Rahmenbedingung, die es einzuhalten gilt.

Der weltgrößte Schraubenhändler *Würth* mit Sitz in Künzelsau versteht sich beispielsweise als „fraktales Unternehmen", welches sich durch permanente Zellteilung stetig verändert und dabei wächst. Es entsteht eine kontinuierliche Betriebstypendynamik. Dabei gilt die Philosophie: „Je größer die Erfolge, desto größer die Freiheitsgrade."[151] Das Produktprogramm und die Unternehmensprozesse sind infolge dessen sehr kundennah ausgestaltet.

---

[150] Vgl. Tietz 1993b, S. 1313 ff.

[151] Venohr 2006, S. 181.

Ein weiteres anschauliches Beispiel sind die ausformulierten Geschäftsprinzipien des Drogerie-Marktes *dm* aus Karlsruhe. Die Leitphilosophie „Hier bin ich Mensch, hier kaufe ich ein!" spiegelt den anthroposophischen Hintergrund der Geschäftsprinzipien von *dm* wider.

> „So wie ich mit meinen Mitarbeitern umgehe, so gehen sie mit den Kunden um." Diese einfache und doch essentielle Erkenntnis liegt der Arbeitsgemeinschaft dm-drogerie markt zugrunde. Sie beinhaltet die ständige Herausforderung, das Unternehmen so zu gestalten, dass die Konsumbedürfnisse der Kunden veredelt werden, die zusammenarbeitenden Menschen Entwicklungsmöglichkeiten erhalten und dm als Gemeinschaft vorbildlich in seinem Umfeld wirkt. Dazu ist es erforderlich, die Eigentümlichkeit jedes Menschen anzuerkennen und mit den individuellen Wesenszügen der Beteiligten umzugehen. Ein Unternehmen ist für die Menschen da, nicht andersherum. Davon ist man bei dm überzeugt. Ob Mitarbeiter, Kunde oder Partner – der Mensch steht im Mittelpunkt. Jeder einzelne Mitarbeiter trägt mit seinem Einsatz und seiner Individualität zu dieser Unternehmenskultur bei und gestaltet sie aktiv mit ..."[152]

Wie simpel und doch schlagkräftig eine Betriebstypenphilosophie formuliert werden kann, demonstriert das Beispiel des Lebensmittel-Discounters *Aldi*. Zu den wenigen öffentlichen Äußerungen über das *Aldi*-System zählt folgender Ausspruch der *Albrecht*-Brüder: „Wenn uns etwas beschäftigt, dann nur, wie billig wir eine Ware verkaufen können."[153]

Betriebstypen sind sehr dynamisch, weil sich der Umfang und die Intensität der betrieblichen Einsatzfaktoren täglich verändert. Entwickelt sich im Laufe der Zeit ein neues, im Marktumfeld unterscheidbares Profil, spricht man von einem neuen Betriebstyp. Das Bewusstsein über diesen dynamischen Veränderungsprozess sowie die ganzheitliche Profilbildung stellt das Wesen einer Betriebstypenphilosophie dar.

Die Kundenphilosophie

In nahezu jeder niedergeschriebenen Unternehmensphilosophie finden sich Aussagen zur Kundenorientierung beziehungsweise zum Umgang mit Kunden. „Umfassende Kundenorientierung ist Ausgangs- und Endpunkt sowie normative Leitlinie unternehmerischen Denkens und Handelns.[154] Dazu einige Beispiele börsennotierter Dax-Unternehmen:

- „Der Gast mit seinen persönlichen Wünschen steht im Mittelpunkt unserer Arbeit:" (Tui AG)
- „Die Kundenzufriedenheit zu steigern, verstehen wir als Qualitätsverpflichtung aller Beschäftigten ... Wir entwickeln den Konzern kontinuierlich zum Nutzen unserer Kunden weiter." (Deutsche Telekom AG)
- „Der Kunde im Fokus ... Wir setzen auf die Partnerschaft mit unseren Kunden ... Gemeinsam mehr erreichen." (Commerzbank AG)

---

[152] www.dm-drogeriemarkt.de/unternehmen/grundsätze vom 21.05.2011
[153] Vgl. Brandes 1998, S. 19.
[154] Meyer, Fend, Specht (Hrsg.) 1999, S. 11.

Dass es richtig ist, auch die Kundenleitsätze in die Unternehmensphilosophie zu integrieren, ergibt sich neben der Daseinsberechtigung des Unternehmens selbst aus der theoretischen Unendlichkeit latenter Kundenbedürfnisse. Kundenzufriedenheit ist statisch. Im marktwirtschaftlichen Wettbewerb finden sich selbst bei vermeintlichen Alleinstellungsmerkmalen Nachahmer und Innovatoren für leistungsfähige Produkte, niedrige Preise, exzellenten Service usw., sodass Kundenbindung kein Recht der Ewigkeit darstellt. „Your customers are only satisfied because their expectations are so low and because no one is doing better. Just having satisfied customers isn't good enough anymore."[155]

Interessant ist der Kundenwertaspekt im Rahmen einer Kundenphilosophie. So heißt es beim Autofahrer-Fachmarkt *Auto plus*:

- „Ein Kunde ist mehr wert, als die Ware, die er zu einem bestimmten Zeitpunkt kauft!"
- „Ein reklamierender Kunde ist immer noch ein Kunde."
- „Wir führen mit dem Kunden kein Streitgespräch!"

Einen Kunden zu verlieren, bedeutet in Anlehnung an den Customer-Lifetime-Value-Ansatz den „Lebenswert" eines Kunden zu verlieren, der sich über die abgezinsten potenziellen Einkäufe in der Zukunft errechnet.[156]

Darüber hinaus ist der Multiplikatoreffekt zu berücksichtigen, welcher aus der weiteren Kommunikation des Kunden mit seinem näheren Umfeld über die negativen oder positiven Einkaufserlebnisse resultiert. Negative Einkaufserlebnisse werden dabei intensiver kommuniziert als positive.[157]

Die Mitarbeiterphilosophie

Die Mitarbeiterphilosophie gehört zu den zentralen Bestandteilen einer Management- und Unternehmensphilosophie. Es geht um den Mitarbeiter als Menschen, der im Mittelpunkt der philosophiegesteuerten Unternehmensführung steht.

Mitarbeiterphilosophien finden sich häufig in der Form von Arbeitsrichtlinien oder Grundsätzen der Führung und Zusammenarbeit, die Teil der Unternehmenshandbücher, teilweise auch als Anlage in Arbeitsverträgen dokumentiert sind. „Führungsgrundsätze beschreiben und/oder normieren die Führungsbeziehungen zwischen Vorgesetzten und Mitarbeitern im Rahmen einer ziel- und werteorientierten Führungskonzeption zur Förderung eines erwünschten organisations- und mitgliedergerechten Sozial- und Leistungsverhaltens."[158] Sie beziehen sich in erster Linie auf Führungs- und Kooperationsbeziehungen. Die Grundsätze haben Appellcharakter. Sie verdeutlichen, welches Führungs- und Kooperationsverhalten im Unternehmen erwünscht ist.

---

[155] Blanchard, Bowles 1993.
[156] Vgl. zur Bestimmung des Kundenwertes Hempelmann, Bernd; Lürwer, Markus: Der Customer Lifetime Value-Ansatz zur Bestimmung des Kundenwertes in: WISU, Nr. 3/2003, S. 336–341.
[157] Vgl. auch Hurth 2006, S. 204 ff.
[158] Wunderer 2009, S. 385.

Abbildung 7.2: Die Grundsätze der Führung und Zusammenarbeit von Auto plus

Präambel
Arbeitszeit ist Lebenszeit und muss daher auch zur Lebenserfüllung beitragen. Arbeit muss einen Sinn haben und Spaß machen, denn was Spaß, Sinn und Freude macht, ist seinen Einsatz wert. Beim täglichen Streben nach Verbesserung und Erfolg wollen wir mit Hilfe der nachfolgenden Grundsätze der Führung und Zusammenarbeit bedenken, dass wir allesamt Menschen sind, und als solche miteinander umgehen wollen.

1. **Ergebnis- und Zielorientierung**
Arbeit ist kein Selbstzweck. Alle Aktivitäten richten sich nach den Unternehmenszielen aus. Wir werden nicht für die Zeit bezahlt, die wir im Betrieb verbringen, sondern für die Leistung zur Zielerfüllung. Aufgaben und Ziele werden gemeinsam vereinbart. Wenn wir Probleme entdecken, machen wir uns gleichzeitig Gedanken über geeignete Lösungen.

2. **Kompetenz**
Führung heißt nicht Status oder Zuständigkeit, sondern Qualifikation und Verantwortung. Unsere Führungskräfte sind menschlich und fachlich ein Vorbild. Es wird keine Arbeit verlangt, die eine Führungskraft nicht auch bereit wäre zu erledigen. Fachliche Kompetenz ist hinreichendes, soziale Kompetenz notwendiges Beschäftigungskriterium.

3. **Individuelle Fähigkeiten**
Wir bemühen uns, unsere Mitarbeiter dort einzusetzen, wo sie gern arbeiten und ihre individuellen Stärken sind. Engagement, Arbeitsidentifikation und Arbeitserfolg sind dann am Größten. Offene Stellen sind nach Möglichkeit aus den eigenen Reihen zu besetzen.

4. **Qualität und Kontrolle**
Teil der Führung ist die Kontrolle. Jedoch auch von Mitarbeitern wird erwartet, dass sie selbst den Ablauf und die Ergebnisse ihrer Arbeit kritisch überprüfen. Fehler müssen schnellstmöglich korrigiert und als Chance der Verbesserung wahrgenommen werden. Ob unsere Arbeit richtig oder falsch ist, entscheidet letztendlich der Kunde. Jeder beurteilt seine Leistung so, als wäre er selbst der Kunde. Auch intern gibt es Kunden-Lieferantenbeziehungen. Bei mangelhafter Qualität hat der Kunde das Recht, Nachbesserungen zu verlangen.

5. **Selbstmotivation**
Es liegt in der Verantwortung eines jeden Mitarbeiters, Eigeninitiative zu entwickeln und aktiv am Betriebsgeschehen und an der Gestaltung seines Arbeitsplatzes teilzunehmen. In der Verantwortung der Führungskräfte liegt es, die Rahmenbedingungen der Arbeit so zu gestalten, dass Eigeninitiative, Verbesserungsvorschläge möglich sind. Wir begrüßen konstruktive Kritik, denn der offene Austausch von Meinungen ist die Voraussetzung für eine gute Arbeitsatmosphäre und gemeinsamen Erfolg.

6. **Übereinstimmung von Aufgabe, Kompetenz und Verantwortung**
Mitarbeiter werden an Entscheidungen aktiv beteiligt und tragen damit Verantwortung für ihre Arbeit. Je nach Aufgabe und Handlungsziel müssen dem Mitarbeiter Entscheidungsbefugnisse (Kompetenzen) zur Verfügung stehen, um diese zu erfüllen und die Verantwortung dafür übernehmen zu können. Je größer die Verantwortung für den Erfolg, desto höher ist auch der Anspruch auf leistungsorientierte Vergütung.

7. **Fairness im Umgang und Kommunikation**
Keiner ist so klug wie alle. Wir hören einander zu, informieren uns gegenseitig und gehen fair und hilfsbereit miteinander um. Wir machen es Mitarbeitern und Kollegen leicht, Fehler oder Probleme einzugestehen. Kritik wird sachlich und aufbauend vorgebracht. Konflikte lösen wir direkt und offen.

8. **Beurteilungsgespräche**
Mindestens einmal im Jahr und zwingend innerhalb der Probezeit führen Vorgesetzte und Mitarbeiter ein Beurteilungsgespräch, in dem das persönliche Engagement, die fachliche und soziale Kompetenz und sonstige Kritik ausgetauscht und schriftlich festgehalten wird. Gute Leistungen verdienen Anerkennung, erkannte Schwächen sollen beseitigt werden.

9. **Disziplin und Anstand**
Gegenüber unseren internen und externen Partnern, Kollegen, Mitarbeitern und Kunden sind wir stets freundlich, höflich, kompetent, pünktlich und zuverlässig. Wir üben Toleranz gegenüber religiösen und politischen Einstellungen, lassen uns bei betrieblichen Entscheidungen nicht davon beeinflussen.

10. **Kontinuierliche Weiterbildung**
Wir entwickeln unsere Fähigkeiten durch kontinuierliches Lernen weiter. Voraussetzung ist Eigeninitiative.

"Der Erfolg von Auto plus ist die Summe der Erfolge seiner Mitarbeiter!", heißt es im Leitsatz der Unternehmensphilosophie der Auto plus Autofahrer-Fachmärkte. Der Mitarbeiter stellt den Ausgangspunkt des unternehmerischen Handelns im Unternehmen dar, was sich auch an einer sehr ausführlichen Mitarbeiterphilosophie bemerkbar macht. Die Mitarbeiterphilosophie ist Gegenstand in der Einführungsschulung, an der jeder neue Beschäftigte, unabhängig von seiner Aufgabe oder Position im Unternehmen teilnehmen muss.

Die Mitarbeiterphilosophie hat großen Einfluss auf das praktische Leben im Unternehmen. Mehr als die Hälfte aller Unternehmen mit mehr als 500 Mitarbeitern haben mittlerweile Führungsgrundsätze implementiert. Wichtig ist, dass die Philosophie im Umgang mit Mitarbeitern vom Management nicht im Alleingang verabschiedet wird. Ansonsten ist mit Widerständen zu rechnen und die gelebte Kultur weicht deutlich von der eigentlich gewollten Philosophie ab.

Die Einstellung zur Arbeit wird nicht zuletzt durch die Mitarbeiter-Philosophie beeinflusst. Erschreckend ist das Ergebnis der jährlich aktualisierten *Gallup-Studie*, dass zwei Drittel aller Beschäftigten keine echte Verpflichtung ihrer Arbeit gegenüber verspüren und „innerlich gekündigt" haben.[159] Viele Befragte haben angegeben, dass sie nicht wissen, was ihre Vorgesetzten von ihnen erwarten, sie ihre Position nicht ausfüllen können und nicht als Mensch im Unternehmen wahrgenommen werden. In Anlehnung an die 12 Grundfragen aus der Gallup-Untersuchung können folgende Aspekte zur emotionalen Bindung der Mitarbeiter an ihr Unternehmen identifiziert werden, die gleichsam Gegenstand und Inhalt von Mitarbeiterphilosophien sein könnten:

- die Erwartungshaltung an die Mitarbeiter,
- das Vorhandensein von Materialien und Arbeitsmitteln,
- der Einsatz der Mitarbeiter dort, wo ihre Stärken liegen,
- die regelmäßige Anerkennung der Mitarbeiterleistungen,
- das Interesse für den Mitarbeiter als Mensch,
- die Förderung und Entwicklungsunterstützung der Mitarbeiter,
- der Einbezug der Mitarbeitermeinungen,
- die Identifikationsmöglichkeiten für die Mitarbeiter mit den Unternehmenszielen,
- das allgemeine Leistungs- und Qualitätsniveau im Kollegium,
- das Vorhandensein von Freunden beziehungsweise Vertraute im Unternehmen,
- die Wahrnehmung und Beratung über Leistungsfortschritte mit den Mitarbeitern,
- die Möglichkeit der Weiterentwicklung im Unternehmen.

---

[159] Vgl. Engagement Index Deutschland 2010, hrsg. v. Gallup Institut, Berlin 2011.

Mitarbeiter, die eine positive Einstellung zur Arbeit im Unternehmen haben, sind bereit, enorme Zusatzanstrengungen zu erbringen, bleiben dem Unternehmen länger treu und sind insgesamt dem Unternehmen gegenüber loyaler eingestellt.

Exkurs: Die Einstellung zur Arbeit

Die Einstellung ist ein aktivierender Prozess mit Verhaltensauswirkung. Die Einstellungen der Mitarbeiter bestimmen also ihr Verhalten. In der Psychologie geht man davon aus, dass es eine Konsistenz von Denken, Fühlen und Handeln gegenüber einem Objekt oder Sachverhalt gibt. Je stärker die positive Einstellung, desto höher die positive Verhaltenswahrscheinlichkeit in der jeweiligen Situation. Treten dagegen Inkonsistenzen im Einstellungssystem eines Individuums auf, werden diese als kognitive Konflikte erlebt.[160] Nach der Dissonanztheorie[161] von *Leon Festinger (1919–1989)* strebt der Mensch danach, kognitive Dissonanzen zu beseitigen und mit sich „im Reinen" zu sein. Es gibt im Wesentlichen drei Methoden, um Dissonanzen abzubauen, die im Folgenden für die Unternehmensführung von Bedeutung sind:[162]

- die Reduktion der Bedeutsamkeit der dissonanten Elemente,
- das Hinzufügen konsonanter Elemente,
- die Veränderung beziehungsweise Uminterpretation dissonanter Elemente.

Beruht die erste Methode auf das bloße Herunterspielen der Situation, werden bei der zweiten und dritten Methode Argumente, Begründungen (positive Kognitionen) gesucht oder modifiziert, weshalb die Situation gar nicht so tragisch ist.

Das Einstellungssystem eines Individuums kann man sich pyramidenartig vorstellen. Einstellungen bestehen häufig aus einer Vielzahl von analytisch sinnvollen Einzelbewertungen, die aggregiert eine Struktur ergeben. Das Einstellungssystem ist das persönliche Wertesystem eines Individuums. Ein Wert kann durch Sozialisation übertragen und geformt werden oder durch die Verfestigung von Bedürfnissen entstehen. Als Arbeitseinstellung kann man die Werthaltung, also die spezifischen Bewertungen des Mitarbeiters gegenüber den Inhalten definieren, die er von der Arbeit erwartet beziehungsweise die Art und Weise, wie er sich ihnen gegenüber verhalten soll. Arbeitseinstellungen lassen sich differenzieren in eine:[163]

- *kognitive Komponente,* welche das subjektive Wissen eines Mitarbeiters um seine Arbeit betont,

---

[160] Vgl. Kroeber-Riel, Weinberg, Gröppel-Klein 2009, S. 167 ff.

[161] Festinger führte im Jahre 1957 mit der Theorie der kognitiven Dissonanz eines der einflussreichsten sozialpsychologischen Theorien ein, indem er die Dissonanz als einen Konflikt darstellt, den der Mensch als triebähnlichen Spannungszustand erlebt. Vgl. dazu auch Fischer, Wiswede 2009, S. 304 ff.

[162] Vgl. Fischer, Wiswede 2009, S. 305.

[163] Vgl. Jost 2008, S. 47 ff.

- *affektive Komponente,* welche die emotionalen Reaktionen des Mitarbeiters in Bezug auf seine Arbeit widerspiegelt,
- *konative Komponente,* welche das Verhalten in diversen Arbeitssituationen definiert.

Mit Hilfe eines semantischen Differentials könnte ein Polaritätsprofil für jeden Mitarbeiter erstellt werden. Das semantische Differential wurde in seiner Ursprungversion von *Charles E. Osgood (1916–1991)* objektunabhängig entwickelt.[164] Durch die Bildung von Gegensatzpaaren entstehen individuelle Einstellungsprofile, weil kein Mitarbeiter pauschal das eine oder andere Extrem verkörpern wird. Die Polaritätsprofile können übereinander gelegt und miteinander verglichen werden. Als Ergebnis kann die Führungskraft eine grundsätzliche Einstellung zur Arbeit im Sinne von anwesenheits- oder ergebnisorientiert ableiten.

Die kategoriale Einstellung zur Arbeit lässt sich beispielsweise durch folgende Gegensatzpaare klassifizieren:

Tabelle 7.1: Die kategoriale Einstellung zur Arbeit

Anwesenheitsorientierte Arbeitseinstellung	Ergebnisorientierte Arbeitseinstellung
Ich werde für die Zeit bezahlt, die ich in der Firma bin.	Ich werde für die Leistung bezahlt, die ich für die Firma erbringe.
Ich zähle minutengenau meine Arbeitszeit.	Ich plane den Zeitbedarf meiner Aufgaben und ordne sie nach Prioritäten.
Ich halte mich genau an meine Pausen unabhängig von meinem Befinden und Arbeitsanfall.	Ich nutze Pausen, um mein „Sägeblatt" zu schärfen.
Außerhalb meiner regulären Arbeitszeit bin ich grundsätzlich nicht im Betrieb.	Für konzentrationsintensive Aufgaben bevorzuge ich stille Stunden im Betrieb.
Ich bevorzuge ein garantiertes Festgehalt als Entlohnung.	Ich bevorzuge ein leistungsbezogenes Gehalt als Entlohnung.
Meine Gehaltsvorstellungen orientieren sich am Tarif (=Mindestlohn).	Meine Gehaltsvorstellungen korrespondieren mit meiner Leistung und orientieren sich am Markt.

---

[164] Vgl. Osgood 1957.

Anwesenheitsorientierte Arbeitseinstellung	Ergebnisorientierte Arbeitseinstellung
Ich erledige meine Arbeit genau nach Anweisung.	Ich gestalte meine Arbeit und spreche Methoden mit meinen Kollegen und Vorgesetzten ab.
Ich rede über Arbeit häufig negativ.	Ich bin stolz auf meine Arbeit.
Ich lebe nach der Arbeit erst richtig auf.	Arbeitszeit ist für mich auch Lebenszeit.
Ich arbeite, um Geld zu verdienen.	Ich arbeite, um erfolgreich zu sein.
Ich lasse mich motivieren.	Ich motiviere mich selbst.
Ich rede häufig im Konjunktiv (hätte, sollte, müsste, wäre)	Ich setze Ideen häufig in die Tat um.
Ich kenne für jede Lösung ein Problem.	Ich habe für jedes Problem eine Lösung.
Ich arbeite richtig.	Ich erledige die richtige Arbeit.

Das Polaritätsprofil ist zwar nur ein heuristisches Verfahren, um die wahre Einstellung eines Mitarbeiters zu messen. Dennoch gewinnt man Erkenntnisse über die Grundeinstellung, ob jemand nur „Dienst nach Vorschrift macht" oder sich mit seiner Arbeit identifiziert und sich selbst verwirklichen kann. Geld verdienen ist somit nur die eine Seite der Medaille, auch wenn viele es für die Hauptmotivation zur Arbeit artikulieren.

Die Arbeitszufriedenheit beschreibt die Einstellung eines Mitarbeiters gegenüber seiner derzeitigen Arbeit und entsteht aus der Bewertung des Verhältnisses der durch die Arbeit erzielten Bedürfnisbefriedigung zu den ihr gegenüber gebildeten Erwartungen.[165] Die Arbeitszufriedenheit ist ein Wechselspiel zwischen Erwartungen und Enttäuschungen. Dabei hat die Persönlichkeit des Mitarbeiters großen Einfluss auf seine Arbeitszufriedenheit. Extrinsisch ausgerichtete Mitarbeiter sind einfacher zufrieden zu stellen als intrinsisch gepolte Mitarbeiter, weil bei ihnen das Geld beziehungsweise die Entlohnung im Vordergrund des Interesses steht. Für intrinsisch ausgerichtete Mitarbeiter sind dagegen die Arbeitswerte von höherer Bedeutung.

---

[165] Vgl. Jost 2008, S. 56.

Abbildung 7.3: Die Einflussgrößen auf die Arbeitszufriedenheit

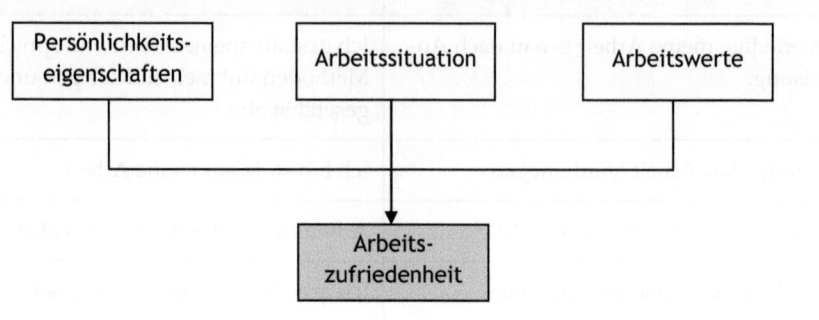

Quelle: Jost, Peter-J.: Organisation und Motivation, 2. Aufl., (Betriebswirtschaftlicher Verlag Dr. Th. Gabler) Wiesbaden 2008, S. 57.

Will man sich von der Masse abheben, ist ohnehin eine Andersartigkeit erforderlich, die teilweise Mut und ein wenig Durchtriebenheit verlangt, ohne dabei ketzerisch oder illoyal zu werden. *Rolf Wunderer* vergleicht in diesem Zusammenhang die Eigenschaften eines dynamischen Mitarbeiters mit der Märchenfigur des „gestiefelten Katers" mit beispielhaften Maximen:[166]

- Komme täglich zur Arbeit mit der Bereitschaft, dich feuern zu lassen.
- Umgehe alle Anweisungen, die dich daran hindern, deinen Traum zu verwirklichen.
- Unternimm alles, um dein Projekt fortzuführen, ganz gleich, was in deiner Stellenbeschreibung steht.
- Suche dir Mitarbeiter, die dich dabei unterstützen.
- Folge deiner Intuition und arbeite nur mit den Besten.
- Bleibe deinen Zielen treu, aber bleibe auch realistisch im Hinblick auf die Wege zu ihrer Erreichung.

Die ergebnisorientierte und stark von Selbstverantwortung geprägte Mitarbeiterphilosophie zeigt sich in zahlreichen organisations- und führungspolitischen Handhabungen im Unternehmen, wie zum Beispiel:

- das Nichtvorhandensein von Stechuhren, welche die Anwesenheit oder Schnelligkeit kontrollieren;
- das Besetzen von Führungspositionen losgelöst von Betriebszugehörigkeit oder schulischer Laufbahn;

---

[166] Vgl. Wunderer 2008, S. 192 f.

- die Gehaltseinstufung auf weitestgehend dezentraler Ebene aufgrund von Beurteilungsgesprächen;
- die allgemein flache Hierarchie, in der die Verantwortungsbereiche nebeneinander in einer Heterarchie zusammenarbeiten.

Die Einstellung zur Arbeit entscheidet letztendlich über Spaß, Erfolg und Gehalt.

Die Servicephilosophie

Ausgeprägte Servicephilosophien findet man in Dienstleistungsbranchen, allen voran in der Hotellerie und Gastronomie. Dem Kunden – der häufig als „Gast" bezeichnet wird – wird keine Ware, sondern eine Dienstleistung angeboten. Der Service beziehungsweise die Servicequalität hat eine herausragende Bedeutung für den Erfolg der Geschäftsbeziehung.

Regelrechte „Serviceweltmeister" sind die Premiumhotels. Das Wohlergehen der Gäste steht an oberster Stelle im Denken und Handeln, was nicht zuletzt auf weitgefasste Servicephilosophien in den entsprechenden Häusern beruht. Ein Paradebeispiel ist das Credo der Luxus-Hotelkette *The Ritz-Carlton* mit dem ausformulierten Motto „We are Ladies and Gentlemen serving Ladies and Gentlemen." Das wichtigste Mitarbeiterversprechen besteht in der Verpflichtung zu perfektem Service für die Gäste. *Ritz-Carlton* fördert und schafft im Gegenzug ein Arbeitsumfeld, indem ein serviceorientiertes Handeln ermöglicht wird.

Im Einzelnen beinhaltet die Service-Philosophie von *The Ritz-Carlton* folgende Aussagen:

1. Ich baue starke Beziehungen auf und schaffe damit Ritz-Carlton-Gäste für ein ganzes Leben.

2. Ich reagiere stets auf die ausgesprochenen und unausgesprochenen Wünsche und Bedürfnisse unserer Gäste.

3. Ich bin dazu ermächtigt, einzigartige, unvergessliche und persönliche Erlebnisse für unsere Gäste zu kreieren.

4. Ich verstehe meine Rolle beim Erreichen der Schlüsselerfolgsfaktoren, lebe die gemeinnützige „Community Footprints" und kreiere „Ritz-Carlton Mystique".

5. Ich suche kontinuierlich nach Möglichkeiten, das „Erlebnis Ritz-Carlton" neu zu definieren und zu verbessern.

6. Ich trage die Verantwortung für jegliche Anliegen der Gäste und löse diese umgehend.

7. Ich schaffe ein Arbeitsumfeld, das teamorientiert und von lateralem Service geprägt ist, um den Bedürfnissen unserer Gäste und meiner Kollegen gerecht zu werden.

8. Ich habe die Möglichkeit, beständig zu lernen und mich weiterzuentwickeln.

9. Ich bin an der Planung der Arbeit beteiligt, die mich betrifft.

10. Ich bin stolz auf mein professionelles Erscheinungsbild, meine Ausdrucksweise und mein Verhalten.

11. Ich schütze die Privatsphäre und die Sicherheit unserer Gäste, meiner Kollegen und die vertraulichen Informationen und Werte des Unternehmens.

12. Ich bin für kompromisslose Sauberkeit und ein unfallfreies Arbeitsumfeld verantwortlich.

Jeder Mitarbeiter erhält im Rahmen einer Einführungsschulung die Servicephilosophie in einem laminierten Folder ausgehändigt, sodass man sie stets bei sich tragen kann.

Das Anspruchsdenken der Konsumenten an den Service wächst in materiell gesättigten Märkten beziehungsweise Gesellschaften. Da Produkte und ihre Qualitäten zunehmend austauschbar werden, also kein zwingendes Differenzierungsmerkmal mehr darstellen, gewinnen immaterielle Eigenschaften an Bedeutung. Service wird im Ursprung durch Menschen erbracht, und diese sind glücklicherweise weniger austauschbar.

Die Kommunikationsphilosophie

Jedes Unternehmen kommuniziert. Auch hier gilt die Erkenntnis, dass Kommunikation entweder zielgerichtet und planvoll erfolgen kann, oder ansonsten unterbewusst und situationsbedingt praktiziert wird. Innerhalb der zahlreichen Kommunikationsformen, wie zum Beispiel interne oder externe Kommunikation, verbale oder nonverbale Kommunikation, persönliche oder unpersönliche Kommunikation, sollen in diesem Abschnitt philosophische Grundlagen am Beispiel der werblichen Kommunikation dargestellt werden.

Ausgehend von den allgemeinen Rahmenbedingungen der Kommunikation, die durch eine Zunahme der Medienvielfalt mit einem regelrechten „Bildersalat" in den Medien und informationsüberlasteten Kommunikationsempfängern gekennzeichnet ist, ist es für den Kommunikationserfolg immer wichtiger, eine integrierte Kommunikationsphilosophie zu verfolgen. Das bedeutet, dass alle kommunikativen Maßnahmen aufeinander abgestimmt werden, also der Einsatz des einen Kommunikationsinstrumentes die Wirkung des anderen verstärkt.[167]

Am Beispiel des Stufenmodells der Werbung könnte die philosophische Grundlage wie folgt lauten:

- Wer uns nicht kennt, kann nicht zu uns kommen (Bekanntheit).
- Wer nicht zu uns kommt, kann nicht bei uns kaufen (Frequenz).
- Wer nicht bei uns kauft, kann nicht wiederkaufen (Umsatz).
- Wer nicht wiederkauft, kann kein Stammkunde werden (Kundenbindung).

---

[167] Vgl. Kroeber-Riel, Weinberg, Gröppel-Klein 2009, S. 300.

Am praktischen Beispiel der Kommunikationstreppe von Auto plus wird verdeutlicht, wie die kommunikationspolitischen Instrumente mit Hilfe der integrierten Kommunikationsphilosophie aufeinander abgestimmt umgesetzt werden, und dadurch insgesamt eine größere Kommunikationseffizienz erreicht wird.

Abbildung 7.4: Die Kommunikationstreppe von Auto plus

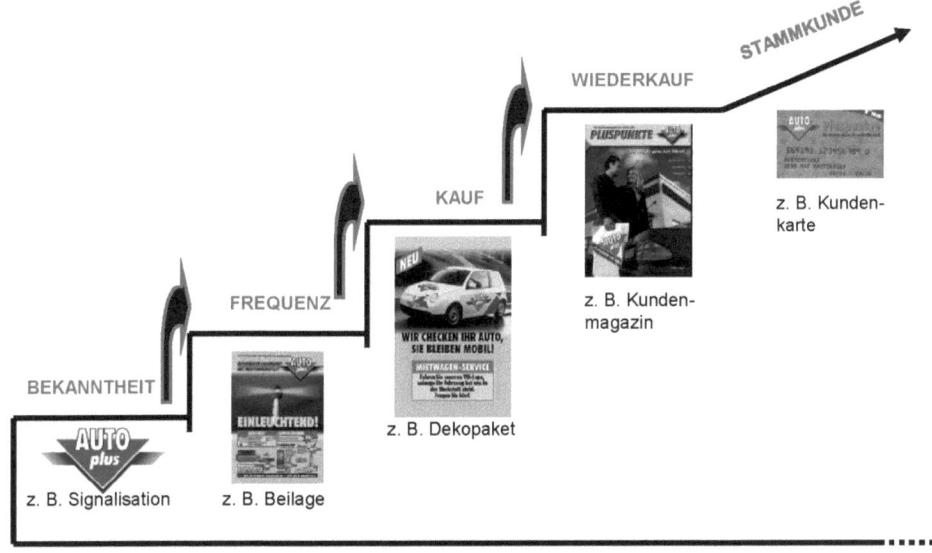

Quelle: Hecker, Falk; Hurth, Joachim; Seeba, Hans-Gerhard (Hrsg.): Aftersales in der Automobilwirtschaft, (Springer Automotive Media) München 2010, S. 258.

Die Produktionsphilosophie

Leitzitat:

„Wer aufhört, besser zu werden, hat aufgehört, gut zu sein."

Philip Rosenthal

Für seinen ausgeprägten Fundamentalismus ist die *Toyota*-Philosophie bekannt. Dazu der ehemalige Präsident *Katsuaki Watanabe*:[168]

> „In der Zeit unseres anhaltenden Wachstums steht an erster Stelle das Fundament unseres Unternehmens zu festigen. Das heißt, sich mögliche Probleme bewusst machen, analysieren und die nötigen Schritte zu ihrer Lösung einleiten. Gleichzeitig wollen wir mutig den Wachstumskurs fortsetzen." Watanabe weiter: „Mein Ziel ist es, weltweit den Kunden die besten Fahrzeuge, in der kürzesten Zeit zu den besten Preisen anzubieten, damit so viele Menschen wie möglich die Annehmlichkeiten und Freude genießen können, die uns Automobile offerieren. Unsere Aktivitäten werden getragen durch den Teamgeist unserer Mitarbeiter weltweit und durch die Partnerschaft mit den Zulieferern und unseren Händlern."

Die *Toyota*-Unternehmensphilosophie, veröffentlicht als die *Toyota Precepts* im Jahre 1935, hat ihren Ursprung in den Zeiten der Gründer *Sakichi* und *Kiichiro Toyoda* und sind getragen von einer protestantischen Ethik und preußischen Tugenden wie:

- Fleiß und Sparsamkeit,
- Beständigkeit und Gründlichkeit,
- Disziplin und Gehorsam,
- Bescheidenheit und Genügsamkeit,
- Selbstvertrauen und Mut,
- Geduld und Beharrlichkeit,
- Respekt und Achtung vor den Menschen und der Natur,
- Kreativität und Verantwortung,
- Treue und Redlichkeit.

Sie gelten als das „Alte Testament" der traditionellen Toyota-Tugenden. Die Ganzheitlichkeit der Toyota-Philosophie ist getragen durch die Erkenntnis, dass kein Auto von den Autoherstellern allein gebaut werden kann und bereits in den ersten Phasen von Forschung und Entwicklung Zulieferunternehmen eingebunden werden müssen. „Teile können schließlich nicht an der Theke gekauft, sondern müssen maßgeschneidert geliefert

---

[168] Katsuaki, Watanabe, zitiert nach: Becker 2006, S. 33.

werden."¹⁶⁹ Die gleiche Einstellung herrscht gegenüber den Mitarbeitern: „Before we build cars, we build people." Die Notwendigkeit einer harmonischen und vertrauensvollen Zusammenarbeit zwischen Management und Belegschaft sieht Kiichiro Toyoda ganz einfach darin, dass das Niveau der technischen und handwerklichen Fähigkeiten der einzelnen Mitarbeiter unterschiedlich ist, und demzufolge das Qualitätsniveau des Produktes vom unproduktivsten Mitarbeiter als „Flaschenhals" bestimmt wird.¹⁷⁰

Die asketische Unternehmensphilosophie spiegelt sich in der Produktionsphilosophie wider, ausgedrückt in dem Konzept der 3 M: Muda (Verschwendung), Muri (Unzweckmäßigkeit, Überbeanspruchung) und Mura als Verbindung von Muda und Muri (ungleichmäßige Produktion). Es geht darum, die verschiedenen Formen von Störungen im Produktionsprozess zu vermeiden.

Unternehmensphilosophien enthalten häufig vielschichtig formulierte Prinzipien der Verbesserung. So lautet das oberste Geschäftsprinzip des Textil-Direktversenders *Lands' End*:¹⁷¹ „Wir bemühen uns immer um die höchste Qualität unserer Produkte. Wir verbessern die Materialien und fügen Details hinzu, die andere im Laufe der Jahre weggelassen haben. Wir verringern niemals die Qualität eines Artikels, um ihn billiger zu verkaufen." Bei *Auto plus* lautet der oberste Grundsatz der Unternehmensphilosophie: „Wir werden jeden Tag besser; nicht von heute auf morgen um 100 %, aber jeden Tag um 1 %."

Das Prinzip der ständigen Verbesserung kennen wir aus der Natur. Auch die Natur entwickelt sich nur durch Innovation und Verbesserung weiter. Nicht zuletzt sind wir Menschen selbst – im Sinne der Darwin'schen Entwicklungslehre – das Ergebnis einer ständigen Verbesserung. Der Mediziner und Unternehmer *Cay von Fournier* vergleicht sehr anschaulich die permanente Fähigkeit zur Unternehmenserneuerung und -verbesserung mit dem menschlichen Organismus:¹⁷²

> „Von Organismen lernen wir, dass entstehende Schwächen des Systems, die nicht ausgeglichen und verbessert werden können, zum Tod dieses Organismus führen. Krebs ist dafür ein Beispiel, ebenso wie tödlich verlaufende Infektionen, die ganz klein beginnen können. ... So wie heute in sehr guten Produktionsunternehmen Maschinenteile getauscht werden, bevor sie defekt werden, so tauscht auch der Körper permanent seine Zellen aus. Unsere Darmschleimhaut erneuert sich alle drei Tage. Die Fähigkeit unseres Körpers, Verletzungen zu heilen, ist ein phänomenaler Prozess, den wir für selbstverständlich halten. Wenn es einem Unternehmen gelingen würde, sich in ähnlicher Form immer wieder zu erneuern und Schäden so elegant zu beheben, dann wäre dieses Unternehmen allen anderen überlegen."

---

[169] Toyoda, Kiichiro, zitiert nach Becker 2006, S. 140.

[170] Vgl. Becker 2006, S. 141.

[171] Blümelhuber, Christian; Specht, Mark: LANDS'END – Vertrauen als Geschäftsprinzip, in: Meyer, Fend, Specht, Mark (Hrsg.) 1999, S. 154.

[172] Fournier 2005, S. 149 f.

Insofern ist auch die japanische Qualitätsphilosophie des „Kaizen" (kai = verändern, verwandeln; zen = das Gute; Tugend) keine grundlegende Innovation, sondern eine Beschreibung für die Philosophie der ständigen Verbesserung hin zum Guten.[173] In der populärwissenschaftlichen Literatur findet man häufig den Begriff „KVP" für Kontinuierlicher Verbesserungsprozess beziehungsweise „CIP" für Continuous Improvement Process, oder die progressive Variante „KVP²". Auch das Total Quality Management (TQM) hat die Basis in der Kultur der stetigen Verbesserungen. „Kaizen" klingt natürlich etwas mysteriöser.[174] Letzten Endes soll die Philosophie der stetigen Verbesserung in kleinen Schritten zum Ausdruck gebracht werden im Sinne von *Mark Twain (1835–1910)*: „Kontinuierliche Verbesserungen sind besser als hinausgezögerte Vollkommenheit." Was den erfolgreichen Unternehmen gemeinsam ist, ist die Liebe zum Detail, das Denken in Prozessen beziehungsweise Aktivitäten.

Exkurs: Das Konzept der Aktivitäten und Verfahren

Das Konzept der Aktivitäten und Verfahren wurde von *Bruno Tietz (1933–1995)* als Vorläufer des heutigen Prozessmanagement begründet.[175] Sie sind ein Kernstück der entscheidungsorientierten Betrachtung unternehmerischen Handelns.

Jedes Unternehmen ist eine Ansammlung von Tätigkeiten (Prozessen), durch die seine Produkte und Dienstleistungen entworfen, hergestellt und vertrieben werden. Sämtliche Tätigkeiten beruhen dabei auf Aktivitäten und Verfahren. Durch das Konzept der Aktivitäten und Verfahren lassen sich alle produktiven und wirtschaftlichen Zusammenhänge einzel- und gesamtwirtschaftlich erklären:

Um Leistungen zu erzeugen sind Aktivitäten notwendig und es entsteht ein Output. Zur Erledigung der notwendigen Aktivitäten bedient sich ein Unternehmen bestimmter Verfahren, deren Input auf eine Faktorkombination beruht und Kosten verursacht. Kosten und Leistungen ergeben den betrieblichen Gewinn, das Verhältnis zwischen Output und Input ergibt die Produktivität. Je größer die Produktivität, desto höher der Gewinn und umgekehrt.

Der Zusammenhang lässt sich durch **Abbildung 7.5** verdeutlichen.

---

[173] Vgl. Becker 2006, S. 131.
[174] Vgl. Demmer, Hoerner 2001, S. 36 ff.
[175] Vgl. Tietz 1976, S. 1278 ff.

Die Bestandteile einer Unternehmensphilosophie

Abbildung 7.5: Das Konzept der Aktivitäten und Verfahren

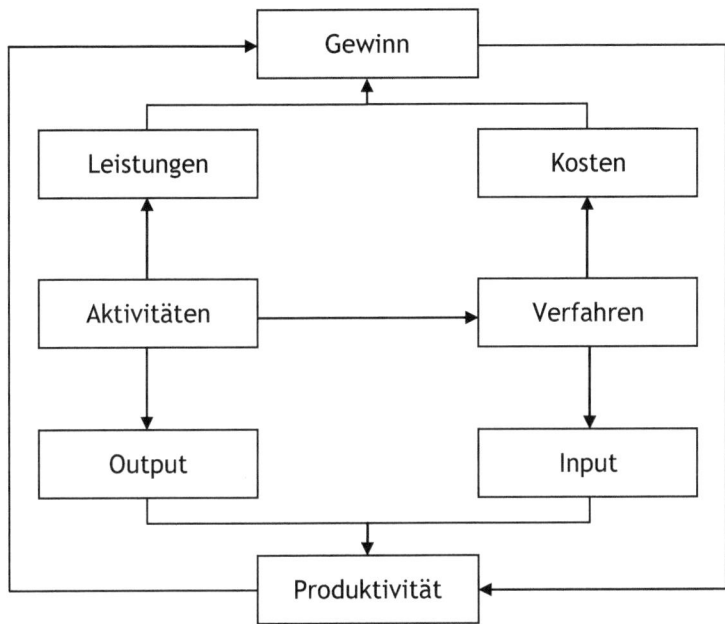

Aktivitäten und Verfahren werden in Institutionen[176] erledigt, wodurch dem Konzept der Aktivitäten und Verfahren ein maßgeblicher Einfluss auf Wirtschaftsorganisationen zukommt. Es stellt sich die Frage des „make or buy".

> Die Unternehmenspolitik ist grundsätzlich effizient, wenn getroffene Maßnahmen erfolgreich umgesetzt werden. Führen die getroffenen Maßnahmen zur Erreichung der verfolgten Ziele, ist die Unternehmenspolitik effektiv.[177]

Auch bei rückwärtigen Diensten stellt sich beim Konzept der Aktivitäten und Verfahren permanent die Frage, ob der Wirkungsgrad der eingesetzten Ressourcen bestmöglich ausgeschöpft wurde. Die Verfahrensqualität determiniert die Effizienz. Ein Problem besteht jedoch bei hoher Effizienz und geringer Effektivität. Daraus folgt, dass Falsches gut erledigt wird. Aus diesem Grund werden die Beziehungen zwischen Aktivitäten und Verfahren mit Hilfe von Prozessanalysen daraufhin überprüft, ob sie überhaupt notwendig sind

---

[176] Als Institutionen gelten in diesem Zusammenhang von Menschen gestaltete organisatorische Einheiten in Form von Stellen und Abteilungen in Betrieben oder Gruppen (Unternehmensgruppen, Verbundgruppen). Vgl. Tietz 1993b, S. 97.

[177] Vgl. zur begrifflichen und inhaltlichen Abgrenzung von Effizienz und Effektivität Bohr, Kurt: Effizienz und Effektivität, in: Wittmann, Kern, Köhler, Küpper, Wysocki 1993, Sp. 855 f.

(Kriterium Effektivität), und wenn, ob sie in der richtigen Art und Weise erledigt werden (Kriterium Effizienz). Oder mit den Worten vom Managementexperten *Fredmund Malik*: „Die Unterscheidung von richtig und falsch führt zu Effektivität. Die Unterscheidung von gut und schlecht führt zu Effizienz."[178]

In jeder Organisation tendieren Menschen ganz automatisch dazu, sich allein auf ihre Tätigkeit und ihren eigenen Arbeitsbereich zu kümmern. Daraus folgt eine Tendenz zur Inputorientierung.[179] Die Mitarbeiter wollen ihre Arbeit gut erledigen, übersehen dabei aber nicht selten den Gesamtzusammenhang. Die Kunden fordern häufig vielmehr Flexibilität als wir bereit sind zu erbringen. Dazu müssten wir unsere Arbeitsweise (Aktivitäten und Verfahren) viel häufiger anpassen.

Die Veränderung beziehungsweise Optimierung von Aktivitäten und Verfahren liegt in der Verantwortung von Führungskräften, weil sie die Autorität besitzen, horizontal durch die Funktionsbereiche oder vertikal durch die Verantwortungshierarchie der Unternehmung Geschäftsprozesse zu koordinieren. Aufgrund der Tatsache, dass betriebliche Prozesse im Gegensatz zum marktweiten Umfeld vergleichsweise starr sind und sich nur verändern, wenn sie bewusst verändert werden,[180] gewinnt *Hinterhubers* Definition von Prozessmanagement an Gültigkeit: „Prozessmanagement ist eine radikale funktions- und hierarchieübergreifende Neugestaltung der Unternehmung."[181] Ähnlich konsequent ist das Konzept des „Business Process Reengineering". Nach den Kriterien Kosten, Qualität, Dienstleistung und Schnelligkeit werden grundlegend alle Unternehmensprozesse (Aktivitäten und Verfahren) hinterfragt. Häufig mit dem Ergebnis, dass ganze Hierarchieebenen abgeschafft werden, um zu einer schlankeren Organisation zu kommen.[182] Insbesondere in einer vernetzten Unternehmenswelt erfährt das Subsidiaritätsprinzip[183] eine Renaissance, indem es das Ziel ist, möglichst den unteren Hierarchieebenen aufgrund ihrer umfassenden Informationen und Fachwissen die Bearbeitungs- und Problemlösungskompetenz zu überlassen.[184]

Beispielhaft lassen sich die nachfolgenden Leitfragen zur Prozessoptimierung formulieren:

---

[178] Malik 2007, S. 58.

[179] Vgl. Magretta, Joan: So wird Wert geschaffen – Der Blick von außen nach innen, in: Bollmann (Hrsg.) 2001, S. 34.

[180] Vgl. Hill, Terry; Nicholson, Alastair; Westbrook, Roy: Das strategische Management der Produktion, in: IMD International Lausanne 1998, S. 385.

[181] Hinterhuber 2004a, S. 61.

[182] Vgl. Cordon, Carlos: Wege zur Verbesserung, in: IMD International Lausanne 1998, S. 363 f.

[183] Das Subsidiaritätsprinzip der situativen Organisationstheorie besagt, dass Aufgaben jeweils der niedrigsten Ebene zuzuweisen sind, die zur Erfüllung in der Lage ist. Vgl. zu den Delegationsprinzipien Steinle, Claus: Delegation, in: Frese (Hrsg.) 1992; Sp. 508 ff.

[184] Vgl. Picot, Reichwald, Wigand 2004, S. 230 ff.

Abbildung 7.6: Leitlinien zur Prozessoptimierung

1. *Neuordnung:* Sind die Arbeitsschritte entsprechend der natürlichen Arbeitsreihenfolge angeordnet?
2. *Parallelisierung:* Können Teilprozesse statt sequenziell auch parallel ausgeführt werden?
3. *Eliminierung:* Welche nicht wertschöpfungsrelevanten Prozessschritte können eliminiert werden?
4. *Harmonisierung:* Sind die Bearbeitungszeiten und Kapazitäten aufeinander abgestimmt?
5. *Richtungswechsel:* Ist eine Umstellung vom Bring-Prinzip auf das Hol-Prinzip vorteilhaft?
6. *Rückkopplung:* Wie schnell werden auftretende Fehler im Prozess erkannt und behoben?
7. *Relevanz/Effektivität:* Wer benötigt was, wofür, wann und in welcher Qualität?
8. *Reduktion:* Welche Schnittstellen sind tatsächlich erforderlich?
9. *Redundanz:* Werden die Daten einmalig dort erfasst, wo sie entstehen, so dass keine Redundanzen produziert werden?
10. *Repetition:* Welche Prozessschritte wiederholen sich im gesamten Prozess?

Quelle: Thomsen, Eike-Hendrik: Prozessmanagement: Best Practices beim Neudesign überlegener Unternehmensprozesse, in: Jahns, Christopher; Heim, Gerhard (Hrsg.): Handbuch Management, (Schäffer-Poeschel Verlag) Stuttgart 2003, s. 205.

Die Sortimentsphilosophie

Das Sortiment umfasst die produktbezogenen Bestandteile des Leistungsprogramms. Sortimente können theoretisch unendlich ausgedehnt werden. Flächen-, Kapital- und Zeitrestriktionen zwingen jedoch zu einer Sortimentsoptimierung.

Die Auswahl der Waren und Dienstleistungen erfolgt daher in der Regel nach bestimmten Leitsätzen, um auf der einen Seite den Kundenbedarf möglichst optimal abzudecken, und auf der anderen Seite den betriebswirtschaftlichen Anforderungen (zum Beispiel Kapitalbindung, Logistik, Personaleinsatz) des Betriebes gerecht zu werden.

Typische Sortimentsleitsätze eines Handelsbetriebes sind beispielsweise:

1. *Listung:* Jede Neueinlistung sollte eine Auslistung beziehungsweise Sortimentsüberarbeitung zur Folge haben.
2. *Umschlagshäufigkeit:* Jeder gelistete Artikel soll zum Umsatzerfolg beitragen, Lagerhüter sind abzuschleusen. Die Anzahl der verschiedenen Sorten eines Artikels (Verpackungsgrößen, Farbvarianten usw.) ist so gering wie möglich zu halten.
3. *Akzeptanz:* Nur Artikel listen, bei denen ein latentes oder konkretes Bedürfnis beim Kunden besteht. Dabei die Zahlungsbereitschaft beachten. Wird mehr Pflege- und Beratungsintensität vom Kunden verlangt, muss die Kalkulation erhöht werden.
4. *Verbundwirkung:* Artikel-Programme müssen so gestaltet sein, dass die Artikel sich gegenseitig im Verkauf fördern. Komplementäreigenschaften beachten.
5. *Identifikation:* Jeder Artikel muss eine aussagekräftige Verpackung und eindeutige Nummernzuordnung (EAN) besitzen. Im Warenwirtschaftssystem müssen Artikelinformationen stets verfügbar und erkennbar sein.
6. *Flächenbedarf:* Je größer der Artikel, desto höher muss aufgrund der Inanspruchnahme von Lager- und Transportkapazitäten der absolute Deckungsbeitrag sein.
7. *Bestellsystem:* Die Disposition muss einfach, flexibel und schnell erfolgen können.

Ohne eine Sortimentsphilosophie besteht insbesondere in warenintensiven Betrieben die Gefahr, dass man sich verzettelt und das Warenlager ausufert. Liquidität wird unnötig im Vorratsvermögen gebunden („totes Kapital"), Bilanzkennziffern verschlechtern sich.

Die Wachstumsphilosophie

Insbesondere in Unternehmen, die stark am wachsen sind, besteht die latente Gefahr von Liquiditätsproblemen. Nicht selten manövriert sich das Management in einen sogenannten „Schneeballeffekt": brechen die zusätzlichen Einnahmen aus dem Wachstum irgendwann weg, fällt das gesamte Konstrukt wie ein Kartenhaus in sich zusammen. Die größte Herausforderung ist es daher, das Wachstum auf einen gesunden Pfad zu steuern. Ein hervorragendes Beispiel für ein profitables Wachstum hat über Jahrzehnte die Firma *Würth* aus Künzelsau abgegeben, die nicht zuletzt aufgrund ihrer „zehn Gebote des Wachstums" stets auf eine gesunde Grundlage geachtet hat.[185]

1. Wachstum ohne Gewinn ist tödlich!
2. Die Leistung muss pro Kopf wachsen!
3. Vor dem Geld ausgeben fragen, ob und wann es zurückkommt!
4. Mit dem selbst verdienten Geld darf investiert werden!
5. Zuerst Umsatz, dann Verwaltung: Die Kraft in den Verkauf stecken!

---

[185] Vgl. Venohr 1995.

6. Lahme Bestände und Kapazitäten zu Liquidität und Leistung machen!
7. Reserven schaffen: bei Mitarbeitern, Know-how, Lieferanten und Umwelt!
8. Probleme nicht mitwachsen lassen: Ursachen sofort beheben. Von allein wird nichts besser!
9. Wachstumsrichtung bestimmen: Klare Ziele formulieren!
10. Mitarbeiter (mit)wachsen lassen: Die Firma kann nur größer werden, wenn sich die Mitarbeiter weiter entwickeln!

Wachstum wird als die Haupttriebfeder des Unternehmens definiert getreu dem Naturgesetz: „Was nicht wächst, das stirbt!" Alles, was weniger als 10 % wächst, ist krank.[186] Umsatzwachstum ist kein Selbstzweck, sondern dient dem Ziel, das Unternehmen und sein Leistungsprogramm jung und dynamisch zu halten. Wachstum führt dazu, dass immer wieder neue, junge Leute ins Unternehmen aufgenommen oder ausgebildet werden, welche zur Bewältigung des erweiterten Tätigkeitsspektrums erforderlich sind. Wichtig ist, dass man nicht in eine Wachstumsspirale hinein gerät, welche dadurch gekennzeichnet ist, dass ohne Wachstum der Cashflow zur Bedienung der Wachstumskredite nicht aufgebracht werden könnte. Sobald dann das Wachstum nachlässt, fehlt die Liquidität für die Zins- und Tilgungsleistungen an die jeweiligen Kapitalgeber. Daher ist eine Wachstumsphilosophie, die auf stetige Aufwärtsentwicklung setzt, langfristig immer von größerem Erfolg gekrönt.

Exkurs: Zum Aspekt der Nachhaltigkeit

Zukünftig wird bei der Formulierung der Expansionsgrundsätze der Aspekt der Nachhaltigkeit eine größere Gewichtung erhalten. Wachstum darf nicht mehr auf Kosten von Natur und Umwelt beziehungsweise der Lebensqualität zukünftiger Generationen erzielt werden.

„Eine Gesellschaft und mit ihr die zugehörige Wirtschaftsordnung können als nachhaltig bezeichnet werden, wenn für alle Menschen ein erfülltes Leben frei von materieller Not in Frieden miteinander und mit der Natur erreicht und für nachfolgende Generationen eine Zukunft mit ähnlichen oder sogar besseren Perspektiven gesichert werden kann."[187]

Nach den globalen Natur- und Umweltkatastrophen und der allgemeinen Erkenntnis, dass Rohstoffe endlich sind,[188] wird ein Wachstum von Unternehmen in der Öffentlichkeit nur noch anerkannt oder vielleicht sogar nur noch zugelassen sein, wenn dies nicht zu Lasten anderer Generationen erfolgt. Es gilt der Grundsatz: wer sich etwas von der Natur nimmt, muss es in irgendeiner Weise wieder (über)kompensieren.

---

[186] Vgl. Venohr 2006, S. 54.
[187] Radermacher, Beyers 2011, S. 14.
[188] Vgl. Gründinger 2006, S. 33–45.

Wir befinden uns auf dem Weg von einer sozialen Marktwirtschaft in eine ökosoziale Marktwirtschaft.[189] Diese Entwicklung wird auch in den Verfassungen der Unternehmen Spuren hinterlassen. Wer sich frühzeitig darauf einstellt, kann daraus sogar komparative Vorteile erzielen. So hat die *Deutsche Bank AG* den Nachhaltigkeitsaspekt bereits heute in ihre Leitsätze aufgenommen.

> „Mit Nachhaltigkeit die Zukunft sichern: Die Deutsche Bank möchte für ihre Mitarbeiter, Kunden und Aktionäre eine gesunde Umwelt sowie optimale Lebens- und Arbeitsbedingungen sichern."[190]

Eine Renaissance dürfte in diesem Zusammenhang die Staatsphilosophie von *John Locke (1632–1704)* erfahren, wonach jeder dem Naturgesetz untersteht, zu dessen oberster Regel die Erhaltung der von Gott geschaffenen Natur gehört. Jeder Mensch hat das Recht, durch Arbeit zu Eigentum zu kommen und der Natur für seine Selbsterhaltung etwas abzugewinnen. Jeder soll dabei aber nur so viel Eigentum anhäufen, wie er selbst auch verbrauchen kann. Ungerechtigkeit und Naturausbeutung sollen auf diese Weise vermieden werden.[191]

---

[189] Vgl. Radermacher, Beyers 2011, S. 253 ff.
[190] www.deutsche-bank.de/csr/de/nachhaltigkeit.htm vom 02.06.2011
[191] Vgl. Kunzemann, Burkhard, Wiedmann 2007, S. 121.

8 Die Unternehmenskultur

Leitzitat:

„Wähle ein Beruf, den du liebst, und du brauchst niemals in deinem Leben zu arbeiten."

Konfuzius

8.1 Der Überblick

Ob die Unternehmensphilosophie im Unternehmen auch befolgt und gelebt wird, spiegelt sich in der Unternehmenskultur wider.

Wie jedes Sozialgebilde entwickelt auch jedes Unternehmen eine eigene Kultur, die es gegen andere abgrenzt. So kann die

> Unternehmenskultur als die Gesamtheit der in der Unternehmung bewusst oder unbewusst kultivierten, symbolisch oder sprachlich tradierten Wertüberzeugungen, Denkmuster und Verhaltensnormen, die sich im Laufe der unternehmerischen Existenz entwickelt und bewährt haben abgegrenzt werden.[192]

Im Gegensatz zur Unternehmensphilosophie, die als Unternehmensverfassung einen gewollten Soll-Zustand für das Unternehmen dokumentiert, spiegelt die Unternehmenskultur das gelebte Pendant zur Unternehmensphilosophie im Unternehmen wieder.[193] Es zeigt sich, welche Vorgaben aus der Unternehmensphilosophie ihre Mitglieder akzeptieren können, oder ob Widerstände dagegen aufgebaut werden. In der Unternehmenskultur treffen die Wertevorstellungen aller Angehörigen des Unternehmens aufeinander. Es bilden sich Kulturen aus einer überschaubaren Zahl von Wertvorstellungen, sodass das Wertesystem der Unternehmung auf den konsistenten Einstellungssystemen der Mitarbeiter basiert.[194] Letztlich bestimmt jedes Individuum selbst, warum es etwas mit Hingabe und etwas anderes nur widerwillig oder gar nicht tut.

Daraus wird deutlich, dass jedes Unternehmen über Unternehmenskultur verfügt, weil es als Ergebnis aus dem Verhalten aller Unternehmensmitglieder de facto vorhanden ist. Das

---

[192] Vgl. Ulrich, Peter: Unternehmenskultur, in: Wittmann, Kern, Köhler, Küpper, Wysocki, 1993, Sp. 4352; vgl. auch Wunderer 2009, S. 154.

[193] Unternehmensphilosophie und Unternehmenskultur werden in der Literatur häufig synonym verwendet, was jedoch zu Abgrenzungsschwierigkeiten führt. Vgl. dazu unter anderem das Dualitätsprinzip von Scholz 2000.

[194] Vgl. Fischer, Wiswede 2009, S. 288 ff.

Unternehmensverhalten ist der lebende Beweis für die jeweilige Ausprägung der unternehmensindividuellen Kultur. Unternehmensphilosophie und Unternehmenskultur stehen demzufolge in dialektischer Einheit zueinander. „Kultur ist die praktische Außenseite der Philosophie."[195]

Die Unternehmenskultur hat eine kognitive und eine affektive Dimension. Im Rahmen der kognitiven Dimension werden Erfahrungen, die ein Unternehmen in der Vergangenheit mit gelungenen und misslungenen Problemlösungen gesammelt hat, in die Gegenwart übertragen. Bei der affektiven Dimension treten darüber hinaus Bedürfnisse, Werte und Einstellungen hinzu, die das Verhalten der Unternehmensmitglieder prägen.[196]

Die gelebte Unternehmenskultur wird an zahlreichen Objekten sowie an der Sprache und dem Verhalten der Beschäftigten im Unternehmen sichtbar. *Rolf Wunderer* unterscheidet die Ausdrucksformen beziehungsweise Gestaltungselemente der Unternehmenskultur nach kommunikations-, handlungs- und objektbezogenen Typen,[197] wie zum Beispiel:[198]

- *kommunikationsorientierte Ausdrucksformen:* Mythen, Slogans, Witze, Stories, Glaubenssätze, Wandsprüche

- *handlungsorientierte Ausdrucksformen:* Versammlungen, Konferenzen, Schulungen, Mitarbeiterbefragungen, Bekanntmachungen, Partys, Ausflüge,

- *objektbezogene Ausdrucksformen:* Architektur, Einrichtung, Firmenwagen, Statussymbole, Corporate Design, Anstecknadeln, Urkunden, Bekleidung, Briefpapier, Visitenkarten.

> „Der Grundgedanke, der zur Diskussion über die Unternehmenskultur führte, ist nahe liegend. Im Unternehmen wird der Mensch instrumentalisiert: Er soll seinen Beitrag zum Ziel des Unternehmens leisten, seine darüber hinaus gehenden Wünsche, Bedürfnisse und Ansprüche interessieren nicht. Er bringt sie aber dennoch mit in die Organisation ein und lebt sie dort in ganz spezifischer Weise. Bilder von Familienangehörigen werden auf Schreibtisch gestellt; Blumen stehen auf den Fensterbänken; man spricht über die Freizeit in den Vorzimmern, trinkt Kaffee und verabredet sich für die Abendstunden zu gemeinsamen Aktivitäten; es entstehen Rituale, die gelegentlich noch scheinbar zweckrational sind, aber faktisch weit eher der Erfüllung von Bedürfnissen dienen, die mit dem Unternehmensziel nichts zu tun haben. Legenden vom „Gründervater", Anekdoten über prominente Organisationsmitglieder stiften Identität und stärken ein Gefühl der Zusammengehörigkeit ... es bilden sich Normen und Selbstverständlichkeiten, gemeinsame Auffassungen darüber, was man für wünschenswert und wertvoll hält und denkt entsprechend darüber kaum noch nach. Die Kultur wird viel-

---

[195] Lay 1992, S. 22.

[196] Lay 1992, S. 89.

[197] Vgl. Wunderer 2009, S. 159 ff.

[198] Vgl. Scholz 2000, S. 496 f.; vgl. auch Metz, Hubert: Unternehmenskultur und Führungsleitbilder, in: Dahlems (Hrsg.) 1994, S. 55.

> fach gelebt, aber nicht bewusst erlebt. In besonderem Maße aber wird sie geprägt durch Vorgesetzte, die überdurchschnittlichen Einfluss in der Organisation haben, sei es durch ihre unmittelbaren Anweisungen oder dadurch, dass sie als Vorbild wirken und prägen."[199]

Eine lebenswerte, menschlich-orientierte Unternehmenskultur wird für die Akquisition und den Erhalt engagierter Mitarbeiter zukünftig an Bedeutung gewinnen. Nachdem der materielle Wohlstand dank langandauernder, internationaler Friedenszeiten in der Bevölkerung gewachsen ist, steigt auch das Anspruchsdenken in der Berufswelt an die Unternehmen. „Wer mehr Leistung fordert, muss Sinn bieten"[200] Ein gutes Gehalt wird in Zukunft weiterhin ein notwendiges Beschäftigungskriterium bleiben, hinreichend wird jedoch erst die kulturelle Akzeptanz bei den potenziellen Mitarbeitern sein. Die Computerisierung der Arbeitswelt trägt seinesgleichen bei. Die Unternehmenskultur muss zur Lebensqualität beitragen. So avanciert die Unternehmenskultur zu einem wettbewerbsrelevanten Erfolgsfaktor.

In der Verantwortung der Manager liegt es, die Führungskultur mit Charakterzügen zu erfüllen, bei der Leistungs- und Lebenskultur im Einklang sind. Eine gute Führungskultur ist das Ergebnis eines integeren, ethisch handelnden und verantwortungsbewussten Managements.[201] Führung beginnt beim Unternehmensführer und entwickelt sich von innen nach außen. Neben fachlicher und methodischer Kompetenz sind dabei eine umfassende soziale und emotionale Kompetenz unabdingbar. Unternehmen sind komplexe und vor allem soziale Gebilde, in denen Menschen miteinander arbeiten und leben. Je vertrauensvoller die Führungskultur gelebt wird, desto weniger Verhaltensanweisungen benötigt ein Unternehmen. „Stimmt das Vertrauen, so braucht es keine Gesetze. Stimmt das Vertrauen nicht, so ist kein Gesetz durchsetzbar."[202] Vertrauen ersetzt keine Kontrolle, jedoch ist eine vertrauensvolle Unternehmenskultur auch in schwierigen Zeiten belastbar. Ordnerfüllende Arbeits- und Verhaltensanweisungen deuten in der Regel auf Unternehmen mit schwacher Führungskultur hin.

> „Das Problem eines jeden Unternehmers besteht darin, eine im wesentlichen vergangenheitsorientierte Unternehmenskultur den in die Zukunft gerichteten Strategien anzupassen. Die Ergebnisse, die eine Unternehmung erzielen kann, sind umso günstiger, je besser es der Unternehmungsleitung gelingt, die Strategien im Einklang mit der im Lauf der Zeit gewachsenen Unternehmungskultur zu formulieren oder die Unternehmungskultur den Strategien anzupassen."[203]

---

[199] Rosenstiel 2003, S. 377.
[200] Böckmann 2009
[201] Vgl. Fournier 2005, S. 198.
[202] Fournier 2005, S. 205.
[203] Hinterhuber 2004b, S. 237.

Aus organisationspsychologischer Sicht gibt es verschiedene Ansätze der Unternehmenskulturentwicklung:[204]

- den *Macher-Ansatz;* hier wird die Kultur im Wesentlichen durch das Verhalten der Führungskräfte geprägt,

- den *Gärtner-Ansatz;* hier entwickelt sich die Kultur langsam wie beim Wachstum von Pflanzen,

- den *Krisen-Ansatz;* hier führen außergewöhnliche Maßnahmen oder Ereignisse (zum Beispiel Insolvenzverfahren, Austausch der gesamten Führungsriege) zu einem Kulturwandel, teilweise zu einem regelrechten „Kulturschock",

- den *Autonomie-Ansatz;* hier wird auf eine Steuerung der Unternehmenskultur weitestgehend verzichtet, sodass sich im Unternehmen zahlreiche Subkulturen bilden.

„Das Unternehmen hat Kultur." Mit dieser Aussage verbinden die meisten Mitarbeiter, Kunden oder sonstige Geschäftspartner eine positive Einstellung der Angehörigen im Unternehmen gegenüber dem sozialen Umfeld und entsprechenden lebenswerten Verhaltensweisen. Die vorherrschende Einstellung zum Menschen kann als gut oder partnerschaftlich bezeichnet werden.

Die Unternehmenskultur kann durch die Analyse von Dokumenten, Befragungen von Mitarbeitern und Geschäftspartnern, Beobachtungen am Arbeitsplatz, Gremiensitzungen und sonstigen Interaktionen diagnostiziert werden. Dabei stellt sich heraus, dass die Unternehmenskultur Phasen durchläuft, die nicht selten mit der Entwicklungsstufe des Unternehmens im Allgemeinen einher geht. So wir die Unternehmenskultur in der Gründungsphase des Unternehmens noch sehr stark durch die Persönlichkeitsmerkmale der Unternehmensgründer geprägt. Die Mitarbeiter sind in der Regel stolz darauf. Die Unternehmenskultur fördert den Zusammenhalt, sie sozialisiert, bildet einen „organisatorischen Kitt" zwischen allen Unternehmensangehörigen.[205] In der Phase des stärkeren Wachstums und im späteren Unternehmensalter löst sich der Geist der Gründerkultur langsam auf und die Unternehmenskultur wird zunehmend von Routinen und formellen Regelungen beeinflusst. Im fortgeschrittenen Unternehmensalter bilden sich immer mehr Subkulturen heraus. Ältere Mitarbeiter hängen noch an der Gründerkultur und erzählen anekdotenhaft von den „guten, alten Zeiten" und „Heldentaten" in der Vergangenheit, jüngere Mitarbeiter bauen dagegen Widerstände auf und wollen die Unternehmenskultur emanzipieren. Hier ist das Management als Regulativ gefragt, eine gemeinsame Kultur zu schmieden.

Subkulturen entwickeln sich kontraproduktiv, wenn von den Mitarbeitern bewusst Leitsätze als Gegenkultur zur offiziellen Unternehmensphilosophie verdreht oder neu definiert werden. So zum Beispiel bei folgender Persiflage offizieller Unternehmenswerte:[206]

---

[204] Vgl. Rosenstiel 2003, S. 381.

[205] Vgl. Macharzina 2010, S. 250.

[206] Vgl. Wunderer 2009, S. 164.

- *Leistung:* „Schiebung macht den Meister."
- *Integrität:* „Wer kein Schwein ist, wird schnell zur Sau gemacht."
- *Innovation:* „Wer wagt, spinnt."
- *Vertrauen:* „Die tun so, als würden sie uns bezahlen. Und wir tun so, als ob wir arbeiten würden."
- *Fairness:* „Was du nicht willst, das man dir tu, das füg doch einfach anderen zu."
- *Kostenbewusstsein:* „Wir müssen sparen, wo es geht. Koste es, was es wolle."

Festzuhalten bleibt, dass es zu den größten Ansprüchen und Herausforderungen des modernen Managements gehört, eine lebenswerte Unternehmenskultur zu entwickeln und stellt ein wachsendes Segment der Unternehmensberatungen dar.

Zur Beeinflussung der Unternehmenskultur stehen dem Management im Wesentlichen das führungspolitische Instrumentarium von „Macht" und „Motivation" zur Verfügung, was in den folgenden Abschnitten genauer beleuchtet werden soll.

Abbildung 8.1: Das Spannungsfeld der Führungskultur nach dem Reifegrad der Mitarbeiter

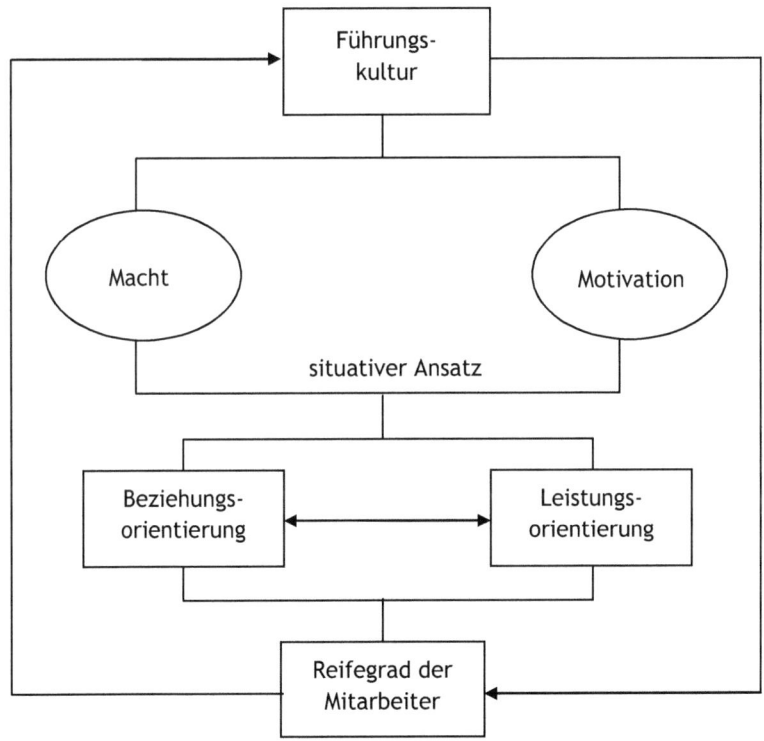

8.2 Die Führungsmacht

Leitzitat:

„Auf jedem Schiff, das dampft und segelt, gibt es einen, der die Sache regelt!"

Guido Westerwelle

Die Führung ist analog zur Organisation eine Notwendigkeit aufgrund von arbeitsteiligen Unternehmensprozessen. Die Führung setzt die Anerkennung der unmittelbaren Führungsrechte anderer Personen voraus. Ohne Führung ist eine Steuerung des Arbeitsverhaltens praktisch unmöglich. Somit ist Führung stets auch Einflussnahme auf andere Menschen. „Die Führung umfasst die Aktivitäten, die erforderlich sind, um alle Mitarbeiter in einem Unternehmen zu den geplanten Zielbeiträgen bei Achtung der nicht arbeitsbezogenen Bedürfnisse zu veranlassen."[207] Führung als zielbezogene Einflussnahme auf Menschen beinhaltet das Verhalten eines Vorgesetzten:

- seine Art, Ziele zu kommunizieren,
- Aufgaben zu koordinieren,
- Mitarbeiter zu motivieren,
- Ergebnisse zu kontrollieren.

Führung im Sinne von Veranlassung zur Arbeitsausführung unterstreicht die machtpolitische Komponente, welche der Führung innewohnt. Von Führungsverhalten kann immer dann gesprochen werden, wenn:

- der Beeinflussende über Sanktionspotenzial verfügt und
- die Einflussnahme faktisch praktiziert wird.

Zur Durchsetzung der Beeinflussungsabsichten benötigt der Führer Macht. „Macht ist die Form des Einflusses, bei der eine Person, eine Position oder die Organisation über die Chance verfügt, die Verhaltensänderung auch gegen den Willen anderer durchzusetzen."[208] Einflussnahme durch Machtausübung kann in folgende Bereiche gegliedert werden:[209]

- Macht durch Belohnung,
- Macht durch Bestrafung,

---

[207] Tietz 1993b, S. 884.

[208] Staehle 1999, S. 398.

[209] Vgl. Neuberger, Oswald: Machttheorie, in: Kieser, Reber, Wunderer (Hrsg.) 1995, Sp. 955 f., vgl. auch Fischer, Wiswede 2009, S. 547 ff.

- Macht durch Persönlichkeitswirkung (Charisma),
- Macht durch Expertentum,
- Macht durch (hierarchische) Legitimation.

Wolfgang Staehle (1938–1992) unterscheidet treffend zwischen struktureller und personeller Macht. Neben der persönlichen Autorität entscheidet die Verfügungs- und Kontrollkompetenz über knappe Ressourcen über faktische Macht im Unternehmen, wozu insbesondere auch der Besitz von (seltenen) Informationen zählt.[210] Für das Machtmotiv wird angenommen, dass es keine Sättigungsgrenzen gibt. Ganz im Gegenteil besteht die Tendenz zur kontinuierlichen Machtausweitung und -gewöhnung.

Führungspolitische Macht wird vor allem durch das kollektivistische Denken für das Wohl des Ganzen gerechtfertigt. So war bereits die Auffassung von *Platon* im Altertum.[211] Früher galt Führung in vielen politischen Systemen als gottgegeben. Auch heute noch ist die Bereitschaft, sich autoritärer Macht fast bedingungslos zu fügen, immens hoch. Bezeichnend dafür ist das legendäre Experiment von *Stanley Milgram (1933–1984)*, der in fingierten Lehrer-Schüler Versuchssituationen immer stärker werdende Elektroschocks als Bestrafungsinstrument für falsche Antworten den Probanden anordnete. Erschreckendes Ergebnis: Keine der Lehrerprobanden widersetzte sich der Anordnung, zwei Drittel waren sogar wissentlich bereit, Stromstöße in tödlichem Ausmaß zu verabreichen, nur weil es der Versuchsleiter von Ihnen verlangte.[212]

> „Wer andere führt, übernimmt Verantwortung für sie; wer sich führen lässt, gibt Verantwortung ab an den, der ihn führt. Das ist an sich weder gut, noch schlecht. Vor dem Hintergrund einer Führungsphilosophie, die vom Leitbild eines mündigen, möglichst selbständigen Mitarbeiters ausgeht, ist es aber umso wichtiger zu überprüfen, ob Verantwortung nicht vorschnell oder fahrlässig abgegeben beziehungsweise übernommen wird."[213]

Führung durch Befehl – wie beim Militär – stößt in einer sich humanisierenden und emanzipierenden Arbeitswelt auf immer weniger Akzeptanz, und erzeugt ganz im Gegenteil bei den Geführten Reaktanz.[214] Wenn Macht ausgeübt wird, entsteht nicht selten eine Gegenmachtbildung nach dem Motto „Druck erzeugt Gegendruck". Ferner kommt es bei länger andauernder Macht zu einem Gewöhnungseffekt. Langfristig verursacht der Einsatz von

---

[210] Vgl. Staehle 1999, S. 400–406, S. 403.

[211] Vgl. Scholl, Wolfgang: Philosophische Grundfragen der Führung, in: Kieser, Reber, Wunderer (Hrsg.) 1995, Sp. 1750.

[212] Vgl. zu dem Originalexperiment und seinen Varianten Milgram 1974.

[213] Doppler 2008, S. 177.

[214] Reaktanz ist eine Motivation, welche eine Person veranlasst, sich einer wahrgenommenen Bedrohung oder Einschränkung in ihrer Verhaltensfreiheit zu widersetzen oder nach erfolgter Einengung wieder zurückzugewinnen. Vgl. Kroeber-Riel, Weinberg, Gröppel-Klein 2009, S. 261.

Macht den langsamen Verfall seiner Wirkung. Auf Dauer führt Macht zu Reibungsverlusten und sinkende bis fehlende Bereitschaft der Mitarbeiter als „Ohn-Mächtige" selbst mitzudenken respektive Verbesserungen zu initiieren. Der übermäßige Einsatz von Macht behindert somit den Lernprozess und die Entwicklung im Unternehmen.[215]

Es gibt Indizien dafür, dass der Besitz einer Machtposition zu Machtmissbrauch motiviert, was an zahlreichen Experimenten mit Gefangenen und Gefängniswärtern untersucht wurde. Dabei wurde folgender Zusammenhang von Macht und Missbrauch festgestellt:[216]

- ein Zuwachs an Machtmitteln steigert die Wahrscheinlichkeit, dass die Macht auch tatsächlich eingesetzt wird;
- je mehr Macht eingesetzt wird, desto eher hat der Mächtige den Eindruck, andere Menschen kontrollieren zu können;
- diejenigen, die sich dem Mächtigen unterwerfen, werden als Schwächlinge abgewertet;
- die auf diese Weise abgewerteten Personen geraten in eine größere soziale Distanz zum Machtausübenden;
- die Verfügbarkeit und der Gebrauch der Macht steigert das Selbstwertgefühl des Macht ausübenden bis hin zur Übersteigerung/Missbrauch.

Das Machtmotiv kennt im Allgemeinen keine Sättigungsgrenzen, sodass es zu krankhafter Machterweiterung und -ausübung kommen kann.

> „Es sind nicht mehr die einsamen großen Männer an der Spitze, die das Unternehmen nach vorn bringen. Die Zukunft gehört dem Zusammenspiel der selbständig handelnden Mitarbeiter, die sich selbst gleichsam als Partner des Unternehmens begreifen. Oder, im Sinne eines Orchesterspiels: Der Dirigent muss weiterhin vorne stehen. Solange er jedoch der einzige bleibt, der die Partitur kennt, und die Instrumentalisten für jeden Einsatz den erhobenen Stock des Dirigenten brauchen, solange wird aus dem Konzert kein wirklich aufregendes Ereignis."[217]

Der Vorgesetzte als Mensch soll die Rolle eines Coach annehmen als Vorbild und Berater bei fachlichen und zwischenmenschlichen Fragestellungen.[218] Qualifizierte Fachleute sind sich ihres Wertes für die Organisation bewusst und wenig begeistert, wenn Vorgesetzte kraft Hierarchie Einfluss auf ihre Tätigkeit ausüben.

Macht verführt leider viele Manager zu cholerischem Verhalten, weil Gefühlsausbrüche im Management wegen der autoritären Stellung zunächst ungestraft bleiben. Unkontrollierte,

---

[215] Vgl. Linker 2009, S. 216 f.

[216] Vgl. Kipnis, D.: Does Power Corrupt? Zit. nach Fischer, Wiswede 2009, S. 564.

[217] Kübel 1990, S. 20 f.

[218] Vgl. Rosenstiel, Regnet, Domsch (Hrsg.) 1998, S. V.

emotionale Reaktionen rächen sich jedoch in der Zukunft. Jeder qualifizierte Mitarbeiter, wendet sich ab, wertvolles Humankapital geht dadurch verloren. Es gilt die allgemeine Erfahrungsregel: „Jeder bekommt die Mitarbeiter, die er verdient!" Wer andere Menschen für sich gewinnen will, muss sich daher emotional im Griff haben. Oder wie formulierte es der spanische Gelehrte und Philosoph *Balthasar Gracián* bereits im Mittelalter:

> „Nie aus der Fassung geraten. ... Die Affekte sind die krankhaften Säfte der Seele, und an jedem Übermaße derselben erkrankt die Klugheit: steigt gar das Übel bis zum Munde hinaus, so läuft die Ehre Gefahr ... Gerät man aber in Zorn, so sei der erste Schritt, zu bemerken, dass man erzürnt: dadurch tritt man gleich mit Herrschaft über den Affekt auf: jetzt messe man die Notwendigkeit ab, bis zu welchem Punkt des Zorns man zu gehen hat, und dann nicht weiter ... denn das Schwierigste beim Laufen ist das Stillstehen."[219]

Wo immer Menschen gemeinsam zielbezogen handeln, existiert eine bestimmte Art von Hierarchie in dem Sinne, dass die fachliche Kompetenz das Selektionskriterium für Über- oder Unterstellung wird. Der fachlich Kompetentere gibt Ziele und Wege vor, die zur Lösung führen sollen und übernimmt die Initiative der Aufgabendelegation, auch wenn keine feste hierarchische Rangordnung vorgegeben wurde. Über die Person erfolgt eine Identifikation mit dem Ziel.

8.3 Die Motivation zur Leistung

Leitzitat:

„Das Glück besteht nicht darin, dass du tun kannst was du willst, sondern darin, dass du auch immer willst, was du tust!"

Lew Nikolajewitsch Graf Tolstoi

Nach *Dwight D. Eisenhower (1890–1969)* ist Führung die Fähigkeit, einen Menschen dazu zu bringen, das zu tun, was man will, wann man will, wie man will, weil er es selbst will. Denn: „Als wir den Sinn unserer Arbeit nicht mehr sahen, begannen wir über Motivation zu reden."[220]

Besonderes Augenmerk gewinnt die Freiwilligkeit und die Freude, mit der die Mitarbeiter ihrer Arbeit nachgehen (sollen). Daraus erwächst die große Herausforderung für das Management, den Mitarbeitern ihrer Arbeit den gleichen Sinn zu vermitteln, der zum subjektiven Glückserleben in der Freizeit führt. Je mehr Sinn man in der Arbeit erkennt, desto mehr Engagement und Kreativität wird auch in diese investiert, und desto höher demzufolge auch die Produktivität. Die größten Führungsprobleme ergeben sich immer dann,

---

[219] Gracián 1954, S. 29.
[220] Sprenger 2000, S. 196.

wenn Führungskräfte ihre Mitarbeiter zur Arbeit zwingen müssen. Niemand arbeitet gerne aus Zwang. Vielmehr soll die Arbeit ein freudiges Gefühl hervorrufen, so dass Arbeit und Freizeit zu einer Symbiose verschmelzen.

> „Die italienischen Psychologen *Fausto Massimini* und *Antonella delle Fave* interviewten italienische Bauern in den hochgelegenen Bergtälern der Alpen, die von der industriellen Revolution weitgehend verschont geblieben sind. In ihren Interviews kam zum Ausdruck, dass die Bauern ihre Arbeit nicht von ihrer Freizeit unterscheiden konnten. Bei den Interviewern entstand ein doppelter Eindruck: Die Bauern arbeiteten sechzehn Stunden am Tag oder sie arbeiteten überhaupt nicht. Sie melkten Kühe, mähten Wiesen, erzählten ihren Enkeln Geschichten, spielten Akkordeon für Freunde. Und auf die Frage, was sie denn gern tun würden, wenn sie genügend Zeit und Geld hätten, kam die Antwort: Kühe melken, Wiesen mähen, Geschichten erzählen, Akkordeon spielen ..."[221]

Motivation ist eines der am häufigsten auftretenden Schlagworte im Zusammenhang mit Führung. Gibt es Probleme im Umgang mit Mitarbeitern, so wird dies meistens auf den Mangel an Motivation zurückgeführt.

In semantischer Hinsicht stammt Motivation von lateinischen „movere" = bewegen beziehungsweise antreiben. Motive sind psychologische Kräfte und haben eine aktivierende/energetische Komponente sowie eine kognitive/zielgebende Komponente. Motivation ist demzufolge ein aktivierender Prozess mit richtungsgebender Tendenz.[222] Wird ein Individuum um einer bestimmten Sache selbst willen aktiv, so bezeichnet man dies als intrinsische Motivation oder primäre Motivation. Die Belohnung liegt im Verhalten selbst; das Verhalten ist gewissermaßen Selbstzweck. Unternimmt das Individuum etwas nur als Mittel um einen anderen Zweck zu erreichen, so wird dies als extrinsische oder sekundäre Motivation definiert.[223] Die Ausübung einer Berufstätigkeit zählt in der Regel zur extrinsischen Motivation, wenn diese primär aus erwerbswirtschaftlichen Gründen, also zur Bestreitung des Lebensunterhaltes oder Erzielung von Vermögen praktiziert wird. Im Beruf kann man aber auch intrinsisch motiviert sein, wenn der Vollzug der jeweiligen Tätigkeit eine individuelle Befriedigung an sich bringt. In diesem Motivationszustand ist der Mensch am intensivsten engagiert; Zeit, Geld und Mühen spielen keine Rolle, weil die Arbeit in diesem Fall für ihn einen Zustand des Glücks darstellt.

Die große Herausforderung für die Führung besteht nun darin, die Mitarbeiter so zu führen, dass sie intrinsisch motiviert sind. Genau hier kommt das elementare Dilemma der Motivation zum Tragen, weil ein Mensch sich intrinsisch (primär) nur selbst motivieren kann. Sobald eine Fremdsteuerung erfolgt, folgt zunächst ein Wechselspiel zwischen intrinsischer und extrinsischer Motivation und in letzter Konsequenz wird die Tätigkeit völlig fremdbestimmt sein. Dazu folgende Anekdote des Sozialpsychologen *Alfie Kohn*:

---

[221] Opaschowski 1997, S. 40.
[222] Fischer, Wiswede 2009, S. 97.
[223] Vgl. Jost 2008, S. 54 f.

Die Motivation zur Leistung

„Ein alter Mann wurde täglich von den Nachbarskindern gehänselt und beschimpft. Eines Tages griff er zu einer List. Er bot den Kindern eine Mark an, wenn sie am nächsten Tag wiederkämen und ihre Beschimpfungen wiederholten. Die Kinder kamen, ärgerten ihn und holten sich dafür eine Mark ab. Und wieder versprach der alte Mann: „Wenn ihr morgen wiederkommt, dann gebe ich euch 50 Pfennig." Und wieder kamen die Kinder und beschimpften ihn gegen Bezahlung. Als der alte Mann sie aufforderte, ihn auch am nächsten Tag, diesmal allerdings gegen 20 Pfennig zu ärgern, empörten sich die Kinder: Für so wenig Geld wollten sie ihn nicht beschimpfen. Von da an hatte der alte Mann seine Ruhe."[224]

Belohnung scheint also nicht das Mittel der Leistungsförderung zu sein. Zuerst waren die Kinder intrinsisch motiviert, den alten Mann zu ärgern, was sich jedoch durch die Fremdeinwirkung der Belohnung in eine extrinsische Motivation verwandelte mit dem ungeliebten Nebeneffekt, dass sich der zusätzliche externe Anreiz störend auf die Basismotivation auswirkt. Diesen Korrumpierungseffekt erleben wir häufig in der Unternehmenspraxis, wenn an sich (primär) motivierte Mitarbeiter durch materielle Anreize „verdorben" werden, es zu einer sogenannten Überveranlassung kommt.[225] Andererseits kann eine angemessene extrinsische Belohnung, wie zum Beispiel ein höherer Status, ausdrückliche Anerkennung, adäquate Gehaltserhöhung und Ähnliches das Selbstwertgefühl, und damit auch die intrinsische Motivation des Mitarbeiters noch verstärken. Extrinsische Motivationen sind sekundäre Verstärker, die durch klassische Konditionierung aus primären Verstärkern entstanden sind. So kann man sich mit Geld (sekundärer Verstärker) häufig primäre Verstärker wie zum Beispiel Prestige, Macht, Einfluss, Berühmtheit, Sicherheit und teilweise auch Liebe kaufen.[226] Zudem erwarten Individuen, dass ein belohnendes Ereignis weitere Belohnungen nach sich zieht. Allgemein lehrt uns die Sozialpsychologie, dass belohnungsorientierte Sozialisationstechniken effizienter sind, weil die „unerwünschten Nebenwirkungen" der Bestrafung, wie Abwehrhaltung, Reduktion der zeitlichen und qualitativen Leistungsbereitschaft bis hin zur inneren Kündigung vergleichsweise hoch sind.[227]

Das Wechselspiel zwischen intrinsischer und extrinsischer Motivation zu beherrschen gehört ohne Zweifel zu den größten Fähigkeiten einer guten Führungspersönlichkeit. Die Verhaltensbiologie hat immer wieder bewiesen, dass der Mensch sich schnell an ein höheres Reizniveau, in diesem Fall der Führung durch materielle und immaterielle Belohnungen, gewöhnt, und der Zusatzreiz immer größer sein muss, soll der gleiche Motivationseffekt erzielt werden. Dies erklärt die Tatsache, weshalb eine regelrechte Inflation an Incentive-Veranstaltungen für Mitarbeiter mit immer außergewöhnlicheren Events von den Unternehmen initiiert werden. Es ist nicht auszuschließen, dass eines Tages den Mit-

---

[224] Sprenger 2000, S. 67.
[225] Vgl. Fischer, Wiswede 2009, S. 102 f.
[226] Vgl. Fischer, Wiswede 2009, S. 58 u. S. 74.
[227] Vgl. Fischer, Wiswede 2009, S 87f.

arbeitern ein Flug zum Mond angeboten werden muss, wenn die Motivation im Unternehmen rein auf sekundäre Verstärker ausgerichtet ist.

„Incentives werden mehr und mehr zum Gehaltsanteil, zum vorher budgetierten geldwerten Vorteil, den man eigentlich nur noch unberechtigterweise vorenthalten kann."[228]

Intrinsisch motivierte Mitarbeiter sehen in Bezug auf Ihre Arbeit folgende Eigenschaften in der Rangfolge ihrer Nennungen als verwirklicht an:[229]

- eine Arbeit haben, die Spaß macht,
- Erfolgserlebnisse haben,
- berufliche Vorstellungen verwirklichen,
- mich in der Arbeit selbst verwirklichen,
- viel Geld verdienen,
- Tätigkeiten mit hohem Ansehen verrichten,
- in Führungspositionen tätig werden.

Die Erkenntnisse gehen einher mit dem allgemeinen Wertewandel, den unsere Gesellschaft die letzten Jahrzehnte durchlaufen hat. Danach lassen sich folgende Tendenzen feststellen:[230]

- Abwendung von der Arbeit als einer Pflicht,
- Unterstreichung der eigenen Lebenszeit,
- Ablehnung von Bindung, Unterordnung und Verpflichtung,
- Betonung des eigenen (hedonistischen) Lebensgenusses und der eigenen Gesundheit,
- Erhöhung der Ansprüche auf eigene Selbstverwirklichung,
- Bejahung von Gleichheit und Gleichberechtigung der Geschlechter,
- Skepsis gegenüber den alten Werten der Industrialisierung (wie Gewinn, Wachstum),
- Erhalt der Natur.

Dividiert man die Leistung eines Mitarbeiters in Leistungsbereitschaft, Leistungsfähigkeit und Leistungsmöglichkeit, so setzt die Motivation bei der Leistungsbereitschaft an, weil diese in Zweifel gezogen wird. Der anthropologische Hintergrund lautet demnach: „Ei-

---

[228] Sprenger 2000, S. 70.

[229] Repräsentativbefragung von 2.000 Personen ab 14 Jahren im Jahre 2003 in Deutschland durch das B.A.T. Freizeit Forschungsinstitut, Hamburg.

[230] Vgl. Rosenstiel, Lutz von: Wertewandel, in: Kieser, Reber, Wunderer (Hrsg.) 1995, Sp. 2178.

Die Motivation zur Leistung

gentlich wollen Menschen nicht arbeiten, nicht leisten; sie suchen nach Lust ohne Anstrengung, nach Entspannung statt Spannung im Leben."[231]

Initiative und Kreativität sind mit starkem Individualismus verbunden, weshalb die Beeinflussbarkeit von progressiven Mitarbeitern besondere Schwierigkeiten bereitet. „Menschen, denen etwas daran liegt, sich weiterzuentwickeln, die gute Ergebnisse erzielen, denen ihre Arbeit Freude bereitet und die etwas tun, wovon sie überzeugt sind, brauchen von niemandem motiviert zu werden."[232] Für das Management ist es viel wichtiger, die Voraussetzungen und das Umfeld zu schaffen, damit sich ein engagiertes, verantwortungsvolles und lustbetontes Arbeitsklima entwickeln kann. Für eine gleichbleibende Leistungsmotivation auf hohem Niveau ist es wichtig, die subjektiven Erfolgswahrscheinlichkeiten der Mitarbeiter bei diesen Rahmenbedingungen zeitlich permanent einigermaßen konstant zu halten und eine Balance zwischen Arbeits- und Privatleben herzustellen.[233] Früher war es eher unüblich, die beiden Lebensbereiche miteinander zu verquicken. Es galt der Grundsatz: „Geschäft ist Geschäft und Privat ist Privat". Inzwischen ist die Trennung längst nicht mehr so scharf.

Somit sind es vor allem die organisationalen und interpersonellen, führungsbezogenen Einflussfaktoren, welche für eine motivationsfreundliche Unternehmenskultur maßgebend sind. Eine demotivierende Organisationskultur zeigt sich unter anderem an folgenden Unternehmenszuständen:[234]

- Differenz zwischen Reden und Verhalten,
- fehlende oder unklare Zielformulierungen,
- hemmende Bürokratie und fehlende Handlungsfreiräume,
- unzureichende Fehlertoleranz beziehungsweise Konfliktlösungskultur,
- ineffiziente Prozesse, schlecht vorbereitete beziehungsweise schlecht durchgeführte Sitzungen,
- ungenügende Ressourcen und Arbeitsbedingungen,
- Launenhaftigkeit, Übergehen von Absprachen, unbegründete Ablehnung von Ideen.

Es zeigt sich, wie wichtig das Management für die Aufrechterhaltung einer lebenswerten Unternehmenskultur im Endeffekt ist. Wie in einer sozialen Marktwirtschaft geht es dabei eher um die Sicherstellung eines ordnungspolitischen Rahmens für die Unternehmensan-

---

[231] Sprenger 2000, S. 37.

[232] Boethius, Ehdin 1994, S. 42.

[233] Vgl. Friedman, Christensen, de Groot: Eine Balance zwischen Arbeit- und Privatleben schaffen, in: IMD Lausanne 1998, S. 330 f.

[234] Wunderer nennt als Ursachen für Demotivation noch die gesellschaftlichen und individuellen Einflussfaktoren, die hier jedoch vernachlässigt werden sollen. Vgl. Wunderer 2009, S. 127 ff.

gehörigen, damit sich eine arbeitsfreudige Unternehmenskultur entwickeln kann, als um die direkte motivationale Beeinflussung der Mitarbeiter, welche wie oben dargestellt einer hohen Abnutzung und potenzieller Verteilungsungerechtigkeit unterliegt.

8.4 Die Führereigenschaften

Leitzitat:

„Wie das Wachs durch ein wenig Wärme so geschmeidig wird, dass es jede beliebige Gestalt annimmt, so kann man selbst störrische und feindselige Menschen durch etwas Höflichkeit und Freundlichkeit biegsam und gefällig machen."

Arthur Schopenhauer

Der Umgang mit Menschen verlangt in unseren heutigen entwickelten Gesellschaftsformen eine ausgeprägte soziale Kompetenz, also die Fähigkeit, mit den unterschiedlichsten Menschen und Charakteren umgehen zu können[235] und in der Gesellschaft sozial vernetzt zu sein.

Mit erfolgreicher Führung lassen sich die folgenden notwendigen Eigenschaften identifizieren:[236]

- *Fähigkeiten* (Intelligenz, Vigilanz, Rhetorik, Originalität, Urteilskraft),
- *Leistungen* (Erfolge, Ausdauer, Fleiß),
- *Verantwortung* (Zuverlässigkeit, Initiative, Selbstsicherheit),
- *Partizipation* (soziale Kompetenz, Kooperation, Anpassungsfähigkeit),
- *Status* (sozio-ökonomische Position, Popularität).

Die Eigenschaften münden in drei Kernkompetenzfelder, die eine Führungskraft abdecken muss:

- *Fachkompetenz* (berufliche Qualifikation, Fachkenntnisse, Erfahrungsbasis, Ausbildung)
- *Methodenkompetenz* (Problemlösungs-, Moderations-, Entscheidungs- und Führungstechniken,
- *Sozialkompetenz* (Überzeugungs- und Durchsetzungskraft, Kritik- und Konfliktverhalten, Kontaktfähigkeit, Empathie, Teamfähigkeit, interkulturelle Sensibilität, Umgangsformen, Ausdrucksweise)

---

[235] Vgl. zur Definition und Abgrenzung sozialer Kompetenz Fischer, Wiswede 2009, S. 63 u. S. 80.
[236] Vgl. Staehle 1999, S. 332.

Darüber hinaus sind persönliche, energetische Kompetenzen erforderlich, wie zum Beispiel Leistungsbereitschaft, Belastbarkeit, Ausdauer, Lernbereitschaft, Selbständigkeit, Eigeninitiative sowie normative Kompetenzen, dazu zählt die Werteorientierung/Wertschätzung, Integrität, Loyalität, Verantwortungsbereitschaft und dergleichen.[237] Es verlangt insbesondere eine innere Bereitschaft, ständig an sich zu arbeiten und besser werden zu wollen. Um diese mentale Fitness zu erreichen und zu behalten, verlangt es ein gewisses Maß an Selbstdisziplin sowie ein gesundheitsförderliches Verhalten, wie zum Beispiel regelmäßige Bewegung, ausreichend Schlaf oder gesunde Ernährung. Die lateinische Redewendung „Mens sana in corpore sano" (in einem gesunden Körper ruht ein gesunder Geist) gilt in besonderem Maße für Führungskräfte.

Im Management haben wir in der Regel einen Informationsvorsprung, sei es um das Wissen über eigene Zukunftsvorhaben oder durch unser Netzwerk zu anderen Entscheidungsträgern in Wirtschaft, Gesellschaft und Politik. Die Einstellung „Ich sage immer, was ich denke!", würde uns in vielen Situationen schnell zum Verhängnis werden. Für den Manager gilt: „Sage nicht, was du denkst, sondern denke, bevor du etwas sagst!" Es ist ein schwieriger Spagat die richtige Informationspolitik zu betreiben. Als guter Manager muss man vor allem auch schweigen können. Besser ein Wort zu wenig, als ein falsches Wort zu viel erzählt oder gar gelogen. Die eigene Vertrauenswürdigkeit darf nicht in Gefahr gebracht werden. Bin ich als Manager erst einmal vom Netzwerk getrennt, bin ich faktisch kalt gestellt.

Die Behauptung, dass nur wenige Individuen über die intellektuellen und sozialen Kompetenzen verfügen, um dem Führungsanspruch auch gerecht zu werden, kann nur bedingt gefolgt werden. In militärischen Organisationen wird immer wieder vorgeführt, dass letzten Endes über autoritäre Maßnahmen zumindest die Führung im Sinne von Justierung auf ein gemeinsames Ziel möglich ist. Die älteste Überlieferung zur Universalität von Führung stammt aus *Sun Tzus (544–496 v. Chr.)* „The Art of War". Eine bezeichnende Anekdote als Überleitung zu den Führungsstilen.

> „Sun Tzu whose personal name was Wu was a native of the Chi State. His Art of War brought him to the notice of Ho Lu, King of Wu. Ho Lu said to him: ‚I have carefully perused your thirteen chapters. May I submit your theory of managing soldiers to a slight test.' Sun Tzu replied, ‚You may.' The King asked, ‚May the test be applied to women?' The answer was again in the affirmative, so arrangements were made to bring 180 ladies out of the palace. Sun Tzu divided them into two companies and placed one of the King´s favourite concubines at the head of each. He then made them all take spears in their hands and addressed them thus: ‚I presume you know the difference between front and back, right hand and left hand?' The girls replied, ‚Yes.' Sun Tzu went on. ‚When I say eyes front, you must look straight ahead. When I say left turn, you must face towards your left hand. When I say right turn …' Then to the sound of drums he gave the order right turn, but the girls only burst out laughing. Sun Tzu said patiently, ‚If words

---

[237] Vgl. zur Vervollständigung eines Kompetenzenkataloges Jetter 2008, S. 321 ff.

> of command are not clear and distinct, if orders are not thoroughly understood, then the general is to blame.' He started drilling them again and this time gave the order ‚left turn', whereupon the girls once more burst into fits of laughter. Then he said, ‚If words of command are not clear and distinct, if orders are not thoroughly understood, the general is to blame. But, if orders are clear and the soldiers nevertheless disobey, then it is the fault of their officers.' So saying, he ordered the leaders of the two companies to be beheaded. Now the King of Wu was watching from the top of a raised pavilion, and when he saw that his favourite concubines were about to be executed, he was greatly alarmed and hurriedly sent down the following message: ‚We are now quite satisfied as to our general's ability to handle troops ... It is our wish that they shall not be beheaded.' Sun Tzu replied even more patiently: ‚Having once received His Majesty's commission to be general of his forces, there are certain commands which I am unable to accept.' Accordingly, and immediately, he had the two leaders beheaded and straight away installed the pair next in order as leaders in their place. When this had been done the drum was sounded for the drill once more. The girls went through all the evolutions, turning to the right or to the left, marching ahead or wheeling about, kneeling or standing, with perfect accuracy and precision, not venturing to utter a sound. Then Sun Tzu sent a messenger to the King saying: ‚Your soldiers, Sire, are now properly drilled and disciplined and ready for Your Majesty's inspection ..."[238]

Nun wird eine Führung durch Sanktionen wie beim Militär auf die heutige Arbeitswelt schlechterdings übertragbar sein. Das *Great Place to Work Institute Deutschland* hat zusammenfassend folgende Eigenschaften für eine leistungsbereite Unternehmenskultur identifiziert:[239]

- *Glaubwürdigkeit:* transparente Kommunikation, integeres Führungsverhalten,
- *Respekt:* Förderung und Anerkennung, Fürsorge und Beachtung der Individualität,
- *Fairness:* Neutralität, Gerechtigkeit, keine Diskriminierung oder Bevorzugung,
- *Stolz:* auf persönliche Leistungen und Arbeiten des Teams,
- *Teamgeist:* Zusammengehörigkeit, Vertrautheit, positive Arbeitsatmosphäre.

---

[238] Clavell, James in: Tzu 1995, S. 8-10.

[239] Vgl. Great Place to Work Institute Deutschland: Benchmarkstudie und Wettbewerb „Deutschlands Beste Arbeitgeber", Köln 2011.

8.5 Der Einfluss der Führungsstile

Leitzitat:

„Es gibt zwei Arten von Mitarbeitern, aus denen nie etwas Richtiges wird: diejenigen, die nie tun, was man ihnen sagt, und diejenigen, die nur tun, was man ihnen sagt."

Christopher Morley

Die Führungstheorien beschäftigen sich mit den Zusammenhängen zwischen Führern und Geführten auf der einen Seite und organisatorischen Anforderungen und Führungserfolg auf der anderen Seite. Die psychologische Führungsforschung setzt bei den unterschiedlichen Führungsstilen an. Der Führungsstil kennzeichnet ein langfristig relativ stabiles Verhaltensmuster einer Führungsperson.[240] In den Führungsstilen münden die Eigenschaften und das Verhalten der Führungspersonen, so dass sie innerhalb der Führungsforschung als heuristische Vorläufer der Führungstheorien im engeren Sinne gewertet werden können.

In Anlehnung an *Karl Kälin* und *Peter Müri* werden die Führungsstile im Allgemeinen danach unterschieden, ob bei der Mitarbeiterführung

- eine Betonung der zwischenmenschlichen Bedürfnisse (Mitarbeiterorientierung) und/oder
- eine Betonung des Erreichens der Sachziele beziehungsweise Produktivität (Leistungsorientierung)

im Vordergrund stehen.[241] Das Führungsverhalten ist dabei eher autoritär oder kooperativ/demokratisch.

An den Extrempolen werden idealtypischerweise die folgenden Führungsstile identifiziert:[242]

- *patriarchalisch:* eine Führungsinstanz legt als Vorbild und mit ausgeprägter Fürsorge gegenüber den Geführten die Unternehmenspolitik fest und verlangt im Gegenzug Dankbarkeit, Loyalität, Treue und Gehorsam,
- *charismatisch:* ausgeprägter persönlicher Auftritt des Führers erzeugt einen festen Glauben und Zuversicht über die Unternehmenspolitik bei den Geführten,
- *autokratisch:* mittels eines umfangreichen Führungsapparates setzt der Autokrat ohne großartige persönliche Kontakte seine Unternehmenspolitik durch,

---

[240] Vgl. Staehle 1999, S. 334.
[241] Vgl. Kälin, Müri 2005, S. 26–34.
[242] Vgl. Staehle 1999, S. 335 f.

- *bürokratisch:* extreme Form der Strukturierung und Reglementierung organisatorischer Verhaltensweisen, wodurch persönliche Führung weitestgehend substituiert wird.

Eine weitere Möglichkeit ist die Differenzierung der Führungsstile nach den Freiheitsgraden. Je nachdem wie die Entscheidungskompetenzen zwischen Führungskraft und Mitarbeiter verteilt sind, entsteht eine spezifische Führungssituation, die je nach Mitarbeiter und Führungssituation unterschiedlich sein kann.

Abbildung 8.2: Ausgewählte Führungsstile anhand ihrer Freiheitsgrade für die Entscheidungsträger

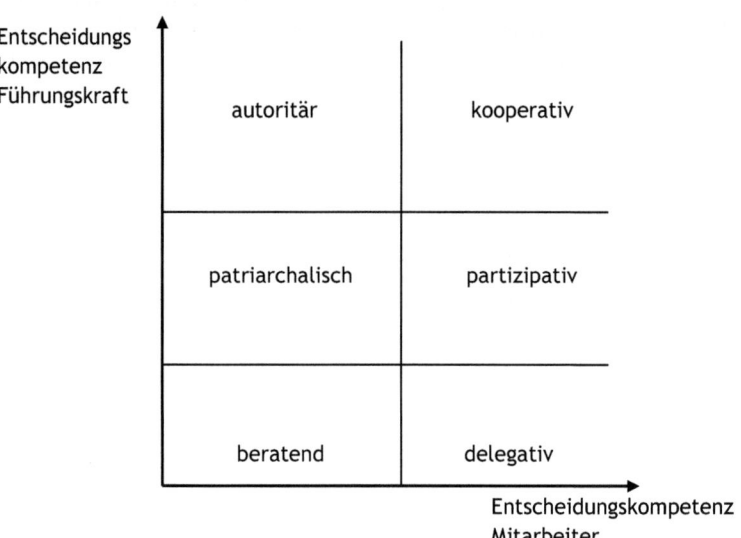

Mit Hilfe experimenteller Untersuchungen wurde bestätigt, dass es den optimalen Führungsstil nicht gibt, sondern dass je nach Aufgabenstellung und Persönlichkeitsstruktur des Aufgabenträgers ein eher demokratischer (beziehungsorientierter) oder autoritärer (Leistungsorientierter) Führungsstil erfolgversprechend sein kann. Auf dieser Dichotomie basieren nahezu alle praxisorientierten Führungskonzepte.[243] Für die Erreichung der Unternehmensziele ist es irrelevant, über welchen (stilistischen) Weg der Erfolg herrührte. Für die (Selbst)Motivation der Mitarbeiter spielt der Führungsstil dagegen eine wichtige Rolle. Die Erfahrung hat gezeigt, dass sich für qualifizierte Mitarbeiter kooperativ-partizipative Führungsstile von Vorgesetzten bewähren, weil durch die Selbstbestimmungsautorität sich das Leistungspotenzial bei den Mitarbeitern weitaus umfangreicher entfalten kann als bei diktatorischem Führungsverhalten, welches demotivierend auf die Leistungs-

---

[243] Vgl. zu den realtypischen Ansätzen der Führungsstilforschung Staehle 1999, S. 338–347.

bereitschaft der Mitarbeiter wirkt. Auf der anderen Seite erzeugt ein autoritärer Führungsstil bei intellektuell weniger anspruchsvollen Tätigkeiten eine Stringenz bei der Arbeitsdurchführung, welche in der Regel zu einer höheren Effizienz führt als bei den demokratischen Ansätzen. Dies entspricht etwa dem Reifegradmodell nach *Hersey/ Blanchard*, welche den effizientesten Führungsstil in der Form eines situativen Führungskonzeptes propagieren.[244]

Abbildung 8.3: Das Reifegradmodell nach Hersey/Blanchard

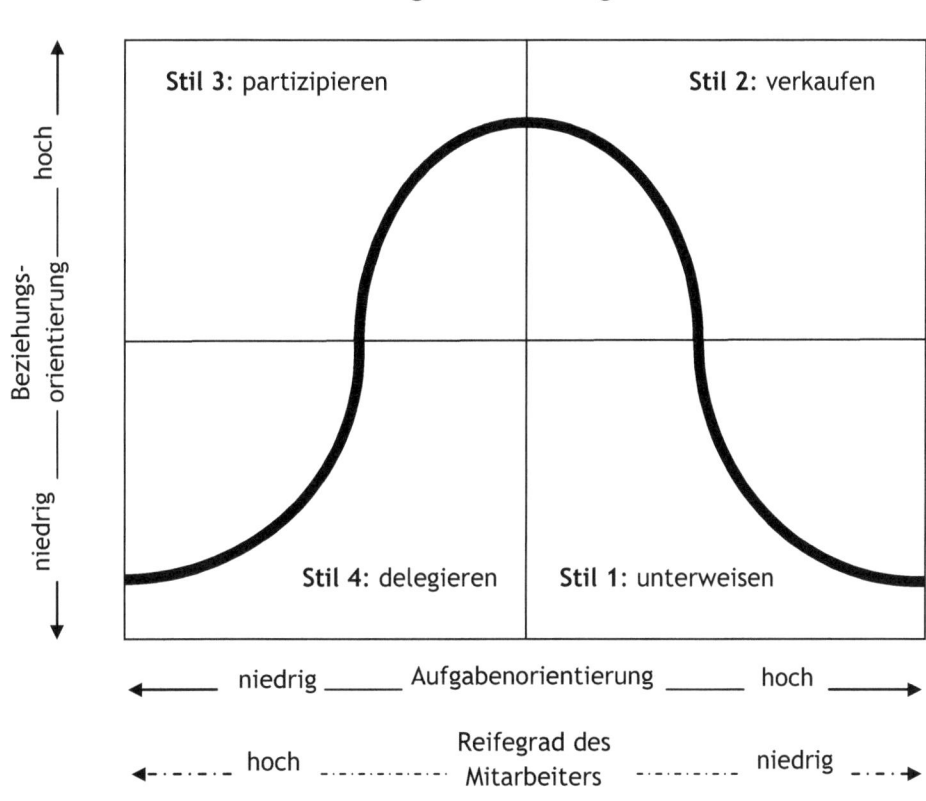

Aus der Erkenntnis des Modells kann in Anlehnung an *Knut Bleicher* Führung als Interaktion von Vorgesetzten und Mitarbeitern verstanden werden, in der durch gegenseitige

---

[244] Vgl. Hersey 1993.

Beeinflussung und Anpassung je nach Reifegrad der Führenden und Geführten die Aspekte der Kommunikation, Motivation und Kooperationsverhalten für eine effektive und partnerschaftliche Zusammenarbeit entscheidend sind. Attribute wie Wahrhaftigkeit, aufrichtiges Interesse an Menschen, Bescheidenheit und Verantwortungsbewusstsein nehmen dabei eine besondere Bedeutung ein.[245] Dies soll auch die abschließende Anekdote verdeutlichen.

Frei nach *Platon* sollte ein Manager stets die drei Siebe der Güte anwenden:

> Aufgeregt kam einst einer zu Sokrates gelaufen: „Höre, Sokrates, das muss ich dir erzählen, wie dein Freund …" „Halt ein!", unterbrach ihn der Weise. „Hast du das, was du mir sagen willst, auch durch die drei Siebe gesiebt?" – „Drei Siebe?", fragte der andere verwundert. „Ja, drei Siebe. Das erste Sieb ist die Wahrheit. Hast du alles, was du mir erzählen willst, geprüft, ob es wahr ist?" – „Nein, ich hörte es erzählen und …" – „So, aber sicher hast du es mehr mit dem zweiten Sieb geprüft; es ist die Güte. Ist das, was du mir erzählen willst, wenn schon nicht als wahr erwiesen, so doch wenigstens gut?" – „Nein, das nicht, im Gegenteil." Der Weise unterbrach ihn: „Lass uns auch noch das dritte Sieb anwenden und fragen, ob es notwendig ist, mir das zu erzählen, was dich so aufregt." – „Notwendig nun gerade nicht." – „Also" lächelte der Weise, „wenn das, was du mir erzählen willst, weder wahr noch gut noch notwendig ist, so lass es begraben sein, belaste dich und mich nicht damit."

Führung ist und bleibt somit in einem hohen Grade ambivalent.

Exkurs: Die Austauschtheorie der Führung

Der Grundgedanke der Austauschtheorie besteht darin, dass das soziale Verhalten als Austausch von positiven oder negativen Werten (Belohnungen und Bestrafungen) interpretiert werden kann. Das Individuum wählt danach die Verhaltensweisen (Rolle), welche ihm einen möglichst hohen Austauschgewinn bringen.[246] Dabei ist maßgebend, was subjektiv vom Individuum als Belohnung empfunden und damit positiv bewertet wird. Nicht nur materielle Anreize sind hier von Bedeutung, sondern auch Beistand, Information, Zuneigung, Prestige und andere nicht greifbare psychische Leistungen.

Es entsteht ein Gefühl des verpflichtet seins zueinander, was in der Psychologie als Gesetz der Reziprozität bezeichnet wird.[247]

---

[245] Vgl. Bleicher 2011, S. 38.
[246] Vgl. Kroeber-Riel, Weinberg, Gröppel-Klein 2009, S. 513.
[247] Nach der Reziprozitätsregel ist der Beitrag eines Menschen in der Regel größer als der Anreiz, den er empfangen hat, nur um nicht mehr in der Schuld eines anderen zu stehen. Kulturanthropologen sehen in der gegenseitigen Dankesschuld einen einzigartigen Anpassungsmechanismus der Menschen und die Grundlage für Arbeitsteilung, den Austausch von Güter und Dienstleistungen sowie das Entstehen von hocheffizienten Gruppen in der Arbeitswelt. Vgl. Cialdini 1993, S. 38 ff.

Führung kann nur in den wenigsten Fällen als ein einseitig gerichteter Beeinflussungsprozess definiert werden, weil die Interaktionen zwischen Führer und Geführte wechselseitige Verhaltensmerkmale und Beziehungen erzeugen. Diese Austauschprozesse führen zu einer Rollenübernahme beziehungsweise Rollenbildung zwischen den Interaktionspartnern. Die Führungsbeziehung wird zu einem Austausch von Leistung und Gegenleistung, sogenannten Transaktionen[248]. Als Transaktion bezeichnet man die Grundeinheit aller sozialen Verbindungen.[249]

> „Eine Transaktion im speziellen psychologischen Sinne ist gewissermaßen ein seelischer Geschäftsabschluss zwischen zwei Menschen. Der eine bietet „etwas" (ein Verhalten) an, der andere steigt in das Geschäft ein und nimmt das Angebot ab, indem er in entsprechender Währung zurückzahlt. Zwischen einem Sender und einem Empfänger spielt sich ein kompliziertes Geben und Nehmen ab. Die Rollen des Senders und des Empfängers können dabei blitzschnell und wiederholt ausgetauscht werden. Immer aber übt ein bestimmter Ich-Zustand des Senders einen Reiz aus auf den Empfänger, der mit verbalen oder non-verbalen Verhaltenssignalen eines jeweils angesprochenen Ich-Zustandes darauf reagiert."[250]

Nach dem Persönlichkeitsmodell der Transaktionalen Analyse existieren in jedem Menschen drei verschiedene Persönlichkeiten, sogenannte Ich-Zustände:[251]

- Das *Eltern-Ich,* als das gelernte Lebenskonzept, bestehend aus den Wertvorstellungen, Normen, Regeln, Prinzipien, die wir von unseren Eltern und Bezugspersonen gelernt haben. Diese in der frühen Kindheit gelernten Inhalte bestimmen unser Verhalten vor allem in Stresssituationen. Das Eltern-Ich setzt sich aus einer kritisch-wertenden (zum Beispiel Kontrolle, Ordnung, Bestrafung) und einer stützend-fürsorglichen (zum Beispiel Verständnis, Trost, Hilfe) Komponente zusammen.

- Das *Kindheits-Ich,* als das gefühlte Lebenskonzept. Die Gefühle wurden in der Kindheit gewonnen und als innere Ereignisse gespeichert. Das Kindheits-Ich setzt sich aus einer natürlich-spontanen (zum Beispiel Freude, Weinen, Kreativität; Neugier, Wissensdrang) und einer angepasst-unterwürfigen (zum Beispiel Gehorsam, Furcht, Schuld) Komponente zusammen.

- Das *Erwachsenen-Ich,* als das gedachte, vernunftorientierte Lebenskonzept, welches sich beim Heranwachsen durch die Auseinandersetzung mit der Wirklichkeit entwickelt. Das Erwachsenen-Ich bestimmt unser Handeln, wenn wir Situationen objektiv bewerten und Menschen vorurteilsfrei behandeln. In dieser Haltung treffen wir Entscheidungen sachlich und logisch und mit voller Verantwortung.

---

[248] Im Sinne der Transaktionalen Analyse ist eine Transaktion die Grundeinheit der Kommunikation zwischen zwei Personen und besteht aus einem Transaktionsreiz und einer Transaktionsantwort. Vgl. Kälin, Müri 2005, S. 36.

[249] Harris 1975, S. 27.

[250] Harris, Thomas 1975, S. 12.

[251] Vgl. Kälin, Müri 2005, S. 37–41.

Das Verhalten in diesen Ich-Zuständen zeigt sich bei der verbalen und non-verbalen Kommunikation. Es gibt auch keine guten oder schlechten Ich-Zustände, da allesamt unsere Persönlichkeit bilden. Die Dominanz eines Ich-Zustandes selektiert unsere Wahrnehmung insbesondere in Drucksituationen. Geringe Unterschiede bei den Ich-Zustandsausprägungen weisen auf die Fähigkeit, zwischen den Verhaltensweisen schnell wechseln zu können.

Problemlösendes Verhalten zeigt sich vorwiegend im Erwachsenen-Ich, zum Beispiel durch intensive Anwendung von Fragetechniken, was Führungskräfte grundsätzlich beherrschen sollten. Ein starkes Eltern-Ich wird in Notsituationen von Bedeutung sein. Das natürliche Kindheits-Ich ist für die Dynamik und Kreativität der Unternehmensentwicklung gefragt.

Abbildung 8.4: Das Persönlichkeitsmodell der Transaktionalen Analyse

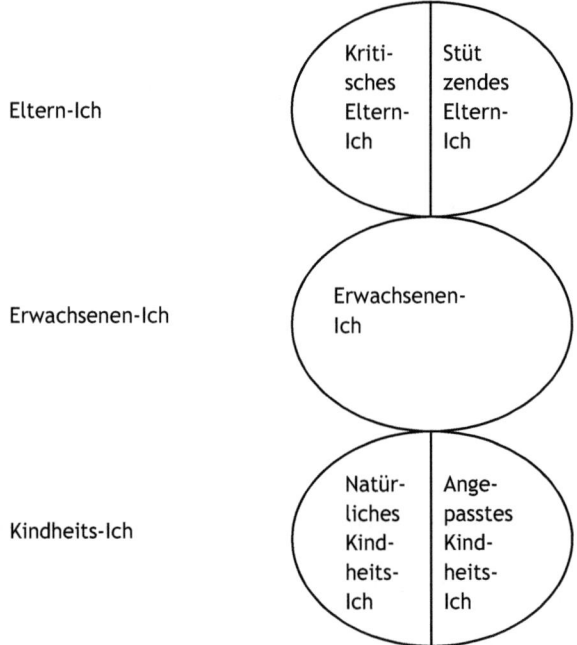

Quelle: In Anlehnung an Kälin, Karl; Müri, Peter: Sich und andere führen, 15. Aufl., (Ott Verlag) Thun 2005, S. 37

Im Umgang mit Menschen haben sich stereotype Transaktionsmuster herausgebildet, welche die Rolle der Interaktionspartner zueinander bestimmen. Nach dem Transaktionsmuster von *Eric Berne (1910–1970)* werden vier grundlegende Einstellungen von Menschen unterschieden:[252]

- *Ich bin nicht o.k. – du bist o.k.*
  → kennzeichnet die angsterfüllende Abhängigkeit des unreifen Menschen, meist in Form von Minderwertigkeitsgefühlen,

- *Ich bin nicht o.k. – du bist nicht o.k.*
  → kennzeichnet die Grundeinstellung der Verzweiflung und Resignation,

- *Ich bin o.k. – du bist nicht o.k.*
  → kennzeichnet die unverbesserliche, zerstörerische, kriminelle Einstellung,

- *Ich bin o.k. – du bist o.k.*
  → kennzeichnet die Einstellung des Erwachsenen, der mit sich selbst im reinen ist und mit anderen in Frieden lebt und leben will.

In der Kindheit wurde uns die Grundeinstellung „Ich bin nicht o.k. – du bist o.k." durch die unselbständige Phase als Säugling und die vielen Tausend „Nein" einprogrammiert. Die meisten Menschen versuchen damit fertig zu werden, indem sie Verhaltensspiele im Sinne von „Meins ist besser als deins!" treiben. *Erice Berne* bezeichnet diese als verdeckte Komplementär-Transaktionen, was sich in der Kindheitsphase durch ein größeres Eis, Vordrängeln oder Katze treten ausdrückt, später als Erwachsener im größeren Haus, Auto oder Bankkonto. Nach *Berne* wird der Minderwertigkeitszustand durch derartige Erleichterungen jedoch nur gemildert. Wirklich gesund, und einzige Lösung ist nur ein ausgeprägtes Erwachsenen-Ich.

Für eine erfolgreiche Führungskraft ist langfristig nur eine positive Grundeinstellung im Sinne von „Ich bin o. k. – du bist o. k." praktizierbar, weil nur aus dieser Position Menschen und Situationen objektiv bewertet, Entscheidungen verantwortungsvoll getroffen und realitätsbezogen mit Erfolgen und Misserfolgen umgegangen werden kann. Die anderen Grundpositionen münden entweder in Unterdrückung oder Demotivation.

Die Besonderheit der Transaktionalen Analyse liegt nun darin zu erkennen, aus welchen Ich-Zuständen Mitteilungen zwischen Individuen gesendet werden. Dabei ist es wichtig, dass Reiz und Reaktion zwischen den Ich-Zuständen parallel verlaufen beziehungsweise auf einen Reiz aus dem Kindheits-Ich mit einer Reaktion aus dem Eltern-Ich oder umgekehrt geantwortet wird. Ansonsten spricht man von einer Kreuztransaktion, die entweder zur Unterbrechung oder gänzlichem Abbruch der Kommunikation führt.[253] Kreuztransaktionen sind lediglich dann wertvoll, wenn sie dazu dienen, endlose Kindheits-Ich/Eltern-Ich-Transaktionen mit typischen Opfer- beziehungsweise Verfolgerrollen („Ich kann das nicht!" – „Ich habe es Ihnen doch gleich gesagt!") zu unterbrechen, und den Mitarbeiter

---

[252] Vgl. Harris 1975, S. 54–62.
[253] Vgl. Kälin, Müri 2005, S. 71–77.

zur Selbstverantwortung zu führen („Wie würden Sie denn an das Problem herangehen?"). Dies setzt wiederum die lebensbejahende Grundeinstellung „Ich bin o.k. – du bist o.k." beim Vorgesetzten voraus.

> „Es gibt keinen, der nicht in irgendetwas der Lehrer des anderen sein könnte: und jeder, der andere übertrifft, wird selbst noch von jemandem übertroffen werden ... Der Weise schätzt alle, weil er in jedem das Gute erkennt und weiß, wie viel dazu gehört, eine Sache gut zu machen ..."[254]

8.6 Die Funktion und Bedeutung von Gruppen (Teambildung)

Leitzitat:

„Gute Tiere spricht der Weise, musst du züchten, musst du kaufen; doch die Ratten und die Mäuse kommen ganz von selbst gelaufen."

Wilhelm Busch

Die Unternehmensentwicklung hat in den vergangenen Jahrzehnten mehrere Demokratisierungswellen durchgemacht. Demokratisierung heißt in der Unternehmenswelt beispielsweise Abbau von Hierarchien und Neuverteilung von Entscheidungsgewalten auf selbststeuernde Gruppen.

Ein Unternehmen besteht aus einer Vielzahl von Gruppen, die durch Organisation und Führung gebildet, koordiniert und verändert werden. Als Gruppen bezeichnet man in der Soziologie im Allgemeinen nur solche Mehrheiten von Personen, zwischen denen Interaktionen stattfinden und die sich durch eine eigene Identität, das heißt durch eine eigene Wahrnehmung einer Zusammengehörigkeit, auszeichnen.[255] In den Unternehmen spricht man etwas eleganter ausgedrückt in der Regel von „Teams" oder „Teambildung".

Genau genommen zählen Mitarbeiter zu den sozialen Einheiten, die als soziale Kategorie klassifiziert werden. Hier handelt es um eine Anzahl von Menschen, die ähnliche Merkmale aufweisen und lediglich aufgrund dieser Merkmale (gedanklich) zu einer sozialen Einheit zusammengefasst werden. Die Beziehungen in einer Gruppe führen zu einer sozialen Kooperation, welche durch folgende abgeleitete Merkmale sichtbar werden:[256]

- *die eigene Identität,* die nach innen und außen den Gruppencharakter ausweist,
- *die soziale Ordnung,* welche die Position und die Tätigkeiten der Gruppenmitglieder regelt,

---

[254] Gracián 1954, S. 98.
[255] Vgl. Fischer, Wiswede 2009, S. 657 f.
[256] Vgl. Kroeber-Riel, Weinberg, Gröppel-Klein 2009, S. 478.

- *die Verhaltensnormen,* welche das Gruppenverhalten bestimmen und standardisieren,
- *die Werte und Ziele,* die vom einzelnen Gruppenmitglied als auch von der Gesamtgruppe als verbindlich erlebt werden.

Insofern kann man den Begriff der Gruppe in Anlehnung an *Lutz von Rosenstiel* wie folgt definieren: Bei der Gruppenbildung in Unternehmen handelt es sich um eine Mehrzahl an Mitarbeitern, die in Anlehnung eines gemeinsamen Aufgabenziels zusammenarbeiten, sich wechselseitig informieren und ihre physischen Kräfte, ihr Wissen und ihre Kreativität in den Dienst der gemeinsamen Aufgabe stellen.[257]

Die allgemeinen Vorteile der Gruppenarbeit gegenüber dem Einzelkämpferdasein lassen sich dabei wie folgt zusammenfassen:

- die Vollbringung von physisch intensiven Arbeiten,
- die Verbesserung des Urteilsvermögens,
- die schnelle Informationsverarbeitung,
- die größere Kontaktintensität,
- die kollektive Kontrolle,
- die gegenseitige Anreicherung und Ergänzung von Sachwissen und Kreativität.

Eine besonderes Phänomen ist die Bildung von sogenannten informelle Gruppen, die jeglicher Organisationsvorschriften zum Trotz, Beziehungen zueinander entwickeln, und teilweise mit größter Flexibilität ihre eigene Organisation in (neben) der Gesamtorganisation unterhalten. Die informelle Organisation ist nicht immer schädlich für das Unternehmen, weil durch sie auch Schwächen der Führung und Organisation effektiv kompensiert werden können. Außerdem gewinnt das Unternehmen durch informeller Organisation an Dynamik und Menschlichkeit. Die Etablierung von sozialen Netzwerken im Internet begünstigt die informelle Gruppenbildung. Nicht zuletzt durch das „Freunde-Netzwerk" in *Facebook* kristallisieren sich Gruppen in Gruppen heraus. Unternehmensgrenzen weichen auf und das Netz(werk) wird gesponnen. Die Auswirkungen auf die Unternehmenskultur sind nicht unerheblich und in Zukunft weiter zu analysieren.

> „Arbeitende Menschen lassen sich nicht zu einem reinen Produktionsfaktor innerhalb des zweckrationalen Organisationsmodells reduzieren. Sie haben Bedürfnisse nach Abwechslung, nach ganzheitlicher Tätigkeit, nach Entspannung, aber auch nach Zusammengehörigkeit, sozialer Unterstützung oder gar Freundschaft. Dort, wo im Sinne der formellen Gruppe ein reines Zusammenarbeiten vorgesehen war, wird innerhalb der informellen Gruppe die Befriedigung vielfältiger menschlicher Bedürfnisse ermöglicht."[258]

---

[257] Vgl. Rosenstiel, Lutz von: Die Arbeitsgruppe, in: Rosenstiel, Regnet, Domsch (Hrsg.) 1998, S. 343.
[258] Rosenstiel, Lutz von: Die Arbeitsgruppe, in: Rosenstiel, Regnet, Domsch (Hrsg.) 1998, S. 343.

Grundsätzlich kann man festhalten, dass jeder Mensch mehr oder weniger intensives Gruppenleben in Organisationen in seinem Werdegang erfahren hat. „Wir werden in einem Krankenhaus geboren, wachsen in einer Familie auf, gehen in den Kindergarten, erhalten in der Schule eine Ausbildung, gründen eine eigene Familie, treten in einen Sportverein ein und sind als Mitarbeiter in einem Unternehmen angestellt."[259] Der komparative Vorteil gegenüber dem „Einzelkämpferdasein" liegt in der Arbeitsteilung und dem Austausch von Leistungen sowie der kulturellen Identität.

Gruppenstärken von drei bis acht Personen werden allgemein als kleine Gruppen abgegrenzt. Die Einflussgröße, über die sich in einer kleinen Gruppe besondere Chancen und Gefahren kristallisieren, liegt in der sogenannten „Gruppenkohäsion".[260] Darunter versteht man die Attraktivität, die eine Gruppe bei ihren Mitgliedern genießt und deren Zusammenhalt beschreibt. In kleineren Gruppen ist die Chance zur Entstehung einer so definierten Kohäsion wahrscheinlicher als in größeren Einheiten, weil die wechselseitigen Kontakte untereinander ausgeprägter sind und aufgrund dessen die Sympathien zueinander wachsen. Wahrgenommene Ähnlichkeiten fördern die soziale Akzeptanz und das subjektive Gefallen zueinander. Damit avanciert die Größe von Arbeitsgruppen zu einem der wichtigsten Erfolgsfaktoren für Zufriedenheit am Arbeitsplatz mit all seinen Konsequenzen auf die Mitarbeiterfluktuation, die Ausschöpfung von Leistungspotenzialen und dergleichen mehr. Die Gruppenkohäsion ist ausschlaggebend für das sogenannte „Wir-Gefühl", was nicht erzwungen, jedoch durch die Beachtung der sozialpsychologischen Gesetzmäßigkeiten wie Gruppengröße und wahrgenommene Ähnlichkeit gefördert werden kann.

Häufig wird eine positive Beziehung zwischen der Gruppenkohäsion und der Konformität des Verhaltens der Gruppenmitglieder beobachtet. Die Konformität wird durch den sogenannten „Gruppendruck" erzeugt. Die Erscheinung des Gruppendrucks zeigt sich in der Art, dass einzelne Mitglieder in der Gruppe andere Verhaltensweisen zeigen und Urteilsbildungen treffen als im singulären Zustand. Die Entscheidungen werden durch soziale Einflüsse verändert. Der Gruppendruck führt auch dazu, dass falsche oder unrealistische Argumentationen angenommen, teilweise sogar gefestigt werden. Folgende Symptome kennzeichnen das Vorhandensein von Gruppendruck:[261]

- das Gefühl der Unverwundbarkeit,
- die Überbetonung nur einer Ansicht,
- die Existenz unterschwelliger Konflikte,
- der starke Einfluss von Meinungsführern,

---

[259] Jost 2008, S. 12.

[260] Vgl. Gebert, Diether: Gruppengröße und Führung, in: Kieser, Reber, Wunderer (Hrsg.) 1995, Sp. 1139.

[261] Vgl. Stroebe 1999, S. 68.

- die Ausübung von moralischen Druck gegen Andersdenkende,
- die Selbstzensur durch Minoritäten.

Die Gefahren und Konsequenzen des Gruppendrucks liegen darin, dass:

- nicht alle Lösungsmöglichkeiten in Betracht gezogen werden,
- nur einseitige Informationen für die Entscheidung einbezogen werden,
- die Betriebsblindheit gefördert wird,
- die Reagibilität und Handlungskompetenz in Notsituationen begrenzt ist.

Den negativen Folgen des Gruppendrucks kann durch den Einfluss übergeordneter Führungskräfte wirksam begegnet werden, indem sie gezielt externes Expertenwissen als fachlichen Beistand und zur Beratung hinzuziehen. Dies umso stärker, je größer die Tragweite der zutreffenden Entscheidungen sind.

Gruppenentscheidungen fallen oftmals riskanter und risikofreudiger als Einzelentscheidungen aus. Das gemeinsame Abladen von Verantwortung gibt Stärke und Zuversicht. Psychologisch wird dies durch die Verantwortungsdiffusion erklärt, welche durch das subjektive Abladen der Last entsteht. Bei aller Euphorie zur Bildung von Teams, muss dies vom verantwortlichen Management bedacht werden.

Grundsätzlich gibt es die Auseinandersetzung darüber, ob eine Gruppenorganisation sinnvoll ist oder eher schadet.

> „Über Sinn und Leistungsfähigkeit der Gruppe gehen die Meinungen weit auseinander. Da sind die einen, die überhaupt nichts für Gruppen übrig haben und glauben, dass man innerhalb einer Organisation sehr wohl auf der Basis von Beziehungen zwischen Individuen arbeiten könne. Ja, man geht noch weiter und behauptet, jede Gruppenaktivität erzeuge einen nivellierenden Effekt auf das Individuum, töte den Einfallsreichtum des Einzelnen ab und erweise sich ganz allgemein als Behinderung und Beschneidung der menschlichen Leistungsfähigkeit."[262]

Allgemein gilt der Grundsatz: Kein Gedanke ist so gut, dass er nicht in einer konstruktiven Gruppe verbessert werden könnte. Wichtige Voraussetzung für eine effiziente Gruppenarbeit ist jedoch die Beachtung folgender Maßgaben:

- Je größer eine Gruppe wird, desto weniger können lösungsrelevante Beiträge von Einzelmitgliedern eingebracht werden.
- Jedes Mitglied muss bei der Lösung seiner Einzelaufgabe das Gesamtziel im Auge behalten.

---

[262] Kälin, Müri 2005, S. 118.

- Die Mitglieder müssen in der Lage sein, Konsens bilden zu können, und Widersprüche in der Sache nicht zum Ausdruck von Antipathien zu missbrauchen.

- Die Gruppe sollte sich Arbeitsregeln in Bezug auf Vorbereitungs-, Moderations-, Diskussions- und Dokumentationstechniken verbindlich auferlegen.

Eine latente Gefahr bei der Gruppenbildung lauert dahingehend, wenn die Gruppenmitglieder sich als Abteilungen verstehen. Semantisch analysiert stammt dieser Begriff von „abteilen", was nicht im Sinne der Zielsetzung ist. Die Gruppen in einem Unternehmen sollen auf ein gemeinsames Ziel hinarbeiten und sich als Gemeinschaft verstehen. Die zu bewältigenden Aufgaben stehen im Vordergrund. In diesem Punkt ist die Koordination vom Management gefragt.

Dieses verstanden, tritt in der Regel das nächste Missverständnis bei den Gruppenmitgliedern auf, wenn die Aufgabenzuordnung in sogenannte „Zuständigkeiten" geschnürt wird. Wiederum semantisch auseinandergenommen, ist damit gemeint, dass bestimmte Mitarbeiter nun für eine abgegrenzte Aufgabe „ständig zu" sind.

Die Art und Weise, wie sich eine Gruppe organisiert, und welche Arbeitsregeln und Verhaltensweisen sie sich auferlegt oder auferlegt bekommt, determiniert in hohem Maße die Effizienz und damit den Erfolg der Gruppenarbeit. Es handelt sich dabei vorwiegend um psychosoziale Merkmale, die eine funktionierende Gruppe auszeichnen, wie zum Beispiel:[263]

- die gegenseitige Achtung,

- die Fähigkeit zum Zuhören (auch Kritik),

- die offene und sofortige Ansprache von Problemen und Konflikten,

- die gemeinsame Erarbeitung von Lösungen,

- die gemeinsame Verantwortung für das Gruppenergebnis,

- die Demonstration von Solidarität,

- die Bereitschaft zur vorurteilsfreien Toleranz,

- die Vermeidung von Außenseiterpositionen.

Trotzdem wird es im Rahmen von Gruppenarbeit immer wieder zu Konfliktsituationen kommen. Das ist im Zusammenleben von Menschen – und somit auch in der Zusammenarbeit von Mitarbeitern – vollkommen normal. Konflikte zeigen sich in Meinungsverschiedenheiten, affektgeladenem Argumentieren, Spannung, Ungeduld, Anklagen, mangelnder Bereitschaft zuzuhören, einzulenken oder auf Kompromisse einzugehen.[264] Gruppenkonflikte können strukturinduziert, wenn sie organisatorisch bedingt sind, oder verhaltensin-

---

[263] Vgl. Adenauer 1997, S. 86.
[264] Vgl. Kälin, Müri 2005, S. 142 ff.

duziert sein, also auf unterschiedliche Werthaltungen oder Interessenlagen beruhen. Neben den Konflikten innerhalb einer Gruppe werden auch Konflikte zwischen Gruppen in Unternehmen zu finden sein. In der Regel überall dort, wo eine Konkurrenz um seltene Ressourcen existiert. Erstaunlicherweise erhöht dies meist die Kohäsion und Solidarität im Binnenverhältnis, wie zahlreiche Experimente unter Beweis stellten.[265]

In diesen Fällen ist ein professionelles Konfliktmanagement seitens der Unternehmensführung gefragt. Ziel muss es sein, den Konflikt so zu bewältigen, dass beide Konfliktparteien einen Nutzen davon haben und gestärkt aus der Konfliktsituation herausgehen.[266] Dazu ist ein aktiver Eingriff seitens der Führungskraft als steuernder Moderator notwendig. Insbesondere wenn Konflikte auf emotionale Beweggründe wie Neid, Antipathie oder Rivalität beruhen und einen bestimmten Eskalationsgrad erreicht haben, fehlt bei den Konfliktparteien die Selbsterkenntnis zur Lösung. Die Wahrnehmung der Situation ist verzerrt, das Denken polarisiert und es fehlt an Empathie, sich in die gegnerische Seite hineinversetzen zu können.

Information und Kommunikation sind die wichtigsten Konfliktlösungsinstrumente, auf die eine außenstehende dritte Partei zugreifen muss. Der Konfliktlösungsprozess umfasst in der Regel die folgenden Handlungsansätze zur Beilegung des Konflikts:[267]

- die Diagnose der Situation, um Streitpunkte und Eskalationsgrad beurteilen zu können,
- die Festlegung der Rahmenbedingungen für die Aussprache auf gleichem Niveau trotz emotionaler Spannungen,
- die beiderseitige Vereinbarung verbindlicher Regeln bezüglich der Verhaltensweisen und Konsensversprechen,
- der Lernprozess nach dem Konflikt mit Abstimmung zukünftiger Maßnahmen zur Vermeidung weiterer Konflikte.

Nicht zuletzt geht es oftmals um die Kultur, wie mit Fehlern umgegangen wird. Hier gibt es den weisen Grundsatz: „Nur wer einen Fehler zwei Mal macht, ist dumm." Oder etwas philosophischer nach Konfuzius: „Wer einen Fehler gemacht hat und ihn nicht korrigiert, begeht einen zweiten."

---

[265] Vgl. Wiswede, Günter: Gruppen und Gruppenstrukturen, in: Frese (Hrsg.) 1992, Sp. 747 f.
[266] Vgl. Ury, Brett, Goldberg 1988, passim.
[267] Vgl. Berkel, Karl: Konflikte in und zwischen Gruppen, in: Rosenstiel, Regnet, Domsch (Hrsg.) 1998, S. 375.

9 Die Unternehmensstrategie

Leitzitat:

„Man fängt keinen Krieg an, oder man sollte vernünftigerweise keinen anfangen, ohne sich zu sagen, was man mit und was man in demselben erreichen will."

Carl von Clausewitz

9.1 Die Grundlagen strategischer Entscheidungen

Der historische Ursprung der Strategie stammt aus der Kriegsführung. Der Begriff „Strategie" leitet sich aus dem Griechischen „stratos" = Heer und „agos" = Führer ab. Die strategische Kriegsführung galt als die „hohe Schule" der Militärwissenschaft.[268] Parallelen zum strategischen Management beziehungsweise der Unternehmensstrategie gibt es im Bereich des strategischen Denkens. Die Strategie soll Wege zum Ziel aufzeigen. Das strategische Denken ist dabei stets ganzheitlich ausgerichtet und berücksichtigt die zur Verfügung stehenden Ressourcen und Rahmenbedingungen. Statt Waffen, Soldaten und Verbündete stehen dem Unternehmen als Datum eine begrenzte Zahl von Ressourcen in materieller, personeller und finanzieller Hinsicht zur Verfügung, die eingebettet in bestimmten politischen, rechtlichen, wettbewerblichen Rahmenbedingungen zur Erreichung der unternehmenspolitischen Ziele eingesetzt werden. Der Datenrahmen für das strategische Management ergibt sich demzufolge aus einer Reihe von internen und externen Rahmenbedingungen.

Je nach Unternehmenszweck und wettbewerbspolitische Einbettung im Gesamtumfeld kommt den Einflussfaktoren eine unterschiedliche Bedeutung zu. Durch den globalen Zusammenhalt kann heutzutage kaum ein Wirtschaftsbetrieb mehr autark am Markt agieren, ohne nicht zumindest mittelbar von Umfeldveränderungen betroffen zu sein.

Die Unternehmensstrategie besteht also weniger aus strategischen Werkzeugen, mit denen die Unternehmensziele erreicht werden können. Das sind die Instrumente der Unternehmenspolitik. Die Unternehmensstrategie ist umfassender. Mit Strategien kanalisieren Unternehmen ihre Gestaltungsspielräume, durch welche Visionen Realitätsnähe erlangen.

> Als Unternehmensstrategie bezeichnet man die von einem Unternehmen unter Berücksichtigung der externen und internen Rahmenbedingungen verfolgten Ziele sowie die zur Zielerreichung erforderlichen Instrumente.[269]

---

[268] Vgl. Clausewitz 1991.
[269] Vgl. Tietz 1988, S. 22.

Abbildung 9.1: Der Datenrahmen für das strategische Management

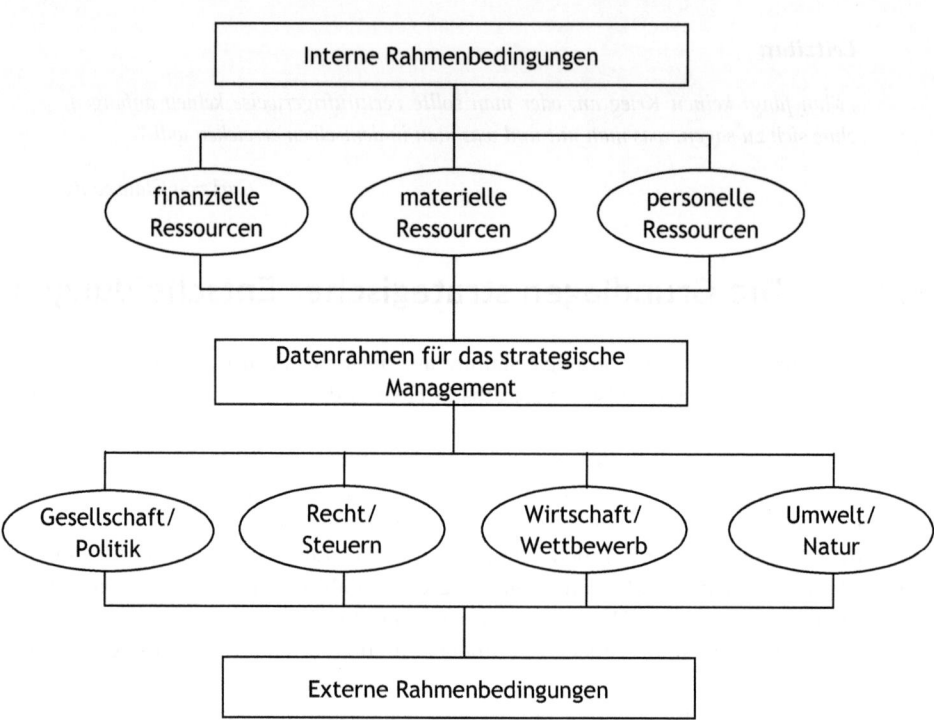

Strategieentwürfe und strategische Konzepte enthalten eine umfassende Einbeziehung unternehmensinterner und unternehmensexterner Einflussfaktoren. In Anlehnung an *Bruno Tietz* lauten die zentralen Fragestellungen der jeweiligen Strategieebene:[270]

- Was können wir?   → Datenebene   → Szenarien
- Was wollen wir?   → Zielebene   → Optionen
- Wie setzen wir es durch? → Instrumentalebene   → Handlungsalternativen

Szenarien dienen der strategischen Früherkennung. Sie grenzen ab, was unter bestimmten Rahmendaten mit großer Wahrscheinlichkeit eintreten wird. Mittels der Szenario-Technik werden Zukunftsbilder aus Einzeltrends zusammengefasst.[271]

---

[270] Vgl. Tietz 1993a, S. 22; vgl. auch Tietz 1987, S. 23.
[271] Vgl. Zentes 1996, S. 129.

Optionen kennzeichnen die bewusste Ausrichtung auf eine gewollte Zukunft. Sie beinhalten eine motivationale Komponente und besitzen daher Zielcharakter.

Handlungsalternativen beschreiben konkret, welche Instrumente zur Zielerreichung eingesetzt werden müssen. Die Vorgehensweise muss dabei nicht identisch sein.

Strategisches Denken und Handeln sind die Kernaktivitäten des entscheidungsorientierten Managements. Sie müssen ganzheitlich, langfristig und konsistent sein. Ansonsten besteht die Gefahr der Austauschbarkeit in sogenannten „Sandwich-Positionen".

9.2 Die kategorialen Strategietypen

Nach *Michael Porter* gibt es drei kategoriale Strategietypen[272] zur Erlangung von Wettbewerbsvorteilen:[273]

1. Umfassende Kostenführerschaft mit niedrigeren Kostenstrukturen im Verhältnis zum Wettbewerb, u. a. durch Ausnutzung größenbedingter Kostendegressionen.
2. Differenzierung des Leistungsprogramms zum Wettbewerb.
3. Konzentration auf Schwerpunkte, wie zum Beispiel ertragreiche Marktnischen oder Kundensegmente.

Porter geht in diesem Zusammenhang von einer U-förmigen Beziehung zwischen Marktanteil und Rentabilität aus. Erfolgreich sind demnach entweder Unternehmen, die sich differenzieren oder auf eine Nische fokussieren oder Unternehmen mit einem hohen Marktanteil, die als Kostenführer die gesamt Branche bedienen. Für den Rest besteht die Gefahr der Austauschbarkeit, in **Abbildung 9.2** als „stuck in the middle" dargestellt. Die Kundenakzeptanz beruht in diesen Fällen dann primär auf niedrige Preise, weil es versäumt wurde, strategische Positionen im Wettbewerb aufzubauen.

Eine strategische Positionierung erfolgt im Minimum anhand zweier Merkmale zwischen Preis und Leistung, wobei der Preis das „Nadelöhr" ist, durch das alle anderen Leistungen hindurch müssen. Einen niedrigen Preis bei maximaler Leistung zu setzen, stellt nur ein theoretisches Ideal der Konsumenten dar. Jedes Leistungsmerkmal verursacht mehr oder weniger Handlungskosten, die sich in der Kalkulation in einem höheren Preis niederschlagen müssen. Selbst sogenannten Discounter-Betriebstypen unterliegen dem Gesetz des „Trading-up", das heißt, dass sie im Laufe Zeit ihr Leistungsspektrum erweitern, um dem steigenden Anspruchsdenken der Kunden gerecht zu werden beziehungsweise sich von nachahmenden Wettbewerbern abgrenzen zu können.[274] Derjenige Betriebstyp, der es

---

[272] Nicht zu verwechseln mit den Strategiearten. Vgl. dazu Kreikebaum 1997, S. 52.
[273] Vgl. Porter 1980.
[274] Vgl. Tietz 1993b, S. 540 u. S. 1440 f.

schafft, dem theoretischen Ideal der Konsumenten am Nächsten zu kommen, gewinnt langfristig die größten Marktanteile. Wichtig ist, dass die Kostenstrukturen eine nachhaltige, positive Gewinnentwicklung ermöglichen. Aufgrund der Tatsache, dass die Absatzpreise infolge totaler Preistransparenz durch das Medium Internet sich immer weiter angleichen, gewinnt das Beschaffungs- und Kostenmanagement beim strategischen Management eine immer größere Bedeutung. Die alte Handelsweisheit „Im Einkauf liegt der Gewinn!" erfährt eine Renaissance.

Abbildung 9.2: Der Zusammenhang zwischen Rentabilität und Marktanteil

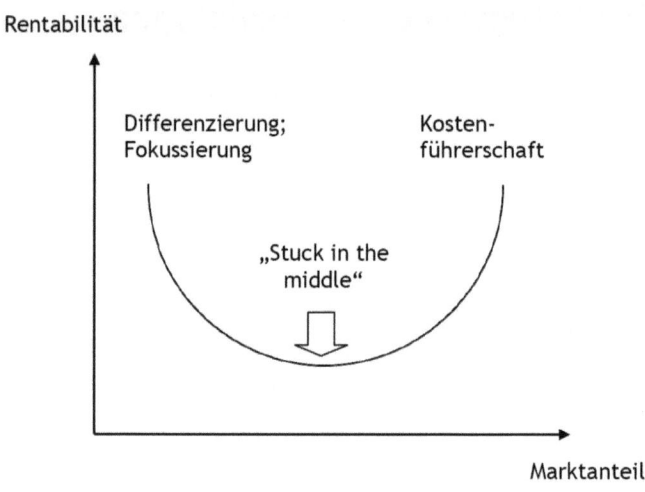

Quelle: In Anlehnung an Porter, Michael E.: Competitive Strategy, (The Free Press) New York 1980.

Am Beispiel des Kfz-Servicemarktes ist in **Abbildung 9.3** die Positionierung ausgewählter Anbieter mit unterschiedlichen Preis-Leistungsschwerpunkten modellhaft dargestellt.

Neben der konventionellen Trennung innerhalb strategischer Positionierungsmodelle in bipolare Preis-/Leistungsmerkmale, setzt sich zunehmend eine dritte, gleichwertige Komponente – der Vertrauensaspekt – durch, sodass man immer mehr von Preis-/Leistungs-/Vertrauensverhältnis sprechen kann. Die Informatisierung der Gesellschaft und die Überallerhältlichkeit von Informationen über internetbasierte Medien klärt die Verbraucher nicht nur über evtl. Preisunterschiede in den Angeboten auf, sondern informiert auch über fragwürdige Methoden bei der Beschaffung, Produktion oder Vermarktung der Produkte sowie dem Aftersales-Service des jeweiligen Anbieters. Werden beispielsweise Kostensenkungsmaßnahmen mittels Kinderarbeit in der Lieferkette, Umweltschädigung bei Produktion, Lagerung oder Transport oder beziehungsweise manipulative Techniken bei Beratung und Verkauf erzielt, wird sich die daraus folgende Imageschädigung viel schneller als früher kontraproduktiv auf das Verbraucherverhalten niederschlagen. Skandal kompromittierende Internetplattformen wie „Wikileaks" sind in diesem Zusammenhang eine qualitativ neue Erscheinung. Unternehmen sind ein Teil der Öffentlichkeit, was vor allem im strategischen Management bedacht werden muss.

Abbildung 9.3: Die strategische Positionierung von ausgewählten Anbietern im Kfz-Servicemarkt in Deutschland

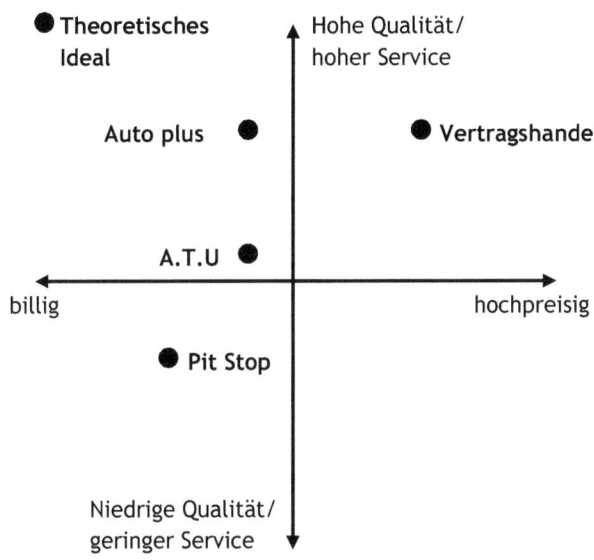

Quelle: Hecker, Falk; Hurth, Joachim; Seeba, Hans-Gerhard (Hrsg.): Aftersales in der Automobilwirtschaft, (Springer Automotive Media) München 2010, S. 261.

9.3 Das Konzentrationsprinzip

Leitzitat:

Vollkommenheit entsteht nicht dadurch, wenn man nichts mehr hinzufügen kann, sondern wenn man nichts mehr weglassen kann.

Antoine de Saint-Exupéry

In der praktischen Betriebswirtschaft setzt sich aufgrund der Knappheitsrestriktion betrieblicher Ressourcen bei der Strategiefindung zunehmend das Konzentrationsprinzip durch. Die Kräfte zu konzentrieren ist keine neue Erkenntnis der modernen Betriebswirtschaft. Bereits in der berühmten Militärstrategie von *Carl von Clausewitz (1780–1831)* nahm die Konzentration und Ökonomie der Kräfte einen besonderen Stellenwert ein, mit einem verblüffend ähnlichen Bezug zum gegenwärtigen Wettbewerb in entwickelten Märkten:

„Die Heere sind in unseren Tagen einander an Bewaffnung, Ausrüstung und Übung so ähnlich, dass zwischen den besten und schlechtesten kein sehr merklicher Unterschied in diesen Dingen besteht. Die Bildung in den wissenschaftlichen Korps mag noch einen merklichen Unterschied haben, aber sie führt meistens nur dahin, dass die einen die Erfinder und Ausführer in den besseren Einrichtungen sind und die anderen die schnell folgenden Nachahmer. Selbst die Unterfeldherren, die Führer der Korps und Divisionen, haben überall, was ihr Handwerk betrifft, ziemlich dieselben Ansichten und Methoden gefasst ... Die beste Strategie ist: immer recht stark zu sein, zuerst überhaupt und demnächst auf den entscheidenden Punkt. Daher gibt es außer der Anstrengung, welche die Kräfte schafft, und die nicht immer vom Feldherrn ausgeht, kein höheres und einfacheres Gesetz für die Strategie als das: seine Kräfte zusammenzuhalten – Nichts soll von der Hauptmasse getrennt sein, was nicht durch einen dringenden Zweck davon abgerufen wird ... Wer da Kräfte hat, wo der Feind sie nicht hinreichend beschäftigt, wer einen Teil seiner Kräfte marschieren, das heißt tot sein lässt, während die feindlichen schlagen, der führt mit seinen Kräften einen schlechten Haushalt. In diesem Sinne gibt es eine Verschwendung der Kräfte, die selbst schlimmer ist als ihre unzweckmäßige Verwendung ..., also keinen Aufenthalt und keinen Umweg ohne hinreichenden Grund."[275]

Erfolgreiches strategisches Management lenkt die eigenen Stärken auf jene Geschäftsfelder, welche langfristig hohe Erträge versprechen. Ein Beispiel dafür ist die Engpasskonzentrierte Strategie (EKS) nach *Wolfgang Mewes*. Danach werden sieben Phasen zur erfolgreichen Strategiefindung durchlaufen:[276]

1. Die eigenen Stärken analysieren.
2. Die erfolgversprechendsten Geschäftsfelder zu den Stärken identifizieren.
3. Die erfolgversprechendste Zielgruppe innerhalb der Geschäftsfelder identifizieren.
4. Das brennendste Problem der Zielgruppe ausfindig machen.
5. Überzeugende Innovationen zur Lösung des brennendsten Problems der Zielgruppe entwickeln.
6. Den optimalen (komplementären) Kooperationspartner finden.
7. Auf die Befriedigung konstanter Grundbedürfnisse spezialisieren.

Analog zu den Wachstumsgesetzen in der Natur, basiert die Engpasskonzentrierte Strategie darauf, dass beim sogenannten „Flaschenhals" angesetzt wird. Sowohl intern im eigenen Unternehmen als auch extern bei den potenziellen Zielkunden gibt es mindestens einen Minimumfaktor, welcher die Unternehmen daran hindert, weiter zu wachsen. Je

---

[275] Clausewitz 1991, S. 401, S. 504, S. 1009.

[276] Vgl. Friedrich, Seiwert, Malik 2010; vgl. auch Mewes, Wolfgang: Wie man die erfolgversprechendste Marktlücke findet, in: Mewes (Hrsg.) 2001, S. 14 ff.

präziser man diesen Engpassfaktor mit dem auserwählten Strategieansatz trifft, desto erfolgreicher wird dieser sein. Das besondere an dem Konzentrationsprinzip ist zum einen die Vermeidung von Austauschbarkeit und Verzettelung beim strategischen Ansatz und zum anderen die Nachhaltigkeit, indem auf die Befriedigung konstanter Grundbedürfnisse wie zum Beispiel Kommunikation, Mobilität, Gesundheit, Ernährung, Bildung oder Sexualität geachtet wird.

Anstatt sich auf seine Stärken zu konzentrieren, wird vielerorts der Fehler gemacht, dass „zu viel Problem in eine Lösung" verarbeitet werden soll, und das Profil dadurch geschwächt oder ganz verloren geht. Hier gilt die philosophische Erkenntnis: „Wer Profil hat, hat auch Kanten!"

9.4 Der strategische Geschäftsplan

Eine der Schlüsselfragen bei der Umsetzung neuer Geschäftsideen ist die Finanzierung. Investoren engagieren sich praktisch nur in Projekte, bei denen ein fundierter Businessplan zugrunde liegt. Einer der Vorreiter zur Initiierung von Businessplan-Wettbewerben potenzieller Neugründer und deren Geschäftsmodelle ist die *McKinsey Company*.[277] Der Businessplan ist die Grundlage zur Verwirklichung neuer strategischer Konzepte und dient letztendlich dazu, das für die Umsetzung notwendige Kapital zu beschaffen. Sowohl bei der internen Entscheidungsfindung, und vor allem gegenüber externen Kapitalgebern, ist die Erstellung eines Businessplans im strategischen Entscheidungsprozess unverzichtbar geworden.

Der Businessplan beinhaltet folgende Vorteile:[278]

- er zwingt die Strategen, ihre Geschäftsidee systematisch zu durchdenken, und verleiht ihr damit die nötige Schlagkraft,
- er zeigt Wissenslücken auf und hilft, diese effizient und strukturiert zu füllen,
- er leitet Entscheidungen ein,
- er fördert die Konzentration auf das Wesentliche,
- er dient als zentrales Kommunikationsinstrument zwischen den beteiligten Partnern und Institutionen,
- er gibt einen Überblick über die benötigten Ressourcen in personeller, materieller und finanzieller Hinsicht,

---

[277] McKinsey veranstaltete im Jahre 1997 zusammen mit renommierten Partnern den landesweiten größten Start-up Wettbewerb mit rd. 10.000 Teilnehmern, die zuvor ihre strategischen Konzepte eingereicht hatten.

[278] Vgl. McKinsey & Company 2007, S. 4.

- er ist eine „Trockenübung" für den Ernstfall, weil auch Risikofaktoren umfassend beleuchtet werden.

Ein professioneller Businessplan ist aussagekräftig, strukturiert, verständlich, kurz, leserfreundlich und ansprechend. In Anlehnung an *McKinsey* wird ein professioneller Businessplan formal wie folgt gestaltet:[279]

1. *Executive Summary:* Die Zusammenfassung dient dem schnellen Überblick und vermittelt in geraffter Form alles, was ein Leser unter Zeitdruck wissen muss.

2. *Produkt/Dienstleistung:* Sinn und Zweck eines jeden Unternehmens ist es, eine Leistung anzubieten, für die bei potenziellen Kunden Zahlungsbereitschaft existiert.

3. *Managementteam:* Über Erfolg und Misserfolg der Geschäftsidee entscheiden letztendlich die treibenden Kräfte des Unternehmerteams. Deren individuelle und gemeinschaftliche Fähigkeiten und Werdegänge gilt es herauszustellen. Ggf. auch von Beratern und Aufsichtsräten.

4. *Marktbearbeitung:* Der Marketingplan gehört zum Kernstück des Businessplans, weil in diesem ausgehend von den Rahmenbedingungen und Zielmarkt die Instrumente dargelegt werden, auf welche Weise die Produkte/Dienstleistungen ihre Abnehmer erreichen.

5. *Geschäftssystem und Organisation:* Die Arbeitsteilung verlangt ein effizientes Zusammenspiel der beteiligten Institutionen. Interne Organisation, Verantwortungen, Kooperationen bis hin zur allgemeinen Unternehmensphilosophie müssen zielführend zusammen wirken.

6. *Realisierungsfahrplan:* Insbesondere bei Start-ups sind Meilensteine erforderlich, damit die Umsetzung des Businessplans nicht ins Stocken gerät und ggf. Hemmnisse frühzeitig beseitigt werden.

7. *Risiken:* Die Risikoabwägung ist gegenüber externen Investoren eine wichtige vertrauensbildende Maßnahme, weil jedes Geschäft irgendwelche Risiken mit sich bringt. Diese sollte man so gut es geht von vorneherein offen legen.

8. *Finanzplanung:* Erfolgsrechnung, Planbilanz und Cashflow-Berechnungen sind die wesentlichen Inhalte der Finanzplanung. Neben der potenziellen Rendite interessieren sich die Kapitalgeber für den genauen Mittelbedarf, welchen das Unternehmen in den Wachstumsphasen veranschlagt. Professionelle Kapitalgeber wollen nur so viel Kapital investieren, wie unbedingt notwendig, um eine möglichst hohe Rendite zu erzielen.

---

[279] Vgl. McKinsey & Company 2007, S. 49–172; vgl. auch Struck 2001, S. 26–126.

Unternehmensentwicklungskonzepte, so auch der Businessplan sind keine starren Machtwerke – schon gar nicht in Zeiten des Wandels, sondern „Positionslichter", die regelmäßig auf ihre Aktualität hin überprüft und gegebenenfalls angepasst werden müssen.[280]

9.5 Die strategiefokussierte Organisation

Strategie ist kein Selbstzweck, sondern dient der Umsetzung der Unternehmensvision, der obersten Unternehmenszielsetzungen. In den Unternehmen setzt sich daher zunehmend das Bewusstsein durch, die gesamte Organisation auf diese strategischen Aufgaben auszurichten. Man spricht von der „strategiefokussierten Organisation". Hintergrund ist die Erkenntnis, dass die Fähigkeit, eine Strategie umzusetzen, wichtiger ist, als die Qualität der Strategie an sich.[281]

Im Kapitel zur Unternehmensphilosophie wurde bereits mit Hilfe des Konzepts der Aktivitäten und Verfahren gezeigt, dass das Prozessdenken in jedem Unternehmen eine dominante Rolle einnimmt. Wer besser werden will, muss entweder seine Leistungen (über Aktivitäten) erhöhen und/oder seine Kosten (durch verbesserte Verfahren) vermindern. Beides impliziert eine prozessuale Vorgehensweise, wodurch die Effizienz und Effektivität im Unternehmen gesteigert wird. Die finanziellen Größen sind nachlaufende Faktoren, sie informieren lediglich über die Resultate.

Eine strategiefokussierte Organisation konzentriert (fokussiert) die unternehmerischen Ressourcen in personeller, materieller und finanzieller Hinsicht auf die Erreichung der gesetzten Ziele beziehungsweise des Unternehmenszwecks. Ressourcen sind knapp, und es existiert die permanente Gefahr, dass es zu Ressourcenverschwendung kommt, wenn die Organisation sich im Laufe der Zeit „verselbständigt". Die strategiefokussierte Organisation hilft dem Management ein Steuerungssystem zu installieren, welches genau dieser Gefahr entgegenwirkt.

Robert S. Kaplan und *David. P. Norton* haben in den neunziger Jahren als Steuerungssystem das Instrument der „Balanced Scorecard" eingeführt. Zielsetzung des Ansatzes ist es, die Strategie einer Geschäftseinheit in messbaren Größen und prozessualen Abläufen zu übersetzen. Im Sinne des ganzheitlichen Ansatzes werden interne und externe Rahmenbedingungen gleichermaßen einbezogen. Der grundsätzliche Aufbau einer Balanced Scorecard betrachtet daher grundsätzlich die vier Perspektiven, wie sie in folgender Abbildung veranschaulicht werden.

---

[280] Vgl. Doppler 2008, S. 192.
[281] Vgl. Kaplan, Norton 2001, S. 3 ff.

Abbildung 9.4: Die vier Perspektiven der Balanced Scorecard

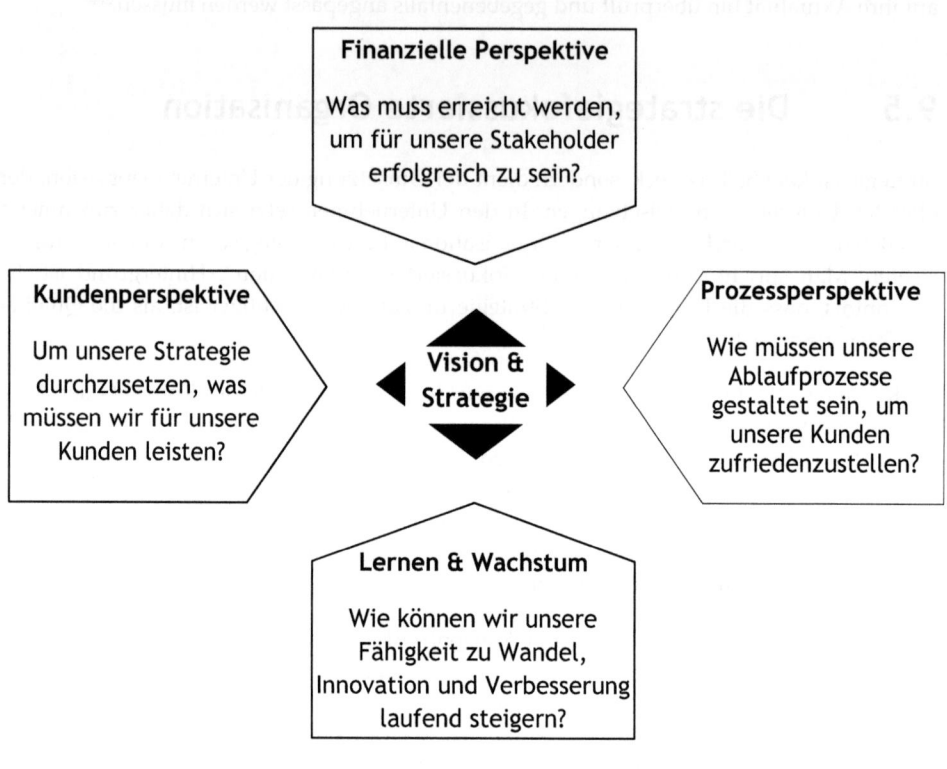

Quelle: Müller-Stewens, Günter; Lechner, Christoph: Strategisches Management, (Schäffer-Poeschel Verlag) Stuttgart 2001, S. 528; vgl. auch Kaplan, Robert S.; Norton, David P.: Die strategiefokussierte Organisation, (Schäffer-Poeschel Verlag) Stuttgart 2001, S. 70.

Dem Aufbau liegt eine einfache Logik zu Grunde, die mit dem Wertsteigerungsansatz beziehungsweise der Wertkette nach *Porter* korrespondiert:[282] Um eine hohe Rentabilität zu erreichen (finanzielle Perspektive), bedarf es der entsprechenden personellen Ressourcen (Lernen und Wachstum), welche mit hoher Effizienz und Prozessqualität (Prozess-Perspektive) die nachgefragten Leistungen und Kundenanforderungen (Kundenperspekti-

---

[282] Die Wertkette nach Michael Porter zerlegt die strategisch wichtigen Aktivitäten eines Unternehmens und analysiert diese auf ihren jeweiligen Beitrag zur Wertschöpfung. Ähnlich wie beim Konzept der Aktivitäten und Verfahren unterscheidet Porter nach primären Aktivitäten zur Leistungserstellung und unterstützenden Aktivitäten zur Aufgabenerfüllung. Nach der Logik der Wertkette kann ein Wettbewerbsvorteil nur dann erzielt werden, wenn entweder zu geringeren Kosten gearbeitet oder bessere Leistungen als die Konkurrenz geboten werden können. Vgl. Porter 1985.

ve) befriedigen. Die Ähnlichkeit zum Konzept der Aktivitäten und Verfahren ist nicht zu verkennen. Mit Hilfe von Strategiebäumen werden für jede Perspektive die Erfolg versprechenden Variablen identifiziert – auch „Treiber" genannt – und mit Messgrößen operationalisiert. Damit wird es für alle Unternehmensbeteiligten anschaulich und greifbar und bildet auf diese Weise eine gute Grundlage für weiteres Benchmarking. „Eine Strategie muss nicht nur die gewünschten Erfolge spezifizieren, sie muss auch beschreiben, wie sie erreicht werden können."[283] Diese Operationalisierung der Strategie übernimmt nach Kaplan und Norton die sogenannte „Strategy Map".[284] Sie bildet den Ausgangspunkt eines Entwicklungsprozesses zur Strategiebestimmung in der jeweiligen Organisation und seinen branchenbezogenen Anforderungen. Ist die Strategy Map richtig ausgestaltet, stellt sie eine geschlossene und logische Beschreibung zur Umsetzung der Unternehmensstrategie dar.

Eine strategisch ausgerichtete Unternehmensorganisation fokussiert ihr strategisches Handeln in der Regel mehrdimensional nach[285]

- Kunden beziehungsweise Abnehmergruppen,
- Produkten oder Leistungsprogrammen,
- Regionen beziehungsweise Absatzgebiete.

Auf diese Weise wird das strategische Denken im Management auf die wesentlichen Geschäftsbereiche fokussiert und es entsteht ein progressives Klima in der Unternehmensorganisation. Das Verhalten der Unternehmensbeteiligten wird strukturell geleitet.

Unternehmensstrategien basieren stark auf der Anwendung von Methoden und Instrumenten der Erfolgsfaktorenforschung, welche das Ziel verfolgt, Kausalfaktoren zu ermitteln, welche über den Erfolg oder Misserfolg betrieblicher Aktivitäten entscheiden.[286] Sie bilden die Grundlage für Erfolgspotenziale in der Zukunft und haben somit eine hohe entscheidungsrelevante Bedeutung für die Unternehmenspolitik. Aus ihnen wachsen die Innovationen. Mit der Vergangenheit wird gebrochen und so stellt es einen unverzichtbaren Bestandteil jeder Unternehmensstrategie dar, dass über Innovationen neue Wege der Verbesserung, zur Zielerreichung beschritten werden. Dieser Prozess ist dynamisch, weil der Innovator die Vorteile des Neuen nur anfänglich nutzen kann. Innovationsvorteile sind vergänglich und währen nur so lange, wie die Wettbewerber benötigen, um sie zu entdecken beziehungsweise ebenfalls einzusetzen.[287]

---

[283] Kaplan, Norton 2001, S. 82.
[284] Vgl. Kaplan, Norton 2001, S. 87 f.
[285] Vgl. zur Strukturierung von Organisationen Frese 2005
[286] Vgl. Fritz, Wolfgang: Erfolgsfaktoren im Marketing, in: Tietz, Köhler, Zentes (Hrsg.) 1995, Sp. 594 ff.
[287] Vgl. Oetinger, Ghyczy, Bassford (Hrsg.) 2001, S. 82 f.

10 Die Unternehmenspolitik

Leitzitat:

„Einen Vorsprung im Leben hat, wer da anpackt, wo die anderen erst einmal reden."

John F. Kennedy

10.1 Die Übersicht der Entscheidungsdimensionen und die Gestaltung von Zielvorgaben

Im Rahmen der Unternehmenspolitik werden die realen Abläufe in einem Unternehmen bewusst gestaltet und damit zielorientiert verändert. Politisches Handeln ist entscheidungsorientiert und basiert auf den strategischen Vorgaben der Unternehmensführung. Je nach Perfektion des Entscheidungsrahmens entsprechen die Wirkungen der Unternehmenspolitik den gesetzten Zielvorgaben. Ziele sind zukünftig angestrebte Zustände. Unternehmenspolitische Gestaltung ist ohne Zielvorgaben praktisch unmöglich und Voraussetzung für betriebliches Entscheiden. Schließlich dienen die Unternehmensziele als Maßstab für den Unternehmenserfolg. Die Zielformulierung ist eine der Grundfunktionen unternehmerischen Handelns. Wir leben in einer „Zielsetzungszeit". Ziele setzen ist en vogue: Umsatzziele, Wochenziele, Projektziele, Gesprächsziele, Lernziele, Lebensziele, Karriereziele, Urlaubsziele usw.

Wichtig ist, dass Ziele operational, also konkret und messbar formuliert werden. Als Zieldimensionen sind zur Sicherstellung von Operationalität von Bedeutung:[288]

- ■ der Zielinhalt als beeinflussbare Variablen,
- ■ das Zielausmaß als Anspruchsniveau,
- ■ der zeitliche Bezug als Fristigkeit.

Mittels der Entwicklung von Zielsystemen[289] wird versucht, Unternehmensziele vergleichbar und operational zu gestalten. So dienen vor allem Modelle von Kennzahlensystemen als Zielordnungsschemata in Großunternehmen und in Branchenvergleichen. Sie sind zudem der wichtigste Bestandteil des Benchmarking[290] zwischen Unternehmen. An Zielsystemen werden im Allgemeinen folgende Anforderungen gestellt:[291]

---

[288] Vgl. Macharzina 2010, S. 210 f.
[289] Vgl. Hamel, Winfried: Zielsysteme, in: Frese (Hrsg.) 1992, Sp. 2634–2652.
[290] Als Benchmark bezeichnet man einen Referenzmaßstab zur Beurteilung der eigenen Leistungsfähigkeit. Vgl. Meffert, Burmann, Kirchgeorg 2008, S. 421 f.
[291] Vgl. Jost 2008, S. 219 f.

- vollständige Berücksichtigung aller Einflussfaktoren,
- Zerlegbarkeit beziehungsweise Strukturierung eines Fundamentalziels in mehrere Zielvariablen,
- Operationalisierbarkeit der Zielvariablen,
- Redundanzfreiheit zwischen den einzelnen Zielen beziehungsweise keine Mehrfachberücksichtigung von bestimmten Zielvariablen.

Die Planung, Überwachung und Kontrolle der unternehmenspolitischen Maßnahmen und der damit einhergehende Zielerreichungsgrad erfolgt durch das Unternehmenscontrolling.[292]

Die Unternehmensführung entscheidet im Rahmen der Unternehmenspolitik über den operativen Einsatz materieller, personeller und finanzieller Ressourcen und verfügt hierdurch über die gesamten Kapazitäten im Unternehmen. Daraus entsteht das Leistungsprogramm[293] am Markt beziehungsweise das Marketing im Sinne von marktorientierter Unternehmenspolitik.[294]

Wichtige instrumentale Entscheidungsdimensionen der Unternehmenspolitik in personalistischer und institutioneller Hinsicht sind:[295]

- die Kundenpolitik,
- die Lieferantenpolitik,
- die Wettbewerbspolitik,
- die Kooperationspolitik,
- die Kapitalgeberpolitik,
- die Öffentlichkeitspolitik,
- die Mitarbeiterpolitik.

Der Unterschied zwischen einem erfolgreichen Unternehmen und einem weniger erfolgreichen Unternehmen wird maßgeblich durch die Konsequenz bei der Umsetzung der Unternehmenspolitik bestimmt. Bereits *Johann Wolfgang von Goethe (1749–1832)* sagte: „Es genügt nicht zu wissen, man muss es auch anwenden. Es genügt nicht zu wollen, man muss es auch tun!" Semantisch gesehen leitet sich der Begriff Erfolg aus dem lateinischen „consequentia" ab, und bedeutet so viel wie „folgen" beziehungsweise „cum sequentia"

---

[292] Vgl. zum Unternehmenscontrolling unter anderem Horváth 2009.
[293] Vgl. zur Leistungsprogrammpolitik das umfassende Konzept von Tietz 1993b, S. 66 ff.
[294] Vgl. Meffert,Burmann,Kirchgeorg 2008, S. 13.
[295] Vgl. Tietz 1988.

„mit Folge". Im übertragenden Sinne kann man festhalten: Erfolgreiche Unternehmenspolitik verlangt Konsequenz im Handeln.[296]

Das Management setzt die von den Unternehmensinhabern formulierte Unternehmensvision anhand konkreter Zielvorgaben und mit Hilfe konkreter Instrumente durch. Managementpolitik bedeutet somit stets auch Machtpolitik, mit der das Gewollte umgesetzt wird. Die Entscheidungsträger formulieren im Rahmen der Organisation und Führung Koordinationsmaßnahmen, welche die Festlegung von Aufgabeninhalten, Entscheidungskompetenzen und Kommunikationsbeziehungen für die weiteren Erfüllungsgehilfen im Unternehmen zum Gegenstand haben. Dieser Delegationsprozess im Management ist stets mit Risiko behaftet, weil Durchführungsdefizite, operative Anpassungszwänge und Verantwortungsdiffusionen ein Abweichen oder Ausbrechen von der ursprünglichen Unternehmensvision induzieren.[297] Der Managementpolitik, und dabei insbesondere der Organisations- und Führungspolitik kommt bei diesem Koordinationsdilemma die wichtige Aufgabe zu, Instrumentarien zu entwickeln, welche eine möglichst hohe Konformität mit den Unternehmenszielen garantieren.

10.2 Die entscheidungsorientierte Managementpolitik

Leitzitat:

„Aufgaben delegieren heißt nicht mehr Personen und Tätigkeiten überwachen, sondern nur noch Ergebnisse."

B. C. Forbes

Bestandteil der Managementpolitik im Grundraster der Unternehmenspolitik ist die Planung, Organisation, Führung und Kontrolle des betrieblichen Geschehens.[298] Management ist kein Selbstzweck, sondern folgt aus dem Zwang zur interpersonellen Arbeitsteilung in Unternehmen.[299] Die Gesamtaufgabe einer Unternehmung ist ab einer bestimmten Unternehmensgröße zu komplex, um von einem einzelnen Entscheidungsträger bewältigt werden zu können. Aus diesem Grund erfolgt eine Differenzierung und Zuordnung der Teilaufgaben zu verschiedenen Entscheidungseinheiten, die aufgabenspezifisch mit entsprechenden Kompetenzen und Verantwortung ausgestattet werden. Damit alle Teileinheiten auf die Erreichung der gleichen übergeordneten Gesamtziele hin agieren, sind geeignete Rege-

---

[296] Vgl. Fournier 2005, S. 118.

[297] Vgl. zu den Folgen der Delegation von Kompetenzen und Verantwortung Steinle, Claus: Delegation, in: Frese (Hrsg.) 1992, Sp. 511.

[298] Vgl. das System der Unternehmenspolitik nach Tietz 1993b, S. 52.

[299] Vgl. im Folgenden zur Begriffsbestimmung der Organisation Frese 2000, S. 6.

lungen zur Abstimmung zu implementieren. Die Führung übernimmt die zielbezogene Einflussnahme, Koordination und Kontrolle der involvierten Aufgabenträger, um die Einzelaktivitäten auf das Gesamtziel auszurichten.[300]

Koordination bedeutet das Ausrichten von Einzelaktivitäten in einem arbeitsteiligen System auf ein übergeordnetes Gesamtziel und bezweckt die Abstimmung und Harmonisierung von Entscheidungen und Handlungen.[301] Koordinationsmaßnahmen erstrecken sich im Wesentlichen auf die Formulierung von Entscheidungskompetenzen und die Festlegung von Kommunikationsbeziehungen.[302] Folgende Koordinationsprinzipien kommen dafür in Betracht:[303]

- *die Selbstabstimmung*, bei der jedes Organisationsmitglied auf der Basis eigener Überlegungen über seine Tätigkeiten entscheidet,

- *die Gruppenabstimmung*, bei der mehrere Organisationsmitglieder nach bestimmten Abstimmungsregeln entscheiden,

- *die Hierarchie*, in der eine oder mehrere Instanzen über die Tätigkeiten nachgeordneter Mitarbeiter entscheiden.

Zwischen den drei Grundformen gibt es zahlreiche Kombinationsmöglichkeiten, wobei durchweg eine klare Tendenz zur Hierarchie in Organisationen existiert.

Die Ursache des Koordinationsbedarfes beruht auf den multipersonalen Entscheidungsprozessen in großen Organisationen, in denen eine Vielzahl von Personen an der Willensbildung und Willensdurchsetzung beteiligt sind. Die Koordination dieser Willensbildung- und Willensdurchsetzungsprozesse ist der systemimmanente Bestandteil von Organisation.[304] Organisation ist somit ein Prozess der internen Machtzuweisung. Das Ausmaß der Koordination ist umso größer:[305]

- je größer und komplexer die Beziehungen der Organisationsmitglieder sind,

- je weiter die Aufgaben in der Organisation differenziert wurden,

- je anonymer die Kommunikations- und Vertrauensbeziehungen der Organisationsmitglieder sind,

- je weiter die räumliche Distanz der Organisationseinheiten sind.

---

[300] Vgl. Staehle 1999, S. 328 f.

[301] Vgl. Staehle 1999, S. 555.

[302] Vgl. Frese 2005, S. 69.

[303] Vgl. Laux, Helmut: Koordination in der Unternehmung, in: Wittmann, Kern, Köhler, Küpper, Wysocki 1993; Sp. 2313 f.

[304] Vgl. Ulrich, Hans: Willensbildung und Willensdurchsetzung, in: Grochla (Hrsg.) 1969, Sp. 1784.

[305] Vgl. Staehle 1999, S. 556.

Jede Zuweisung von Entscheidungsproblemen verlangt Kompetenz. Kompetenz im engeren Sinne umfasst die Befähigung, eine Aufgabe beziehungsweise Problemstellung zu lösen. Kompetenz im organisationalen Sinne bedeutet Handlungsfähigkeit und Entscheidungsautonomie für disziplinarische und fachliche Angelegenheiten. Die Übertragung von Entscheidungskompetenzen nennt man Delegation.[306] Der dadurch gewonnene Einfluss wird als Autorität oder organisationale Macht bezeichnet. Die Ausübung von Macht zieht automatisch Verantwortung für Entscheidungen und Handlungen nach sich. Verantwortung kann dabei politischer, moralischer und juristischer Natur sein.[307]

Aufgabe, Kompetenz und Verantwortung stehen in einer Koordinationsbeziehung zueinander. Nach dem Kongruenzprinzip können Entscheidungsträger nur zur Verantwortung gezogen werden, wenn ihnen auch die Kompetenz (Autorität) zur Bewältigung der relevanten Aufgaben (Handlungsziele) zustand. *Tietz* spricht von dem Prinzip der Identität von Kompetenz und Verantwortung.[308]

Abbildung 10.1: Die kategorialen Koordinationsbeziehungen in einer Organisation

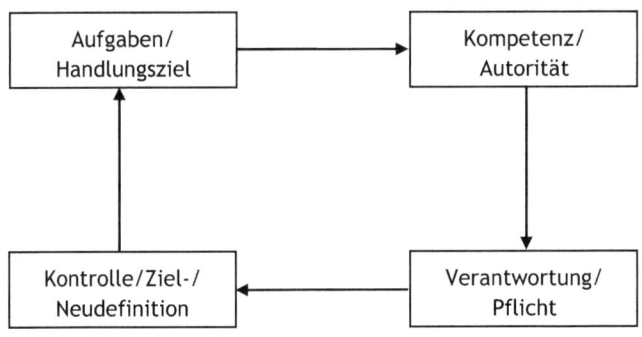

Quelle: In Anlehnung an Tietz, Bruno: Die Grundlagen des Marketing, 3. Bd.: Das Marketing-Management, (Verlag Moderne Industrie) München 1976, S. 581.

Koordination ist kosten- und zeitaufwendig. Daher ist es ab einer bestimmten Größe sinnvoller, große Organisationen in kleinere, in der Regel selbständige Organisationseinheiten zu dividieren. Die Gestaltung und Veränderung von Organisationen ist ebenfalls Aufgabe der Unternehmensführung und wird als Organisationsentwicklung bezeichnet. Die Philosophie moderner Organisationen sollte jedoch nicht darin bestehen, abzuteilen und starre Funktionsbereiche zu eigenständigen Machtzentren mutieren zu lassen. So wird das Zuständigkeitsdenken gefördert, mit der Folge, dass viele Mitarbeiter „ständig zu" sind. Die

---

[306] Vgl. Steinle, Claus: Delegation, in: Frese (Hrsg.) 1992, Sp. 500-513.
[307] Vgl. Bronner, Rolf: Verantwortung, in: Frese (Hrsg.) 1992, Sp. 2504.
[308] Vgl. Tietz 1976, S. 580 f.

Beziehungen zu anderen Bereichen sind nicht selten geprägt durch Vorsicht, Abwehr und Misstrauen. Was eine effiziente Organisation jedoch benötigt, sind nicht vertikal abgeteilte, an der Hierarchie orientierte Funktionssilos, sondern flexible, horizontal gereihte Prozessketten, die sich an den Markt- und Kundenbedürfnissen ausrichten mit einem offenen Netzwerk – quasi als Zelt, das man problemlos auf- und auch wieder abbauen kann.[309]

10.3 Ausgewählte Managementprinzipien

Die Managementpraxis lebt in großem Maße von den Erfahrungen, die man selbst als Führungskraft aufbaut beziehungsweise von anderen Führungskräften „mit auf den Weg" gegeben bekommt. Ein guter Manager versteht es stets, *andere Menschen für sich zu gewinnen:* seine Mitarbeiter, die Kunden, andere Geschäftspartner, die Gunst der Bankenvertreter usw. Wenn man so will, eine allgemeingültige Lebensphilosophie im Management.

Das Management von Unternehmen ist im hohen Grade philosophiegesteuert und besitzt einen Individualismus, welcher das Charisma des personalisierten Managements widerspiegelt. Unternehmenspolitische Gestaltungsakte sind zudem so komplex, dass eine Vereinfachung der Gestaltungsprobleme notwendig ist. Für die entscheidungsorientierte Managementpolitik ergeben sich daraus die Prinzipien, mit denen die Unternehmensentscheidungen getroffen werden. Auf diese Weise werden heuristische Erfahrungsregeln in Arbeitshypothesen transferiert, die wegen ihrer Kürze, Einfachheit und teilweise Operationalität als moderne Managementregeln eine weite Verbreitung finden.[310] Managementprinzipien als Gestaltungs- und Handlungsmaxime leiten also ihren Allgemeingültigkeitsanspruch in der Regel aus praktischen Erfahrungen ab und sind daher meist ohne repräsentative empirische Basis, weshalb sie wissenschaftlich gesehen eher von untergeordneter Bedeutung sind.

Beispiele für Managementprinzipien sind im Rahmen von Organisation und Führung das:

- Delegations- oder Subsidiaritätsprinzip: Aufgaben sind jeweils der niedrigsten Ebene zuzuweisen, die noch zur Erfüllung in der Lage ist.
- Kongruenzprinzip: Die Deckungsgleichheit von Aufgabe, Kompetenz und Verantwortung.
- Synergieprinzip: Das Ganze ist mehr als die Summe seiner Einzelteile.
- Kontrollprinzip: Kontrollen sollen auf Ausnahmefälle beschränkt bleiben.

In der Praxis erweist sich immer wieder als Grundproblem der Führung, dass Manager sich schwer tun, Handlungsvollmachten, also Kompetenzen und Verantwortung mit dem

---

[309] Vgl. Doppler 2008, S. 63.
[310] Vgl. Tietz 1993b, S. 83.

dazugehörigen Wissen beziehungsweise Informationen auf nachfolgende Mitarbeiter zu übertragen. Die Fähigkeiten der Mitarbeiter – und demzufolge das Leistungspotenzial des Unternehmens insgesamt – werden dadurch nur suboptimal ausgeschöpft. Zudem existiert ein negativer Lerneffekt in dem Sinne, dass die Mitarbeiter nicht in der Lage sind, eigenes Risiko zu kalkulieren, Kontrollmechanismen für ihr eigenes Handeln zu entwickeln und Innovationen im Allgemeinen gehemmt werden.

Die Szene der Unternehmensberater versucht das sogenannte Konzept des „Empowerment" als „Gegenmittel" zu verabreichen, welches darauf beruht, den Mitarbeitern Entscheidungs- und Handlungsspielräume zu überlassen, die traditionell höheren Managementebenen vorbehalten sind. Die Philosophie dahinter besagt, dass Mitarbeiter mehr leisten, wenn sie mehr leisten dürfen.[311] Letzten Endes geht es um die konsequente Einhaltung des Delegations- und Subsidiaritätsprinzips. Werden dagegen Aufgaben delegiert, wozu der Mitarbeiter – auch bei ausreichender Informations- und Wissenslage – nicht in der Lage ist, sie zu erfüllen, führt die Verletzung des Kongruenzprinzips dazu, dass potenziell ein Schaden entsteht. Natürlich lernt man aus Fehlern und viele Menschen nutzen dies auch als Chance, besser zu werden und an sich zu arbeiten. Es ist jedoch zweifelhaft, ob es ein Managementprinzip sein kann, Mitarbeiter bewusst über ihre Fähigkeiten hinaus mit Aufgaben zu (über)fordern. Hier treffen unterschiedliche Management-Philosophien aufeinander.

Führung muss als Dienstleistung verstanden werden, die dem anderen helfen soll, reif zu werden, um selbstbestimmte Entscheidungen treffen zu können.[312] Die klassische Fremdbestimmung in Mitarbeiter-/Vorgesetztenbeziehungen kann durchaus kontrovers diskutiert werden. In Anlehnung an die christliche Überlieferung begeht der eine Sünde, der nicht das tut, was er selbst für gut und richtig hält.

> „Ihr wisst, dass die, die als Herrscher gelten, ihre Völker unterdrücken und die Mächtigen ihre Macht über die Menschen missbrauchen. Bei euch aber soll es nicht so sein, sondern wer bei euch groß sein will, der soll euer Diener sein, und wer bei euch der Erste sein will, soll der Sklave aller sein."[313]

Abhängigkeit und Menschenliebe (Agape) schließen sich nach den Erlösungsreligionen gegenseitig aus. Jemand, der seine Selbstbestimmung aufgegeben hat, wird von *Aristoteles* als Sklave bezeichnet. Führung als Dienstleistung setzt voraus, dass abhängigkeitsbetonte Hierarchien im Unternehmen aufgelöst werden und die Philosophie des Unternehmers im Unternehmen umgesetzt wird. Schon heute wird in der Unternehmenswelt gescherzt: „Wer Leute unter sich braucht, sollte Friedhofsvorsteher werden."

---

[311] Vgl. Blanchard, Carlos, Randolph 1996.

[312] Vgl. Schwarz 2008, S. 178 f.

[313] Markus-Evangelium 10, 42–44, zitiert nach: Die Bibel. Einheitsübersetzung der Heiligen Schrift, (Katholische Verlagsanstalt) Stuttgart 1980.

In der Empirie immer wieder bestätigt wurden in diesem Zusammenhang folgende Erfahrungsregeln:

- *das Peter-Prinzip:* In einer Hierarchie neigt jeder Beschäftigte dazu, bis zu seiner Stufe der Unfähigkeit aufzusteigen.

- *das erste Parkinson'sche Gesetz:* Arbeit lässt sich – wie Gummi – so weit dehnen, wie Zeit zur Verfügung steht, um sie auszuführen.

Beim „Peter-Prinzip" geht es um überzogene Hierarchien in Unternehmen und öffentlichen Verwaltungen sowie um den Missbrauch von hierarchischer Positionszuordnung als immaterielles und materielles Anreizinstrument. Insbesondere in bürokratischen Organisationen determiniert die hierarchische Position und nicht die Leistung eines Aufgabenträgers das Arbeitsentgelt. Die Folge ist eine Hierarchieinflation mit immer mehr „Häuptlingen" und immer weniger „Indianern". Fachkompetenz und Führungskompetenz bilden keine innere Einheit, so dass in vielen Fällen hierarchische Positionen von Personen besetzt werden, die nicht in der Lage sind, den gesteigerten Anforderungen Rechnung zu tragen. Aus einem ursprünglich fähigen und fachkompetenten Mitarbeiter auf einer unteren Hierarchieebene wird eine unfähige Führungskraft, was *Laurence J. Peter (1919–1990)* zur Formulierung des sogenannten Peter-Prinzips begründete: „In einer Hierarchie neigt jeder Beschäftigte dazu, bis zu seiner Stufe der Unfähigkeit aufzusteigen."[314] Da eine Rückstufung arbeitsrechtlich schwierig und in der Regel praktisch unmöglich ist, werden die notwendigen Führungsaufgaben durch neue hierarchische Instanzen erledigt. *Peter* spricht von hierarchischer Regression, in dem Unfähige von Fähigen durchgeschleppt werden. Die Folge sind aufgeblähte und undurchsichtige Strukturen und Verwaltungsapparate.

Das „Parkinson'sche Gesetz" zielt dagegen auf die Analyse der Arbeitseffizienz:

> „Arbeit lässt sich – wie Gummi – so weit dehnen, wie Zeit zur Verfügung steht, um sie auszuführen. So kann eine alte Dame ihren ganzen Tag damit verbringen, eine einzige Postkarte an ihre Nichte in Oberpframmern zu schreiben und abzuschicken. Eine Stunde vergeht mit der Suche nach der Postkarte, eine weitere mit der Suche nach der Brille, eine halbe für das Finden der Adresse; es folgen fünf Viertelstunden für die Komposition des Schriftstückes, zwanzig Minuten für die wichtige Entscheidung, ob man für den Weg zum Briefkasten an der nächsten Ecke einen Schirm mitnehmen soll oder nicht. Kurz und gut, eine Arbeit, die einen geschäftigen Mann nicht länger als insgesamt drei Minuten beansprucht, kann bei anders gearteten Menschen nach einem Tag voller Zweifel, Angst und Mühen ein Gefühl völliger Erschöpfung hinterlassen."[315]

Es existiert also eine Korrelation zwischen dem Arbeitspensum und der Zahl der Angestellten, welche das Arbeitspensum erledigen soll. Mangel an Beschäftigung spiegelt sich nicht zwangsläufig in auffälligem Nichtstun wider. Vielmehr schwillt eine Arbeit an und

---

[314] Peter, Hull 1972, S. 19.

[315] Parkinson 1984, S. 11.

gewinnt an Umfang und Komplexität, je mehr Zeit für sie zur Verfügung steht. Effizienz und Effektivität lassen nach.

10.4 Ausgewählte Managementgrundsätze

Von Managementprinzipien zu unterscheiden sind die Managementgrundsätze. Sie geben normative Verhaltensregeln für die Manager bei der Ausübung von unternehmenspolitischen Entscheidungen. *Fredmund Malik* identifiziert unter anderem folgende allgemeingültige Grundsätze für effektives Management:[316]

1. Ergebnisorientierung,

2. Ganzheitlichkeit,

3. Konzentration auf Stärken,

4. aufbauendes (positives) Denken.

Die wichtigste Erkenntnis im Hinblick auf die Professionalität des Managementberufes ist danach die Sicherstellung von Produktivität durch Leistungsorientierung aufgrund von Konzentration. „Wo immer Ergebnisse zu sehen sind, wird man auch Konzentration feststellen."[317] Hier sind wichtige Determinanten für Gewinn und Erfolg in einem Unternehmen zu sehen.

Die meiste Zeit geht dadurch verloren, weil man nicht zu Ende denkt. Voreiliges Handeln führt selten zum Optimum. „Das Gras wächst nicht schneller, wenn man daran zieht", lautet eine afrikanische Weisheit. Natürlich gibt es Situationen, in denen schnelles Handeln gefragt ist. Doch zwischen zu früh und zu spät liegt immer noch ein Augenblick. Meistens ist es klug, nicht aus dem Affekt zu handeln, voreilige Schlüsse oder Entscheidungen zu treffen, sondern wohlüberlegt, meistens mit etwas Abstand sich der Sache zu widmen. Wie häufig hat man ein vorschnelles Wort bereut oder Entscheidungen aus der „Hüfte geschossen", ohne die Konsequenzen gründlich genug bedacht zu haben.

Anstatt sich auf das Wesentliche zu konzentrieren lassen sich viele Manager zu sehr von den täglichen Negativmeldungen, wie zum Beispiel Kundenreklamationen, Kostenprobleme, unerwartete Kündigungen usw. beeinflussen. Natürlich ist das Management dieser Probleme wichtig, nur darf es nicht zum Steuerrad des Tagesablaufes werden. *August-Wilhelm Scheer* nennt dies scherzhaft das „Müllabfuhr-Prinzip": „Die negativen Geschehnisse werden nach oben gespült und müssen von der Unternehmensleitung beseitigt werden, die reibungslos laufenden Tätigkeiten benötigen ihr Eingreifen dagegen nicht."[318] Die

---

[316] Vgl. Malik 2006, S. 75 ff.

[317] Malik 2006, S. 120.

[318] Scheer 2000, S. 73.

schwierigste Aufgabe vieler Manager ist zweifelsohne das Loslassen, insbesondere in Wachstumsphasen. Genauso wie Eltern Ihre Kinder zur Selbständigkeit erziehen müssen, kommt diese Aufgabe dem Management in Bezug auf die Mitarbeiter zu.

Ein guter Manager ist in der Lage, sich selbst gut zu organisieren.

> „Ein Manager managt viel weniger als wir glauben – zumindest, wenn er halbwegs klug ist. Der Fluss sucht sich seinen Weg weitgehend selbst. Energien entfalten sich im freien Spiel von Gruppendynamik und Selbstorganisation. Die Menschen im Unternehmen bestimmen durchweg die Professionalität ihrer Arbeit selbst, so wie die Güte eines Orchesters grundsätzlich von der Qualität der Musiker abhängt. Der Dirigent ist austauschbar. Er ist wie ein Fußballtrainer eher ein Katalysator, manchmal auch Antreiber, aber immer angewiesen auf die Qualität und die Einsatzbereitschaft der Mannschaft. Alles andere ist Selbstinszenierung ... Woher kommt die Sehnsucht nach dem großen Helden und Retter – die Sehnsucht nach Batman, Zorro oder Robin Hood?"[319]

Exkurs: Der organisierte Mensch

Vor der Industrialisierung war (Selbst-)Organisation kein Problem: Die Arbeit organisierte die Menschen. Strikte Aufgabenorientierung bestimmte die Organisation. Die Welt war konkret. Den Bauern musste niemand sagen, wann er aufzustehen hatte, um die Kühe zu melken. Heutige Organisationen haben teilweise einen derartigen Abstraktionsgrad erreicht, dass Sinneswahrnehmung praktisch unmöglich geworden ist. Das Ganze ist nicht sichtbar und so entsteht der Zwang, dass der Mensch seine Arbeit organisieren muss, ohne immer den Gesamtzusammenhang zu begreifen. Die Beherrschung von Spezial- und Fachgebieten auf der einen Seite setzt Koordination durch eine übergeordnete Institution voraus.

Effektive Menschen warten nicht darauf, bis sie organisiert werden. Sie konzentrieren sich auf die wichtigen Aufgaben, erkennen Handlungsbedarfe und sind bereit Verantwortung für ihr Handeln zu übernehmen. Diese Menschen sind für die Unternehmensführung im engeren Sinne prädestiniert, weil sie in der Lage sind, andere Menschen zu organisieren und zu führen. Fachliche und soziale Kompetenz sind gleichsam gefragt. Die direktive Einflussnahme auf die Unternehmensführung ist natürlich begrenzt, so dass die Beherrschung der Selbstorganisation mit steigender Verantwortungsposition im Unternehmen gegeben sein muss. Die wichtigste Eigenschaft effektiver Selbstorganisation ist die Fähigkeit, wichtige und dringliche Aufgaben unterscheiden zu können. Alle Formen moderner Zeitmanagementmethoden beruhen auf dem unter „Eisenhower-Prinzip" bekannt gewordenen Prioritäten-Portfolio.[320]

---

[319] Doppler 2008, S. 64.
[320] Vgl. Seiwert 1997, S. 83.

- wichtig und dringend (A-Aufgaben) → sofort erledigen,
- wichtig, aber nicht dringend (B-Aufgaben) → terminieren,
- weniger wichtig, aber dringend (C-Aufgaben) → delegieren,
- unwichtig und nicht dringend → abschaffen.

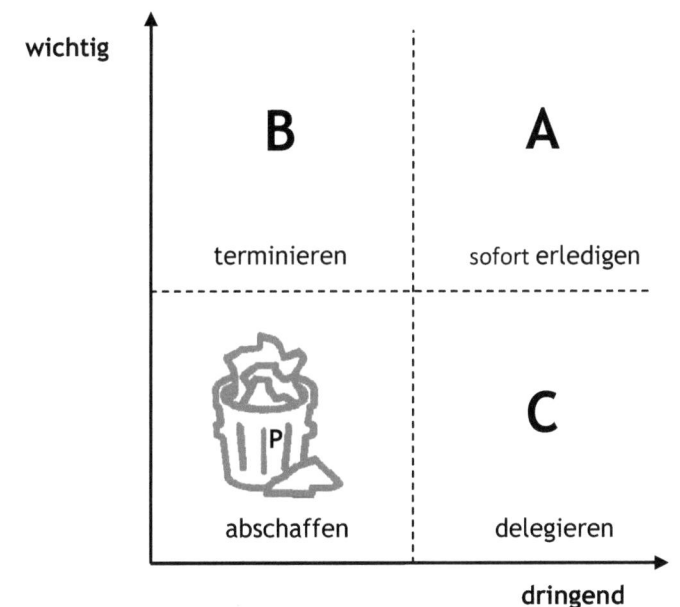

Abbildung 10.2: Die ABC-Analyse der Aufgaben: „Das Eisenhower-Prinzip"

In der Managementpraxis existiert häufig eine Diskrepanz zwischen dem Wert der Tätigkeit, die ein Manager ausführt und der tatsächlichen Zeitverwendung für die betreffenden Aufgaben. Eine chinesische Weisheit lautet, „Wer keine Ausdauer hat bei Kleinigkeiten, dem misslingt der große Plan." Gefragt ist eine gesunde Selbstmotivation und Selbstorganisation getreu nach *Immanuel Kant*: „Ich kann, weil ich will, was ich muss."

Die höchste Effektivität im Sinne der Unternehmensziele produziert der Mensch bei der Bewältigung der sogenannten B-Aufgaben, die wichtig, aber nicht dringend sind. In diesem Korridor ist der Mensch mit Planung, Vorbereitung, Strategiefindung, Evaluation und Ähnlichem beschäftigt, welche allesamt die qualitative Grundlage für die Unternehmenspolitik darstellen. Mit diesen Aufgaben sollte sich das Management gut zwei Drittel seiner Zeit beschäftigen.[321]

---

[321] Vgl. Covey, Merrill, Merrill 1994, S. 32 u. 197.

Abbildung 10.3: Wertanalyse der Zeitverwendung im Rahmen der ABC-Analyse

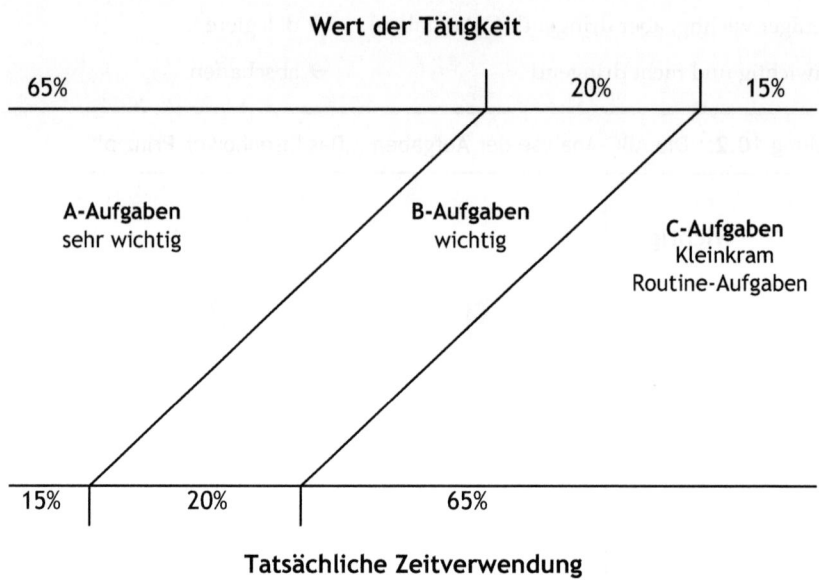

Quelle: Seiwert, Lothar J.: Das neue 1 x 1 des Zeitmanagement, 19. Aufl., (Gabal Verlag) Offenbach 1997, S. 27.

Menschen so zu organisieren, dass sie Aufgaben, die sie beherrschen, im Sinne der Unternehmensziele bewältigen, gehört zu den immanenten Aufgaben des Managements. Das Zielsystem ist für ein effektives Selbstmanagement des Mitarbeiters von großer Bedeutung. Folgende Einflussfaktoren sind dabei zu berücksichtigen:[322]

- *die Exaktheit der Ziele:* Je präziser ein Ziel definiert wird, desto stärker wird die Aufmerksamkeit auf dieses Ziel gelenkt.

- *die Schwierigkeit der Ziele:* Je anspruchsvoller die Zielsetzung für den Mitarbeiter ist, desto größer tendenziell auch seine Anstrengung und das Engagement zur Zielerreichung.

- *die Verpflichtung zu den Zielen:* Je größer die Zielbindung, desto stärker die Ressourcenkonzentration auf die Ziele.

- *die Akzeptanz der Ziele:* Je größer die Akzeptanz, desto mehr kommt den Zielen eine verhaltensleitende Funktion zu.

---

[322] Vgl. Jost 2008, S. 410 ff.

10.5 Ausgewählte Managementsyndrome

Managementsyndrome verstanden als „Krankheitsbilder" in Organisations- und Führungssystemen beschreiben Fehlentwicklungen, welche auftreten, wenn die Führungskraft nicht in der Lage ist, sich selbst zu organisieren. Der zeitliche Einsatz betroffener Mitarbeiter steht meistens in einem krassen Missverhältnis zur Effektivität. Routinearbeiten ersticken die Initiativleistung und führen zu den sogenannten Managementsyndromen, wie zum Beispiel:[323]

- *Do-it-yourself-Syndrom:* „Wenn ich das nicht selbst erledige, geht es mit Sicherheit schief." Das Tagesgeschäft wird zum Erfolgserlebnis.
- *Feuerwehr-Syndrom:* „Es brennt. Schnell eingreifen." Der Vorgesetzte degradiert sich zum Zuarbeiter und wird so zum Held des Tagesgeschäftes.
- *Unentbehrlichkeitssyndrom:* Ständige Erreichbarkeit aufgrund mangelnder Fähigkeit zur Delegation von Kompetenz und Verantwortung.
- *Hierarchisches Syndrom:* das in Jahrtausenden eingespielte Denken in „Oben und Unten". Hierarchie bedeutet schon von seiner Wortbedeutung „Herrschaft der Heiligen", was nicht selten zu demonstrativen und kontraproduktiven Machtspielen, Kämpfen um Prestige, Anerkennung oder Privilegien ausartet.
- *Schmetterling-Syndrom:* „Fliegen von Blüte zu Blüte", indem ziellos ein zeitgeistiges Managementmodell nach dem anderen verfolgt wird.
- *Dornröschensyndrom:* „Man wartet, bis der richtige Retter kommt." Zusätzlich lässt man einen Dornenstrauch wachsen, der Sichtschutz bietet und nicht so einfach überwunden werden kann. Man will partout entdeckt werden, anstelle selbst die Initiative zu übernehmen und das notwendige Risiko einzugehen. Die krankhafte Einstellung: Andere sind für dich verantwortlich. Man gewöhnt sich daran und wird bequem.
- *Berg-Syndrom:* Die Aufgabe erscheint als zu groß, zu komplex, um zügig bewältigt zu werden. Das Problem wird auf Ablageberge vertagt.

Führungskräfte jagen von einem Meeting zum nächsten, immer verbunden mit dem scheinbaren Gefühl, äußerst produktiv und Output orientiert zu sein, merken jedoch oftmals nicht, wie die übrigen Mitarbeiter zu Verwirrung, Unsicherheit oder Orientierungslosigkeit geführt werden. Veränderungsunlust und Übersättigung treten ein.

Hauptursache für Managementsyndrome sind mangelnde Fähigkeiten zur Selbstorganisation und fehlende Professionalität beim Aufgabenmanagement. Ist der Schreibtisch eines Managers überladen, so bedeutet dies, dass er ständig noch mit einzelnen Vorgängen zu tun hat, sie praktisch an sich zieht und sie dann letztendlich doch nicht durchführen kann, wodurch in aller Regel Abläufe und Entscheidungen verzögert, und die nachfolgende

---

[323] Vgl. Schobert & Partner: Die Schwachen bestimmen das Tempo, in: Lebensmittel-Zeitung, Nr. 37 v. 12.09.1997, S. 54; vgl. auch Doppler 2008, S. 230.

Managementebene demotiviert wird. „Es ist eine gute Übung, einmal systematisch den Terminkalender durchzugehen und bei jeder einzelnen Eintragung zu fragen, ob der Termin wirklich selbst wahrgenommen werden muss oder ob er nicht auch genauso gut von einem Mitarbeiter ausgeführt werden kann."[324]

Zum Burnout-Syndrom

Managementsyndrome führen bei den Betroffenen immer häufiger zum sogenannten „Burnout" mit physischen und psychischen Überlastungserscheinungen. In Anlehnung an die engl. Übersetzung (to burn out = ausbrennen) kennzeichnet das sogenannte „Burnout-Syndrom" einen Zustand totaler Erschöpfung (Ausgebranntsein) in körperlicher, geistiger und emotionaler Hinsicht aufgrund beruflicher Überlastung, der meist durch Stress ausgelöst wird, der nicht bewältigt werden kann.[325] Das Burnout-Syndrom tritt insbesondere häufig bei Managern auf, bei denen die beruflichen Anforderungen der Führungstätigkeit mit den individuellen, persönlichen Fähigkeiten auseinander klaffen. Ein Problem, welches nicht zuletzt durch falsche Anreizsysteme geschürt wird. Ein höheres Einkommen, Status und Macht verleiten viele Mitarbeiter Aufgaben anzunehmen, für die sie von ihrer Persönlichkeit oder ihrer Ausbildung her nicht geeignet sind. Nicht selten entsteht bei den Betroffenen ein krankhafter Ehrgeiz verbunden mit einem Perfektionsstreben, der in keinem Verhältnis zu den persönlichen mentalen und zeitlichen Ressourcen steht. Wie in einem Hamsterrad dreht man täglich die gleiche Routine, ohne Ziele und Erfolge erkennen zu können. Das Burnout-Syndrom geht daher häufig einher mit anderen Managementsyndromen und -defiziten, wie zum Beispiel einem ausgeprägten Helfer- oder Unentbehrlichkeitssyndrom. Ebenso trägt der gesellschaftliche Wertewandel mit dem Zerfall familiärer oder religiöser Bindungen zum Burnout bei. Schleichend führt dies zu einer mentalen Vereinsamung, was sich früher oder später in einer großen inneren Leere bemerkbar macht. Das Schlimme dabei, wie bei Drogenabhängigen wollen die Betroffenen es selbst lange Zeit nicht wahrhaben. Sie überspielen oder übergehen die Konflikte, machen andere für ihre Defizite verantwortlich und reduzieren ihren sozialen Kontakte auf ein Minimum. Es kommt zu einer Persönlichkeitsstörung, die mit Symptomen wie Gleichgültigkeit oder Perspektivlosigkeit bei einer psychologischen Depression einhergehen.[326]

> Nach *Fredmund Malik* treten derartige Erscheinungen ebenfalls in der zweiten und dritten Führungsebene aufgrund unzureichender Managementausbildung auf. So befassen sich diese Führungskräfte zu sehr mit dem Gestern statt mit dem Morgen, mit Schwierigkeiten statt mit Chancen, mit Interessantem statt mit Wichtigem, mit Produktmodifikation statt mit Produktentwicklung, mit Reklamationen von Kunden statt mit der Gewinnung neuer Kunden beziehungsweise allgemein mit Routine statt mit Innovation.[327]

---

[324] Scheer 2000, S. 74.

[325] Vgl. Jaggi 2008, S. 6 f.

[326] Vgl. Freudenberger, North 2008.

[327] Vgl. Malik, Fredmund: Assignment Control – ein beinahe unbekanntes Management-Werkzeug, in: Bollmann (Hrsg.) 2001, S. 315.

> Das professionelle Management konzentriert sich dagegen auf ihre Aufgaben und ihre eigene Produktivität.

Managementsyndrome können wie folgt vermieden werden:[328]

- Professionalität in der Erfüllung der Aufgaben als Folge einer guten Managementausbildung,
- solide persönliche Arbeitsmethodik,
- einigermaßen intaktes Privatleben,
- regelmäßiger Ausgleich durch Sport oder andere leistungserhaltende Aktivitäten.

Es ist also wichtig, dass ein Gleichgewicht im Leben des Managers existiert mit ausreichend Zeit zum Regenerieren sowie der Möglichkeit, Ruhe und Entspannung zu finden. Viele Manager schaffen sich gezielt täglich Freiräume, um sich auch vor wichtigen Terminen beispielsweise durch Gebet oder Meditation innere Kraft zu erhalten.

So banal es auch klingt, es ist insbesondere für Manager wichtig, dass sie auch Spaß an ihrer Arbeit haben, denn was Spaß, Sinn und Freude macht, ist seinen Einsatz wert.[329] Die Gefahr an psychischer oder physischer Überlastung zu erkranken, ist deutlich herabgesetzt. „Gelotologen" beschäftigen sich mit dem Einfluss von Humor auf das menschliche Dasein. Abgeleitet von „gelos", dem griechischen Begriff für Lachen hat der Philosoph und Organisationsberater *Gerhard Schwarz* für sich die Wissenschaft der „Gelotologie" begründet. Die positiven gesundheitlichen Wirkungen von Humor beziehungsweise dem Lachen wurden vielfältig unter Beweis gestellt:[330]

- die Sauerstoffversorgung des Gehirns steigt an,
- Glücksbotenstoffe und schmerzstillende körpereigene Substanzen werden freigesetzt,
- die Produktion der Stresshormone Adrenalin und Cortisol werden vermindert,
- es kommt zu einem besseren und erholsameren Schlaf,
- die Verdauung wird aufgrund der Massage des Magen-Darm-Bereichs durch das Zwerchfell angeregt,
- der Kreislauf wird aktiviert,
- und die Immunabwehr insgesamt gestärkt.

Führung mit Humor weckt also gewisser Weise „den Arzt in uns selbst" und beugt somit einem Burnout vor. Zudem gelingt es mit Humor, viele verzwickte Situationen zu entkrampfen, festgefahrene Diskussionen zu entknoten und übertriebenen Formalismus zu durchbrechen.

---

[328] Vgl. Malik 2006.
[329] Vgl. Bergen 1991, S. 335 ff.
[330] Schwarz 2008, S. 162 f.

11 Die Unternehmenstaktik

Leitzitat:

„Man unternehme das Leichte, als wäre es schwer, und das Schwere, als wäre es leicht: jenes, damit das Selbstvertrauen uns nicht sorglos, dieses, damit die Zaghaftigkeit uns nicht mutlos mache."

Balthasar Gracián

11.1 Die Grundlagen taktischer Maßnahmen

Strategische Unternehmenspolitik ist langfristig ausgerichtet und orientiert sich an den übergeordneten Vorgaben der Unternehmensvision und Unternehmensphilosophie.

Die taktische Dimension der Unternehmensstrategie besteht in

- der Variation,
- der Kombination
- sowie der zeitlichen Reihenfolge

des Einsatzes der unternehmenspolitischen Instrumente.

> Die Unternehmenstaktik bestimmt somit im Wesentlichen die Einsatzfolge der unternehmenspolitischen Instrumente (den Takt) sowie deren Anpassungen zur richtigen Zeit, in der richtigen Kombination und Reihenfolge.

Der Unternehmenstaktik kommt eine wichtige Rolle im Rahmen der strategischen Detailplanung zu. Führen beispielsweise die getroffenen Maßnahmen im Rahmen der Unternehmenspolitik nicht zum Erfolg, wird im Rahmen der Unternehmenstaktik eine Feinjustierung vorgenommen, ohne dabei die grundsätzliche strategische Ausrichtung des Unternehmens zu verlassen. So gesehen nimmt die Unternehmenstaktik die optionale Flanke der Unternehmenspolitik ein.

Taktische Anpassungen sind nichts Ungewöhnliches, sondern immanenter Bestandteil der strategischen Arbeit im Management. Jede Unternehmensstrategie unterliegt einem gewissen Lebenszyklus und es ist Aufgabe der Unternehmenstaktik, den richtigen Zeitpunkt für eine strategische Anpassung zu erkennen. Sehr anschaulich konnte dies bei der explosiven Entwicklung von *Facebook* in vergleichbar kurzer Zeit beobachtet werden. Die strategische Entwicklung vom exklusiven Studentennetzwerk an der *Harvard University* zum globalen sozialen Netzwerk aller Personen und Zielgruppen bestand bereits aus mehreren Taktfolgen. Ohne die sogenannte „offene Registrierung" oder „Newsfeed"-Funktion[331] hätte sich *Facebook* niemals so stark ausbreiten können. Soziale Netzwerklösungen im Internet gab es schon viele Jahre vor *Facebook*. Erst die taktischen Anpassungen führten zu den Entwicklungssprüngen und erfolgreichen Abgrenzungen zu den systemähnlichen Konkurrenten, wie zum Beispiel *SocialNet, MySpace, Friendster, Club Nexus, SixDegrees, LinkedIn, Ryze; ConnectU, studiVZ* und anderen.

> „Also setzen sie einen Plan um, den sie als „Umzingelungsstrategie" bezeichneten. Wenn ein anderes soziales Netzwerk sich an einer bestimmten Hochschule auszubreiten begann, boten sie umgehend *Thefacebook* nicht nur dort, sondern an möglichst vielen anderen Colleges in der unmittelbaren Umgebung an. Dahinter steckte die Überlegung, dass die Studenten an den nahe gelegenen Hochschulen einen netzwerkübergreifenden Druck aufbauen würden, der ihre Kommilitonen an der ursprünglichen Uni dazu brachte, *Thefacebook* vorzuziehen."[332]

Die weitere Ausdehnung von *Facebook* zum allgemeinen Fenster („Open Graph")[333] sämtlicher Internetanwendungen inkl. Bildtelefonie, Bezahlsystemen, E-Mailing, Suchmaschine usw. verlangt wiederum in den jeweiligen Übergangsphasen das unternehmenstaktische Gespür für den entscheidenden Zeitpunkt der strategischen Anpassung. Andernfalls verbleibt das Unternehmen(skonzept) auf der Entwicklungsstufe, wo es sich aktuell positioniert hat. Unternehmenstaktik ist somit immer auch Management von strategischen Anpassungen.

Viele Inhalte der Unternehmenstaktik stammen in der Managementliteratur aus militärischen Metaphern. Ähnlich wie die Generäle im Krieg dem Verhalten des Gegners taktische Maßnahmen entgegensetzen, müssen auch im Management von erwerbswirtschaftlichen Unternehmen kontinuierlich dem Wettbewerbsverhalten entsprechend angepasste Maßnahmen verabschiedet werden. Das strategische Umfeld (Datenrahmen) permanent im Blickfeld zu behalten und daraus taktische Maßnahmen abzuleiten, verlangt gleichermaßen Fleißarbeit und Erfahrungswissen. Häufig gewinnt derjenige im Wettbewerbsumfeld, der es verstanden hat, sich rechtzeitig den neuen Gegebenheiten anzupassen. So kann man auch nicht grundsätzlich sagen, dass nur die Stärksten oder Intelligentesten überleben. Spätestens seit der Entwicklungslehre nach *Charles Darwin (1809–1882)* wissen wir, dass

---

[331] Als „Newsfeed" bezeichnet *Facebook* die Funktionalität, dass Änderungen im Profil von „Freunden", wie zum Beispiel Texte, Fotos, Beziehungsstatus usw., automatisch an die übrigen „Freunde" weiter geleitet werden. Trotz anfänglicher Widerstände vieler Nutzer erhöhte die Newsfeed-Funktion die Verweildauer und „Beziehungsqualität" der *Facebook*-Nutzer ungemein. Vgl. Kirkpatrick 2011, S. 207 ff.

[332] Kirkpatrick 2011, S. 109.

[333] Teilweise wird die Philosophie der universellen Internet-Plattform in Facebook-Kreisen auch als „Social Graph" bezeichnet. Vgl. Kirkpatrick 2011, S. 345 f.

die Anpassungsfähigkeit an veränderte Bedingungen,[334] die Fähigkeit zur Veränderlichkeit Erfolg und Dasein determinieren.

Es wäre naiv zu glauben, dass alle strategisch relevanten Situationen einwandfrei vorhersehbar sind. Das Management ist im Zuge der Umsetzung des unternehmenspolitischen Instrumentariums gefordert, durch den Wechselfall der Begebenheiten eine Reihe von Entschlüssen zu fassen und dabei den „Takt" zu ändern, ohne jedoch das übergeordnete Ziel aus den Augen zu verlieren. Dies geschieht in der Regel infolge einer wesentlichen Veränderung der Rahmenbedingungen. Beispiele dafür sind:

- neu eintretende Wettbewerber,
- technologische Entwicklungssprünge,
- massive Konjunkturschwankungen,
- unternehmensinterne Krisen.

Wie wichtig unternehmenstaktische Maßnahmen zur Gegen- oder Feinsteuerung des unternehmenspolitischen Instrumentaleinsatzes sein können, verdeutlicht das Beispiel *Intel*, die nach dem Bekanntwerden des Geleitkommafehlers[335] ihres gerade neu am Markt erschienenen Pentium-Prozessors im Jahre 1994 als quasi Einproduktunternehmen in eine Unternehmenskrise zu schlittern drohten. Aufgrund der blitzartigen Verbreitung des Problems über das Internet, war die gesamte Computerwelt involviert, und vielen Hardwareanbietern blieb aufgrund des öffentlichen Drucks keine andere Alternative als den Einbau dieses Chips auszusetzen. Es waren bereits einige Millionen Prozessoren verkauft, und es drohte die Gefahr, dass ein völliger Kaufboykott das Unternehmen ruinieren würde. *Intel* bildete eine Rückstellung über eine Milliarde Dollar und akzeptierte – entgegen der ursprünglichen Absicht aufgrund des praktisch unbedeutenden Fehlers – jeden Umtauschwunsch der Konsumenten unabhängig davon, ob er statistische Analysen durchführte oder nur mit dem Computer spielte. Der Preis des überarbeiteten Chips wurde deutlich gesenkt. Nach Angaben des damaligen Unternehmensführers *Andrew Grove* bedeutete das eine völlige Abkehr von der bisherigen Unternehmenspolitik des Oligopolisten.[336]

---

[334] Nach der Evolutionstheorie von Darwin wird der „Kampf ums Dasein" im engeren Sinne nicht durch den Stärkeren gewonnen, sondern primär durch den zuvor ablaufenden Prozess der Selektion (Auslese), indem durch die Veränderlichkeit der Lebewesen (biol. Mutationen) an neue Rahmenbedingungen den Nachkommen überlebensfähige Eigenschaften weitervererbt werden. Vgl. Störig 2002, S. 545 f.

[335] Der Geleitkommafehler beruhte auf einen kleineren Konstruktionsfehler des Mikrochips, der bei neun Milliarden Divisionen einen Rundungsfehler verursachte und von einem Mathematikprofessor bei der Lösung eines komplexen Problems entdeckt wurde.

[336] Vgl. Grove 1996, S. 23 ff.

Nicht zu unterschätzen sind die internen Veränderungen der Personalstruktur. Verlassen tragende Mitarbeiter oder Manager das Unternehmen, verändert sich nicht selten die gesamte Unternehmensposition. Neue Führungskräfte haben häufig die Angewohnheit, dass sie aus Prinzip alte Methoden und Leistungsprogramme ablehnen, um sich profilieren zu können. Im Investmentbanking verlassen oftmals ganze Teams das Unternehmen und wechseln geschlossen zu einem neuen Arbeitgeber.

Krisen zwingen Unternehmen und Management im Allgemeinen zu taktischen Veränderungen, teilweise sogar zu völligen Strategiewechseln. Man spricht daher Krisensituationen auch eine bereinigende Auswirkung auf die Unternehmenspolitik zu. Krisen haben selten ihren Ursprung nur in veränderten externen Einflussfaktoren. Häufig wird ein Technologiesprung „verschlafen", weil zu lange an alten Produkten festgehalten wird. Markante Beispiele waren dafür der Wechsel der Tonträger beziehungsweise Bildträger in der Musik- oder Fotoindustrie von analoge auf digitale Technologien. Ähnlichen Einfluss haben internetbasierte Technologien.

Die Unternehmenstaktik zielt nicht nur auf die Erhaltung der einmal realisierten Marktposition ab. Anpassungsstrategien im Marketing stellen in der Regel eine Reaktion auf das Verhalten der Wettbewerber dar.[337]

11.2 Die Gestaltung des Wandels – „Change-Management"

Managementpolitik im Rahmen der Unternehmenstaktik impliziert die Fähigkeit, den Wandel aktiv zu gestalten beziehungsweise auf Veränderungen zu reagieren. So wie der Philosoph *Heraklit (520–460 v. Chr.)* bereits vor mehr als zweitausend Jahren den Grundsatz formulierte „Alles fließt" und auch *Charles Darwin (1809–1882)* als herausragendes Überlebensmerkmal einer Spezie die Fähigkeit zur Anpassung herausgestellt hat „It is not the strongest of the species that survive, or the most intelligent. It is the one most adaptable to change.", gilt es auch für Unternehmen und deren Management immer wieder neue Strukturen und Geschäftsprozesse zu finden, die bestmöglich zur Erreichung des Unternehmenszwecks geeignet sind. Neuerdings wird diese Disziplin als „Change Management" charakterisiert.[338] Die Rahmenbedingungen verändern sich immer schneller und radikaler, und das in allen Bereichen unserer Gesellschaft und des Wirtschaftslebens. Der Zwang zur Effizienz nimmt zu. Konsolidierungsphasen verlaufen kürzer. Man hat nicht mehr so viel Zeit wie früher, sich auf Veränderungen einzustellen. In immer kürzerer Zeit müssen immer größere Veränderungen bewältigt werden und die Wissensvermehrung des Menschen nimmt einen progressiven Verlauf.[339] Nicht zuletzt durch die internationale

---

[337] Vgl. Meffert 2008, S. 312.

[338] Vgl. Doppler 1999, vgl. auch McKee, Carlson 1999.

[339] Vgl. Bleicher 2011, S. 56 ff.

Verflechtung und der Transparenz durch das Internet nimmt der Wandel keine Rücksicht mehr auf individuelle oder lokale Gegebenheiten. Wer sich nicht rechtzeitig anpasst, verschwindet von der Bildfläche, ganz im Sinne der Philosophie von *Charles Darwin*. „Wer sich verändert, bleibt. Was bleibt, ist die Veränderung!"

Veränderungen hat es schon immer gegeben. Sonst würden wir heute noch in Höhlen leben. Der Hauptursache für Veränderungen im Leben ist das Bestreben von uns Menschen, Dinge zu verbessern, zu vereinfachen, sich das Leben angenehmer zu gestalten. Doch Veränderungen verunsichern. Wir Menschen meiden in der Regel Veränderungen, weil wir nicht immer genau wissen, wohin uns die Veränderungen führen. Nach einer Untersuchung von *McKinsey* nehmen nur 16 % der Mitarbeiter Veränderungen begeistert auf, der Rest möchte am liebsten mit Veränderungen nichts zu tun haben.[340] Viele sind einfach überfordert, wenn sie sich mit neuen Dingen auseinandersetzen müssen. Das erinnert an die Situation des Indianers, der nach seiner ersten Eisenbahnfahrt gefragt wurde, wie es ihm denn gefallen haben: „Toll, ich bin schon hier, aber mein Geist ist noch zu Hause." Und so fehlt selbst ausgewiesenen Persönlichkeiten manchmal die Kraft und Fantasie, die Tragweite oder Nachhaltigkeit von fundamentalen Innovationen abschätzen zu können. Hier einige markante Beispiele:[341]

> „Flugzeuge sind interessant, haben aber keinen militärischen Wert."
> (franz. Marschall Foch 1911)
>
> „Die weltweite Nachfrage nach Kraftfahrzeugen wird eine Million nicht überschreiten, allein schon aus Mangel an verfügbaren Chauffeuren."
> (Gottlieb Daimler 1901)
>
> „Das Reitpferd wird es immer geben, doch das Automobil ist lediglich eine Modeerscheinung."
> (Präsident der Michigan Savings Bank 1903)
>
> „Das Fernsehen wird sich auf keinem Markt länger als 6 Monate behaupten können. Den Leuten wird es langweilig werden, jeden Abend in so eine kleine Holzkiste zu starren."
> (Daryl F. Zanuck, Chef der 20th Century Fox 1946)
>
> „Wer zum Teufel will den Schauspieler sprechen hören?"
> (Harry Warner von Warner Brothers 1927 über den Tonfilm)
>
> „Alles was erfunden werden kann, ist bereits erfunden worden."
> (Charles H. Duell, Leiter des US-Patentamtes 1899. Er empfahl deshalb die Schließung der Patentämter)
>
> „Es gibt überhaupt keinen Grund, warum irgend jemand einen Computer bei sich zu Hause haben will."
> (Ken Olsen, Mitbegründer von Digital Equipment 1977)

---

[340] Vgl. Bates, Marty; Rizvi, Syed S. H.; Tewari, Prashant; Vardhan, Dev: Wie schnell ist zu schnell?, in: Bollmann (Hrsg.) 2001, S. 87.
[341] Goldfuß 2004, S. 15 f.

Für das Management genügt es bei diesem ständigen Veränderungsprozessen nicht, einfach nur neue Konzepte zu kreieren. Das Schwierige besteht in der Veränderung der internen Strukturen. Wir Menschen sind nicht so flexibel wie wir häufig nach außen postulieren. Veränderungen erzeugen Angst, erzeugen Schmerz und verlangen Kraft. „Niemand verändert sich gerne, zumindest nicht ohne Not und ohne Notwendigkeit. Aus purer Freude Neues entdecken und auszuprobieren – und aus eigenem Antrieb immer wieder Dinge verändern – das ist die absolute Ausnahme. Wer von Veränderung spricht, meint zunächst einmal in erster Linie andere, nicht sich selbst."[342] In uns Menschen ist eine permanente Suche nach innerer Ruhe und innerem Gleichgewicht. Spüren wir die Gefahr, oder das Schwierigkeiten auf uns zukommen, sind wir bereit, Veränderungen herbeizuführen. Oder wir müssen mit Verlockungen ködern, wie der Mensch seine zukünftige Situation verbessern kann. Festzuhalten bleibt, es gibt keine Veränderung ohne (inneren) Widerstand. Niemand möchte seine Komfortzone freiwillig verlassen.

In der Gestaltung des Wandels, und dabei sich selbst und die Mitarbeiter zu motivieren und mitzunehmen, ist eine der größten Managementherausforderungen überhaupt zu sehen. Erfolgreiche Unternehmensentwicklung gelingt in solchen Unternehmen, wo im Sinne des dargestellten Modells eine Kongruenz von Unternehmensvision, Unternehmensphilosophie/Unternehmenskultur sowie der strategischen Unternehmenspolitik existiert und von der Unternehmensspitze aus das Fundament für den Wandel gelegt wird. Sie muss mit gutem Beispiel vorangehen und den Mitarbeitern die Ängste vor der Veränderung nehmen. Wandel wird mit Kontrollverlust assoziiert und als Gefahr für die eigene Identität empfunden. Die Bedrohung für die eigene Unabhängigkeit erzeugt Existenzängste, die dazu führen, dass der Mitarbeiter immer das Schlimmste befürchtet. Wenn die Unternehmensführung den Wandel nicht aktiv steuert und propagiert, orientieren sich zumeist die besten Mitarbeiter in andere Unternehmen um, welche ihnen die gewohnte Sicherheit gewährleisten. Dies gilt selbst dann, wenn der Mitarbeiter die Notwendigkeit zum Wandel erkennt. Angst führt dazu, dass man sich distanziert, auch wenn die Probleme eigentlich lösbar wären. Betroffene klagen in diesen Phasen teilweise über extreme Schlafstörungen, fühlen sich von der Dynamik überholt und zweifeln an ihrer Daseinsberechtigung.

Beim sogenannten „Change-Management" werden die Mitarbeiter gezielt in den Veränderungsprozess einbezogen, Ängste direkt angesprochen und akzeptiert. Es kommt zu einer Verständnis- und Vertrauensbildung zwischen Mitarbeitern und Management, wodurch die Kraft zu Veränderung erst frei gesetzt wird. Aufgabe des Managements ist es hierbei Mechanismen zu schaffen, die evolutionäres Verhalten kontinuierlich fördern. Herausragendes Beispiel für ein Unternehmen, welches die taktische Veränderung der Unternehmenspolitik praktisch als Führungsphilosophie postuliert, ist das amerikanische Unternehmen *3M*. Als es 1904 in eine Krise geriet, weil das Gründungskonzept zu scheitern drohte, entschied man sich, den Erzabbau einzustellen und fast schon aus Verzweiflung mit den minderwertigen Nebenprodukten Schleifmittel herzustellen. Ein stupides Pro-

---

[342] Doppler 2008, S. 95.

dukt, wären da nicht die zahlreichen Anpassungen an die Erfordernisse Mensch (Kunde) und Umwelt (Wettbewerb) sowie Mutationen in Klebstoff-, Elektronik- oder Computerbereichen gewesen, welche das Leistungsangebot des innovativen und profitablen Konzerns auf über 60.000 Produkte haben anwachsen lassen. Schleifpapier, welches wasserfest ist, Klebebänder, die man dehnen und spurenlos von Autolackierungen wieder abnehmen kann, woraus wiederum die berühmten „Post-its" (Haftnotizen) entstanden sind. Das Management treibt seine Mitarbeiter geradezu an, Veränderungen herbei zu führen, auch wenn sie nicht unmittelbar der augenblicklichen Unternehmenspolitik entsprechen. Es war der ehemalige Buchhalter *William McKnight (1887–1978)*, der im Jahre 1914 zunächst selbst zum Vertriebsleiter „mutierte" und wenig später zum General Manager befördert, der die Mitarbeiter mit folgender Philosophie zu permanenten Anpassungen anheizte:[343]

- Höre jedem zu, der eine originelle Idee hat, auch wenn sie zunächst absurd klingen mag!
- Stelle fähige Leute ein und lass sie machen. Wenn du Zäune um deine Mitarbeiter errichtest, ziehst du Schafe heran. Gib den Mitarbeitern den Freiraum, den sie brauchen!
- Probier es aus, aber schnell. Wenn du dir nicht sicher bist, variiere, verändere, löse das Problem. Bleib bloß nicht stehen!
- Akzeptiere, dass Fehler gemacht werden. Wenn eine Sache schief geht, probier eine andere!
- Kleine Schritte machen. Erweisen sich diese als Erfolg, kann damit die Unternehmensstrategie verändert werden.

Ähnlich wie bei der Visionsfindung können mit Hilfe von Analysewerkzeugen, Entscheidungs- und Prognosemodelle, wie zum Beispiel der Trendanalyse oder Szenariotechnik, zukünftige Entwicklungen frühzeitig erkannt und vorhergesagt werden. Die Welt ist dynamisch, und so gibt es meistens ein Spektrum von möglichen Entwicklungen, wodurch das Feld für taktische Veränderungen immens groß ist.

11.3 Heuristische Erfahrungsregeln taktischer Management-Praxis

Die Unternehmenstaktik ist wie viele Disziplinen des operativen Managements von den Erfahrungen geprägt, die in der Unternehmenspraxis gewonnen werden. Es handelt sich mehr um heuristische Prinzipien als um wissenschaftlich fundierte Erkenntnisse. Trotzdem sollen beispielhaft zwei Taktiken erläutert werden.

---

[343] Vgl. Collins, Jim; Porras, Jerry: Viel Neues ausprobieren und beim Bewährten bleiben, in: Bollmann (Hrsg.) 2001, S. 103 ff.

„Guerilla-Taktiken"

Bei der Unternehmenstaktik wird nicht selten auch von „Guerilla-Taktiken" gesprochen, weil die Vorgehensweise eher mit unkonventionellen, überraschenden oder flexiblen Einsatz der unternehmenspolitischen Instrumente gekennzeichnet ist. Genau wie eine Guerilla-Streitmacht, die aus der Not eine Tugend macht, und sich damit dem in der Regel zahlenmäßig überlegenen Gegner/Wettbewerber Vorteile verschafft.

Marketingexperten nehmen sich den Methoden der sogenannten „Guerilla-Kriegsführung" an, welche im Wesentlichen durch taktische Störmanöver aus dem Hinterhalt gekennzeichnet sind. Überraschungsaktionen gehören zu den klassischen Instrumenten der Unternehmenstaktik, sind sie doch gerade dadurch gekennzeichnet, dass ihre Einsatzfolge (Takt) für die konkurrierenden Marktteilnehmer schwer berechenbar ist. Daher der Begriff „Guerilla-Taktik". Eine langfristige Strategie lässt sich darauf jedoch nicht aufbauen, auch wenn es bei einigen Unternehmen beziehungsweise Unternehmensführern den Anschein hat. Meist herrscht in diesen Unternehmen ein hoher Grad an Aktionismus vor.

„Vogel-Strauß-Taktik"

Als weitere heuristische Management-Methode im Bereich der Unternehmenstaktik kann die „Vogel-Strauß-Taktik" genannt werden. Steckt das Unternehmen in einer Dilemmasituation, beispielsweise durch eine unvorhergesehene wirtschaftliche Krisensituation, kann es taktisch sinnvoll sein, diese Phase „auszusitzen" und den „Kopf in den Sand zu stecken" und warten, bis die Krise vorüber ist, anstatt von dem ursprünglichen strategischen Zielen abzuweichen.

Die „Vogel-Strauß-Taktik" soll dem Aktionismus vorbeugen und das Unternehmen vor kostenintensiven Kehrtwendungen bewahren. Wie bei der „Guerilla-Taktik" gilt auch hier die grundsätzliche Kritik an Unternehmen beziehungsweise Unternehmensführern, die aus der Not eine Tugend machen und durch die regelmäßige „Anwendung" der „Vogel-Strauß-Taktik" zu wahren Überlebenskünstlern mutieren anstatt zu überlegen, wie mit geeigneten Mitteln aus Krisen neue Chancen erwachsen können.

Zusammenfassend kann festgehalten werden, dass zwischen der Unternehmensstrategie und der Unternehmenstaktik ein natürliches Spannungsverhältnis existiert. Sie stehen in einem relativen Verhältnis zueinander. „Strategie ohne Taktik ist der langsamste Weg zum Sieg. Taktiken ohne Strategie ist der Lärm vor der Niederlage"[344]

---

[344] Sun 1989.

Die zusammenfassenden Grundregeln für ein erfolgreiches Management

Leitzitat:

„Planst du ein Jahr, so pflanze Getreide. Planst du in Jahrzehnten, so pflanze Bäume. Planst du in Jahrhunderten, so unterrichte das Volk."

Konfuzius

Abschließend gilt es, zusammenfassende Erkenntnisse für eine erfolgreiche Management-Philosophie aufzustellen. Aus dem Grundmodell des ganzheitlichen unternehmenspolitischen Entscheidungssystems lassen sich anhand der Grundelemente allgemeinverbindliche Aussagen ableiten, die in eine allgemeingültige Philosophie für das Management münden soll.

Abbildung 11.1: Das Grundmodell einer entscheidungsorientierten Management-Philosophie

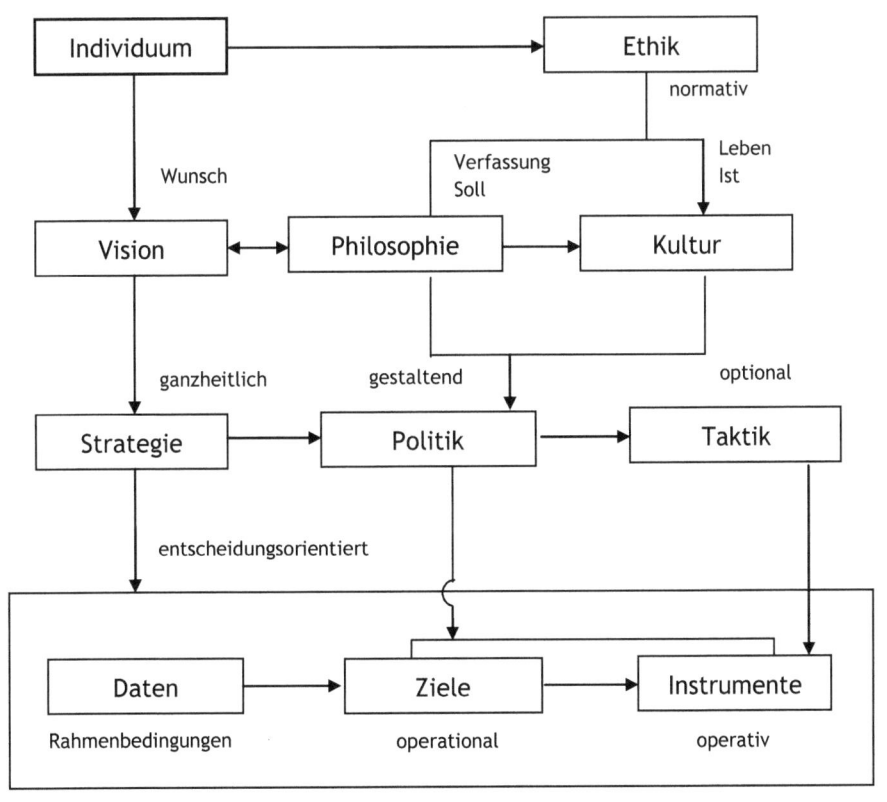

1. Übersetze deine Geschäftsidee, deinen geschäftlichen Traum in eine anschauliche *Unternehmensvision*!

Wie sagte *Walt Disney* so treffend: „If you can dream it, you can do it!" Alles, was wir uns vorstellen können, lässt sich auch verwirklichen. Unternehmensvision hat nichts mit okulter Esoterik zu tun, sondern ist der Beginn jedes unternehmerischen Handelns. Selbst wenn es schwer fallen sollte, seine Gedanken in Worte zu fassen, so ist es eine wertvolle Tätigkeit und wegweisend für alle Unternehmensbeteiligte.

„Visionieren" will gelernt sein, darum empfiehlt es sich, systematische Techniken anzuwenden, um auf neue, und vor allem zielführende Gedanken zu kommen. Mit der Zeit wird man erkennen, dass sogar ein gewisser Spaßfaktor in dieser Tätigkeit steckt, erst recht, wenn es gelingt, sein unternehmerisches Umfeld davon anzustecken.

2. Stelle dein geschäftliches Handeln auf eine gesellschaftlich-moralisch belastbare *Unternehmensethik*

Wenn es aus der Philosophiegeschichte einen universellen Grundsatz gibt, dann den *Kantschen Imperativ*, der heutzutage häufig vereinfacht wie folgt formuliert wird: „Was du nicht willst man füge dir zu, das füge auch keinem anderen zu!"

Die Unternehmensethik wird durch den Anspruch der diversen gesellschaftlichen Gruppen, welche mittelbar und unmittelbar im Einflusskreis einer Unternehmung stehen, zukünftig einen erfolgskritischen Faktor einnehmen. Die Akzeptanz von Kunden, die Anziehungskraft für gute Mitarbeiter, das Wohlwollen der Öffentlichkeit im Allgemeinen wird maßgeblich durch die ethischen Prinzipien der Unternehmung beeinflusst. Der Gesetzgeber wird in den kommenden Jahren die Rechtsgrundlagen für „moralisch-einwandfreies" Handeln laufend erweitern und konkretisieren (vgl. Corporate Governance Entwicklung). Neben den exogenen Rechtsvorschriften wird jedoch ein großes Feld für unternehmensindividuelle, moralische Grundlagenbildung bleiben, welche auf das unternehmenspolitische Handeln abstrahlen und wettbewerbliche Relevanz erhalten. Die Unternehmensethik avanciert somit zu einem weiteren Erfolgsfaktor. Das Compliance-Management bekommt eine eigenständige Daseinsberechtigung.

3. Verwende bei der Umsetzung deiner Geschäftsidee eine ganzheitliche *Unternehmensstrategie* und formuliere die Unternehmensziele unter Berücksichtigung der externen und internen Rahmenbedingungen!

„Man muss wissen, was man will. Aber man darf nicht wollen, was man nicht kann!", lautete einer der Hauptgrundsätze des Ordinarius und Strategieberaters *Bruno Tietz* aus Saarbrücken. Bei der strategischen Planung und Zielformulierung wird das unternehmerische Umfeld häufig nicht gründlich genug analysiert, wodurch es zu hausgemachten Fehleinschätzungen über die eigene Leistungskraft beziehungsweise dem Markt- und Absatzpotenzial kommt. Die Schwierigkeit besteht neben der Weitsichtigkeit bei den Einflussfaktoren meistens in der Konzentration, beim Weglassen von nicht zielführenden Strategieformulierungen.

Infolge der fehlenden Ganzheitlichkeit bei der Strategieformulierung herrscht in vielen Unternehmungen ein Aktionismus vor, der dann noch wohlklingend als „Anpassungsstrategie" postuliert wird. Keine Frage, dass auch Anpassungen wichtig und richtig sind. Diese stellen dann jedoch mehr eine unternehmenstaktische Maßnahme dar. Die eigentliche Unternehmensstrategie muss im Sinne der Unternehmensvision ganzheitlich, unter Einbeziehung aller relevanten Einflussfaktoren zielorientiert erfolgen. Die internen Rahmenbedingungen bilden sich im Wesentlichen aus den materiellen, finanziellen und personellen Ressourcen eines Unternehmens. Die externen Rahmenbedingungen werden schwerpunktmäßig durch den Wettbewerb, dem Rechtsrahmen sowie den umwelt- und gesellschaftspolitischen Einflussfaktoren bestimmt.

4. Formuliere deine Geschäftsprinzipien *(Unternehmensphilosophie)* so, dass sie gleichermaßen überzeugend und stimulierend auf alle Beteiligten wirken sowie im Einklang mit den ethischen Grundregeln stehen!

Die Ausstrahlungskraft von Unternehmensphilosophien wird häufig unterschätzt. Unternehmerisches Handeln ist keine „One-Man-Show". Wie heißt es so treffend im Leitsatz der *Auto plus* Unternehmensphilosophie: „Der Erfolg eines Unternehmens ist die Summe der Erfolge seiner Mitarbeiter." Jedes Unternehmen besitzt eine Philosophie. Entweder ganz bewusst und zielgerichtet, was anhand mehr oder weniger gut strukturierter Leitsätze oder Geschäftsprinzipien erkennbar ist, oder eben stillschweigend und somit rein unterschwellig Einfluss gebend.

Eine Unternehmensphilosophie zu haben ist „en vogue". Aber darum geht es nicht. Wer eine Unternehmensphilosophie nur als Aushängeschild an der Fassade verwendet, aber innen nicht mit Leben erfüllt, wird spätestens bei seiner Unternehmenskultur mit der Realität konfrontiert. Eine Unternehmensphilosophie ist immer nur eine Soll-Vorgabe für das unternehmerische Handeln. Ob sie auch in Realität so umgesetzt wird, hängt maßgeblich von der Aufrichtigkeit bei der Formulierung ab. Diese ist wiederum ein Spiegelbild der Unternehmensethik, und somit immanenter Bestandteil des Unternehmertums an sich. Auch und gerade bei der Unternehmensphilosophie ist der Unternehmer als Persönlichkeit und Vorbild gefragt. Viele Unternehmen kranken regelrecht an der inneren Unehrlichkeit zwischen Wollen und Sein. Dies drückt sich aus in einer weit auseinander gehenden Schere zwischen Unternehmensphilosophie und Unternehmenskultur. Anzustreben ist dagegen eine bestmögliche Deckungsgleichheit von beiden. Der motivationale Effekt ist dann für alle Beteiligten am Größten.

5. Nehme Einfluss auf das kulturelle Leben im Unternehmen, sodass eine lebenswerte, menschlich-orientierte Unternehmenskultur im Sinne der Unternehmensphilosophie entsteht!

Kultur ist kein Zufallsprodukt. Für eine lebenswerte Unternehmenskultur dient die Unternehmensphilosophie als Basis. Die Unternehmenskultur ist demzufolge die praktische Außenseite der Unternehmensphilosophie. Lebt die Unternehmensführung die von ihr geprägte Unternehmensphilosophie in ihrem Kern vor, ergibt sich daraus spiegelbildlich die Unternehmenskultur. Es ist die althergebrachte Diskrepanz zwischen Wollen und Tun, welche zu den Unterschieden in der Praxis führen. Deswegen ist auch bei der Bildung der Unternehmenskultur der Manager als Entrepreneur und als Vorbild gefragt. Ein Mitarbeiter sagte einmal treffend zu seinem Chef: „Sie können mich nicht erziehen. Ich mache Ihnen sowieso alles nach!" Eine Führungskraft kann weitaus mehr Einfluss auf die Kultur im Unternehmen ausüben, als ihr allgemein zuerkannt wird. Der unternehmerische Stil, der sich vor allem durch den Einsatz von Macht- und Motivationsmitteln bildet, prägt den Lebensalltag, und damit die Unternehmenskultur vielmehr, als man es aus der personellen „Unterzahl" des Managements für möglich halten mag.

Die führungspolitische Macht darf vom Management jedoch nicht missbraucht werden, sondern muss wie ein ordnungspolitisches Regulativ, vergleichbar der „invisible hand" im Neo-Liberalismus, für die Aufrechterhaltung eines leistungs- und arbeitsfreundlichen Klimas im Unternehmen Sorge tragen.

Es erfordert ein großes Maß an sozialer und emotionaler Kompetenz, den Verlockungen zur eigenwilligen Machtausübung zu widerstehen, und stattdessen das Wohl aller Beteiligten im Blick zu behalten und die Rahmenbedingungen im Unternehmen so zu gestalten, dass alle im Sinne der Unternehmensphilosophie intrinsisch motiviert sind.

6. Gestalte deine *Unternehmenspolitik* zielorientiert im Sinne der Unternehmensstrategie und beachte beim Einsatz deiner verfügbaren Ressourcen die Gesetzmäßigkeiten der Effizienz und Effektivität!

Der Zeitfaktor spielte in der Philosophiegeschichte schon immer eine große Rolle. So unterschiedlich die Rahmenbedingungen für das strategische Management der Unternehmenspolitik auch sein mögen, die Uhr tickt für alle Unternehmen gleich. Für den unternehmerischen Erfolg ist es daher immanent wichtig, die verfügbaren Ressourcen in der verfügbaren Zeit möglichst effizient im Sinne der strategischen Ziele einzusetzen. Die unternehmenspolitischen Ziele sind dabei stets operational zu formulieren.

Die totale Transparenz in der zukünftigen Informations- und Mediengesellschaft führt zu einer immer schnelleren Annäherung und Austauschbarkeit von strategischen Konzepten und Wissensvorsprüngen. Die Fähigkeit zur Konzentration und das Bewusstsein zur Prioritätenbildung sind dazu beim Management gefragt, ganz im Sinne von *Peter Druckers* berühmten Lehrsatz: „Effective executives do first things first and second things not at all!"

Ressourcen zu verschwenden tut weh und ist zukünftig sträflicher denn je. Die Qualität eines Managers wird maßgeblich an seinen Erfolgen zur Erhaltung oder Verbesserung der Produktivität und Rentabilität der Unternehmung gemessen. Das unterstreichen bereits heute die Beschäftigungs- und Vergütungsmodelle für Manager. Wie bei einem guten Fußballtrainer kommt in diesem Punkt die Hebelwirkung zum Ausdruck, welche das Management im Hinblick auf die Umsetzung der Unternehmensstrategie besitzt. Je nach Größe des Unternehmens multiplizieren sich die Auswirkungen erfolgreicher Entscheidungen. Trifft das Management allerdings falsche unternehmenspolitische Entscheidungen, multiplizieren sich die Auswirkungen der Fehler jedoch ebenso fatal auf das Unternehmensergebnis.

Ein guter Manager beherrscht demzufolge das gesamte unternehmenspolitische Instrumentarium, ist persönlich gut organisiert und ausgeglichen und überzeugt durch sein aufbauendes, positives Denken und Handeln.

7. Stelle sicher, dass der Einsatz deiner unternehmenspolitischen Instrumente sowie deren Anpassungen zur richtigen Zeit, in der richtigen Kombination sowie in der taktisch richtigen Reihenfolge implementiert werden *(Unternehmenstaktik)*!

Das Unternehmen muss sich jeden Tag den Realitäten neu stellen. Das Management muss sich demzufolge permanent die Frage stellen, ob das erforderliche Leistungsspektrum mit den vorhandenen Aktivitäten erreicht werden kann. Die gleiche Frage stellt sich auf der Inputseite. Werden die richtigen Verfahren im Hinblick auf eine effiziente Zielerreichung eingesetzt oder sind taktische Anpassungen erforderlich? Manchmal muss ein Schritt zurück gegangen werden, um wieder zwei voran zu kommen.

Die unternehmenspolitische Entwicklung ist ein dynamischer Prozess von Anpassungen. Ähnlich wie *Charles Darwin* die biologische Entwicklung des Menschen als eine Folge von Mutationen zum Besseren beschrieben hat, gehört es zur Eigenart der Unternehmenstaktik, den Einsatz der unternehmenspolitischen Instrumente zum Besseren zu „mutieren". Menschen haben jedoch die (angeborene) Eigenschaft, dass sie Veränderungen gegenüber kritisch eingestellt sind. Management von Unternehmen heißt somit immer auch Management von Veränderungen, und in diesem Entwicklungsprozess alle Beteiligten „mitzunehmen". Oder um es philosophisch nach *Darwin* auszudrücken: „Wer sich verändert bleibt; was bleibt, ist die Veränderung!"[345]

---

[345] In Anlehnung an Richter 1993.

Schlussanekdote: Der betrogene Philosoph von Günther Anders[346]

> Eines Tages entdeckte der molussische Schöpfergott Bamba einen philosophierenden Einsiedler. „Was tust du da eigentlich?" fragte er. „Ich philosophiere", antwortete der Einsiedler. „Und was tust du so, wenn du philosophierst?" fragte Bamba. „Na", antwortete der Einsiedler, „zum Beispiel scheide ich Wesentliches von Unwesentlichem."
>
> „Das was von was?"
>
> „Das Wesentliche", wiederholte der Einsiedler nicht ohne Berufsstolz, „vom Unwesentlichen."
>
> „Habe ich also doch richtig gehört!" rief Bamba. „Wie sonderbar! Denn die Wörter „wesentlich" und „unwesentlich" sind mir beinahe unbekannt. Und ich kann mich nicht daran erinnern, Unwesentliches erschaffen zuhaben. Wozu hätte ich das auch tun sollen? Sondern nur Seiendes."
>
> „Ist das wahr?" fragte der Eremit, der sich plötzlich zu ängstigen begann. „Denn gerade durch die Grenzziehung zwischen Wesentlichem und Unwesentlichem hatte ich gedacht, den Dingen auf den Grund zu kommen."
>
> „Den Dingen auf was zu kommen?" fragte Bamba.
>
> „Auf den Grund", wiederholte der Einsiedler schon erheblich unsicherer.
>
> „Hatte ich also doch richtig gehört", meinte Bamba. „Und warum wünscht du das? Ich könnte mich nämlich nicht daran erinnern, einen sogenannten „Grund" erschaffen zu haben. Wozu hätte ich denn das auch tun sollen. Sondern nur Seiendes."
>
> Da fühlte der Eremit den Boden unter seinen Füßen nachgeben. „Und da hatte ich geglaubt", meinte er stimmlos, „gerade dadurch würde mein Philosophieren zum wahren Philosophieren werden." Und nach einer Pause: „Worüber soll ich denn nun philosophieren?"
>
> „Wo steht, du sollst?", fragte Bamba. „Ich wüsste mich nicht zu entsinnen, irgendein Philosophieren geschaffen zu haben. Oder irgendeine Pflicht zu philosophieren. Solltest du nicht vielleicht die Wichtigkeit deiner Tätigkeit ein wenig übertreiben?" Und er zuckte mit den Achseln und ließ den Eremiten stehen.

---

[346] Anders 1954.

Abbildungsverzeichnis

Abbildung 1.1:	Die Entwicklungsstufen der Managementlehre	13
Abbildung 3.1:	Im Leben ist alles eine Frage der Perspektive	28
Abbildung 3.2:	Die Macht und Kraft der Gedanken	29
Abbildung 3.3:	Schemata als semantische Netzwerke im Gehirn	31
Abbildung 3.4:	Das Herrmann Brain Dominance Instrument (HBDI)	33
Abbildung 4.1:	Das Grundmodell einer entscheidungsorientierten Management-Philosophie	43
Abbildung 5.1:	Das Erfolgspotenzial von Ideen	51
Abbildung 5.2:	Der Blick in die Zukunft	53
Abbildung 5.3:	Die sechs Hüte des Denkens	55
Abbildung 5.4:	Zufallsworttechnik beim Lateralen Denken	56
Abbildung 5.5:	Visualisierung der Metaplantechnik	58
Abbildung 5.6:	Visualisierung einer Unternehmensvision mit Hilfe eines Assoziogramms	59
Abbildung 5.7:	Auf die Vision kommt es an	62
Abbildung 6.1:	Diskriminierungsverbote nach dem Allgemeinen Gleichbehandlungsgesetz (AGG)	68
Abbildung 6.2:	Die Herleitung des kategorischen Imperativs nach Immanuel Kant	72
Abbildung 6.3:	Manager-Befragung über die eigene Werteordnung	76
Abbildung 7.1:	Der Mythos einer Unternehmensphilosophie	85
Abbildung 7.2:	Die Grundsätze der Führung und Zusammenarbeit von Auto plus	89
Abbildung 7.3:	Die Einflussgrößen auf die Arbeitszufriedenheit	94
Abbildung 7.4:	Die Kommunikationstreppe von Auto plus	97
Abbildung 7.5:	Das Konzept der Aktivitäten und Verfahren	101
Abbildung 7.6:	Leitlinien zur Prozessoptimierung	103
Abbildung 8.1:	Das Spannungsfeld der Führungskultur nach dem Reifegrad der Mitarbeiter	111
Abbildung 8.2:	Ausgewählte Führungsstile anhand ihrer Freiheitsgrade für die Entscheidungsträger	124
Abbildung 8.3:	Das Reifegradmodell nach Hersey/Blanchard	125
Abbildung 8.4:	Das Persönlichkeitsmodell der Transaktionalen Analyse	128
Abbildung 9.1:	Der Datenrahmen für das strategische Management	138
Abbildung 9.2:	Der Zusammenhang zwischen Rentabilität und Marktanteil	140
Abbildung 9.3:	Die strategische Positionierung von ausgewählten Anbietern im Kfz-Servicemarkt in Deutschland	141
Abbildung 9.4:	Die vier Perspektiven der Balanced Scorecard	146
Abbildung 10.1:	Die kategorialen Koordinationsbeziehungen in einer Organisation	153
Abbildung 10.2:	Die ABC-Analyse der Aufgaben: „Das Eisenhower-Prinzip"	159
Abbildung 10.3:	Wertanalyse der Zeitverwendung im Rahmen der ABC-Analyse	160

Abbildung 11.1: Das Grundmodell einer entscheidungsorientierten Management-Philosophie 173

Literaturverzeichnis

Adenauer, Sibylle: Fit für Gruppenarbeit, (Wirtschaftsverlag Bachem) Köln 1997
Anders, Günther: Der Blick vom Turm, (Verlag C.H. Beck) München 1954
Aquin, Thomas v.: Summa Theologiae, Bd. 1: Gottes Dasein und Wesen, Salzburg 1933
Becker, Helmut: Phänomen Toyota (Springer Verlag) Berlin Heidelberg 2006
Bergen, Hans von: New Marketing – Mythos und Zukunft inszenieren, 2. Aufl., (Rudolf Haufe Verlag) Freiburg i. Br. 1991
Blanchard, Kenneth; Carlos, John P.; Randolph, Alan: Empowerment takes more than a minute, (Berrett-Koehler Publishers) San Francisco 1996
Bleicher, Knut: Das Konzept Integriertes Management, 8. Aufl., (Campus Verlag) Frankfurt a. M. 2011
Bleis, Christian; Helpup, Antje: Management – Die Kernkompetenzen, (Oldenbourg Wissenschaftsverlag) München 2009
Böckmann, Walter: Wer Leistung fordert, muss Sinn bieten, (Littera Publikationen) München 2009
Boethius, Stefan; Ehdin, Martin: Die Tür zur Motivation, (Oesch Verlag) Zürich 1994
Bollmann, Stefan (Hrsg.): Kursbuch Management, (Deutsche Verlags-Anstalt) Stuttgart 2001
Brandes, Dieter: Konsequent einfach, (Campus Verlag) Frankfurt a. M.1998
Buzan, Tony: Das Mind-Map-Buch, (Moderne Verlagsgesellschaft mvg) München 2002
Christensen, Clayton: The Innovator's Dilemma, (Harper Collins) New York 2003
Cialdini, Robert B.: Influence, 3. Aufl., (Harper Collins) New York 1993
Clausewitz, Carl v.: Vom Kriege, hrsg. v. Hahlweg, Werner, 19. Aufl. (Ferdinand Dümmlers Verlag), Bonn 1991
Coelho, Paulo: Der Wanderer, (Diogenes Verlag) Zürich 1994
Coelho, Paulo: Unterwegs, (Diogenes Verlag) Zürich 1994
Correll, Werner: Motivation und Überzeugung in Führung und Verkauf, 11. Aufl., (Verlag Moderne Industrie) Landsberg a. L. 2000
Crane, Andrew; Matten, Dirk: Business Ethics, 3. Aufl. (Oxford University Press) New York 2010
Covey, Stephen R.; Merrill, A. Roger; Merrill, Rebecca R.: First Things First, (Simon & Schuster) New York 1994
Dahlems, Rolf (Hrsg.): Handbuch des Führungskräfte-Managements, (Verlag C. H. Beck) München 1994
DeBono, Edward: DeBonos neue Denkschule, (mvg Verlag) Landsberg-München 2010
Demmer, Christine; Hoerner, Rolf: Heiße Luft in neuen Schläuchen, (Eichborn Verlag) Frankfurt a. M. 2001
Di Fabio, Udo: Die Kultur der Freiheit, (Verlag C.H. Beck) München 2005
Doppler, Klaus: Der Change Manager, (Campus Verlag) Frankfurt a. M. 2008
Drucker, Peter: Management, (Harper & Row) New York 1985
Dyllick, Thomas: Management der Umweltbeziehungen, in: Neue betriebswirtschaftliche Forschung, Bd. 54, 2. Nachdruck, (Betriebswirtschaftlicher Verlag Dr. Th. Gabler) Wiesbaden 1992
Eckert, Johannes: Lebe, was du bist, 2. Aufl., (Kösel-Verlag) München 2007
Enkelmann, Nikolaus B.: Optimismus ist Pflicht, (Gabal Verlag) Offenbach 2009
Faix, Werner G.; Laier, Angelika : Soziale Kompetenz, 2. Aufl., (Betriebswirtschaftlicher Verlag Dr. Th. Gabler) Wiesbaden 1996
Fedrigotti, Toni: Erfolg durch Erfolgsbewusstsein, (Goldmann-Verlag) München 1989
Fischer, Lorenz; Wiswede, Günter: Grundlagen der Sozialpsychologie, 3. Aufl., (Oldenbourg Wissenschaftsverlag) München 2009
Fournier, Cay von: Die 10 Gebote für ein gesundes Unternehmen, 2. Aufl., (Campus Verlag) Frankfurt a. M. 2010
Frese, Erich (Hrsg.): Handwörterbuch der Organisation, 3. Aufl., (Schäffer-Poeschel Verlag) Stuttgart 2004
Frese, Erich: Grundlagen der Organisation, 9. Aufl., (Betriebswirtschaftlicher Verlag Dr. Th. Gabler) Wiesbaden 2005

Freudenberger, Herbert; North, Gail: Burn-out bei Frauen, 12. Aufl. (Fischer Verlag) Frankfurt a. M. 2008
Friedrich, Kerstin; Seiwert, Lothar J.; Malik, Fredmund: Das 1x1 der Erfolgsstrategie, 16. Aufl., (Gabal Verlag) Bremen 2010
Gaarder, Jostein: Sofies Welt, 11. Aufl., (dtv) München 2003
Geiselhart, Helmut: Das Management-Modell der Jesuiten (Betriebswirtschaftlicher Verlag Dr. Th. Gabler) Wiesbaden 1999
Goldfuß, Jürgen W.: Führen in schwierigen Zeiten, (Campus Verlag) Frankfurt a. M. 2010
Goleman, Daniel: Emotional Intelligence, (Bantam Books) New York 1995
Gracián, Balthasar: Handorakel und Kunst der Weltklugheit, (Philipp Reclam jun.) Stuttgart 1954
Grochla, Erwin (Hrsg.): Handwörterbuch der Organisation, (C. E. Poeschel Verlag) Stuttgart 1969
Grove, Andrew S.: Only the Paranoid Survive, (Currency Doubleday) New York 1996
Gründinger, Wolfgang: Die Energiefalle, (Verlag C.H. Beck) München 2006
Gutenberg, Erich: Grundlagen der Betriebswirtschaftslehre, Bd. 1: Die Produktion, 18. Aufl., (Springer-Verlag) Berlin-Heidelberg-New York 1971
Haas Edersheim, Elisabeth: Peter F. Drucker – Alles über Management, (Redline Wirtschaft) Heidelberg 2007
Harris, Thomas A.: Ich bin o.k. – Du bist o.k. (Rowohlt Verlag) Hamburg 1975
Hecker, Falk; Hurth, Joachim; Seeba, Hans-Gerhard Hrsg.): Aftersales in der Automobilwirtschaft, (Springer Automotive Media) München 2010
Hellmann, Brigitte: Spaziergang mit Seneca, (dtv) München 2006
Hempelmann, Bernd; Lürwer, Markus: Der Customer Lifetime Value-Ansatz zur Bestimmung des Kundenwertes in: WISU, Nr. 3/2003, S. 336-341.
Herrhausen, Alfred: Denken_Ordnen_Gestalten, hrsg. v. Kurt Weidemann, (Wolf Jobst Siedler Verlag) Berlin 1990
Hersey, Paul; Blanchard, Kenneth H.: Management of organizational behavior, 7th edn., Englewood Cliffs 1993
Herstatt, Cornelius; Köpe, Christian: Vision im Management, in: Visionen realisieren, hrsg. v. Tschirky, Hugo; Müller, Roland, (Industrielle Organisation) Zürich 1996
Hinterhuber, Hans H.: Strategische Unternehmensführung, Bd. 1: Strategisches Denken, 7. Aufl., (Walter de Gruyter) Berlin 2004
Hinterhuber, Hans H.: Strategische Unternehmensführung, Bd. 2: Strategisches Handeln, 7. Aufl., (Walter de Gruyter) Berlin 2004
Hirschberger, Johannes: Geschichte der Philosophie, 12. Aufl., (Verlag Herder) Freiburg im Breisgau 1980
Höhler, Gertrud: Spielregeln für Sieger, (Econ-Verlag) München 1991
Hopfenbeck, Waldemar: Allgemeine Betriebswirtschafts- und Managementlehre, 14. Aufl., (Verlag Moderne Industrie) Landsberg a. L. 2002
Hommelhoff, Peter; Hopt, Klaus J.; v. Werder, Axel: Handbuch Corporate Governance, 2. Aufl., (Schäffel-Poeschel Verlag) Stuttgart 2009
Hurth, Joachim: Angewandte Handelspsychologie, (Verlag W. Kohlhammer) Stuttgart 2006
IMD International Lausanne; London Business School; The Warton School of the University of Pennsylvania (Hrsg.): Das MBA-Buch Mastering Management, (Schäffer-Poeschel Verlag) Stuttgart 1998
Jaggi, Ferdinand: Burnout, (Georg Thieme Verlag) Stuttgart 2008
Jahns, Christopher; Heim, Gerhard (Hrsg.): Handbuch Management, (Schäffer-Poeschel Verlag) Stuttgart 2003
Jetter, Wolfgang: Effiziente Personalauswahl, 3. Aufl., (Schäffel-Poeschel Verlag) Stuttgart 2008
Jonas, Hans: Das Prinzip Verantwortung, (Suhrkamp Verlag) Berlin1984
Jost, Peter-J.: Organisation und Motivation, 2. Aufl., (Betriebswirtschaftlicher Verlag Dr. Th. Gabler) Wiesbaden 2008
Kälin, Karl; Müri, Peter: Sich und andere führen, 15. Aufl., (Ott Verlag) Thun 2005
Kaplan, Robert S.; Norton, David P.: Die strategiefokussierte Organisation, (Schäffer-Poeschel Verlag) Stuttgart 2001

Literaturverzeichnis

Kasper, Walter: Der persönliche Gott. Antwort auf das Geheimnis des Menschen, 2. Aufl. (IBK) Freiburg 1979
Kant, Immanuel: Grundlegung zur Metaphysik der Sitten, Riga 1785
Kieser, Alfred; Reber, Gerhard; Wunderer, Rolf (Hrsg.): Handwörterbuch der Führung, 2. Aufl., (Schäffer-Poeschel Verlag) Stuttgart 1995
Kirkpatrick, David: Der Facebook Effekt (Carl Hanser Verlag) München 2011
Koesters, Paul-Heinz: Ökonomen verändern die Welt, 2. Aufl., (Gruner + Jahr) Hamburg 1982
Kroeber-Riel, Werner: Bildkommunikation, (Verlag Franz Vahlen) München 1993
Kroeber-Riel, Werner; Weinberg, Peter; Gröppel-Klein, Andrea: Konsumentenverhalten, 9. Aufl., (Verlag Franz Vahlen) München 2009
Kunzmann, Peter; Burkard, Franz-Peter; Wiedmann, Franz: Philosophie, 14. Aufl., (dtv Verlag) München 2009
Langenscheidt, Florian: Wörterbuch des Optimisten, 4. Aufl., (Heyne-Verlag) München 2008
Lasko, Wolf W.: Charisma, (Betriebswirtschaftlicher Verlag Dr. Th. Gabler) Wiesbaden 1994
Lasko, Wolf W.: Die Kraft der Faszination, (Betriebswirtschaftlicher Verlag Dr. Th. Gabler) Wiesbaden 1995
Lay, Rupert: Ethik für Manager, (Econ Verlag) Düsseldorf 1989
Lay, Rupert: Über die Kultur des Unternehmens, (Econ Verlag) Düsseldorf 1992
Leipold, Petra: Führungsinstrument Ideenmanagement, Oberhausen 2010
Leman, Kevin; Pentak, William: The Way of the Shepherd, (Zondervan) Michigan 2004
Levitt, Theodore: Thinking about Management, (The Free Press) New York 1991
Lezius, Michael; Beyer, Heinrich: Menschen machen Wirtschaft, (Betriebswirtschaftlicher Verlag Dr. Th. Gabler) Wiesbaden 1989
Liebig, Michael: Entscheiden, (Betriebswirtschaftlicher Verlag Dr. Th. Gabler) Wiesbaden 1993
Linker, Wolfgang J.: Kommunikative Kompetenz: Weniger ist mehr, (Gabal Verlag) Offenbach 2009
Macharzina, Klaus: Unternehmensführung, 7. Aufl., (Betriebswirtschaftlicher Verlag Dr. Th. Gabler) Wiesbaden 2010
Maier, Heinrich: Sokrates, sein Werk und seine geschichtliche Stellung, (Mohr Verlag) Tübingen 1913
Malik, Fredmund: Management, (Campus Verlag) Frankfurt a. M. 2007
Malik, Fredmund: Führen, Leisten, Leben, (Campus Verlag) Frankfurt a. M. 2006
Mann, Rudolf: Das visionäre Unternehmen, (Betriebswirtschaftlicher Verlag Dr. Th. Gabler) Wiesbaden 1990
McKee, Rachel Kelly; Carlson, Bruce: The Power to Change, (Grid International) 1999
McKinsey & Company: Planen, gründen, wachsen, 4. Aufl., (Redline-Wirtschaft) Heidelberg 2007
Meffert, Heribert; Burmann, Christoph; Kirchgeorg, Manfred: Marketing, 10. Aufl., (Betriebswirtschaftlicher Verlag Dr. Th. Gabler) Wiesbaden 2008
Menke, Christoph: Spiegelungen der Gleichheit, 2004
Milgram, Stanley: Obedience to Authority, (Harper & Row) New York 1974
Meyer, Anton; Fend, Lars; Specht, Mark (Hrsg.): Kundenorientierung im Handel, (Deutscher Fachverlag) Frankfurt a. M. 1999
Moser, Friedhelm: Kleine Philosophie für Nichtphilosophen, 3. Aufl., (Verlag C.H. Beck) München 2002
Müller-Stewens, Günter; Lechner, Christoph: Strategisches Management, (Schäffer-Poeschel Verlag) Stuttgart 2001
Nagel, Bernhard: Die Eigenarbeit der Zisterzienser, (Metropolis Verlag) Marburg 2006
Niedermair, Gerhard (Hrsg.): Zeit für Visionen, (Verlag Wissenschaft & Praxis) Sternenfels 2000
Oetinger, Bolko v.; Ghyczy, Tiha v.; Bassford, Christopher (Hrsg.): Clausewitz – Strategie Denken, (Carl Hanser Verlag) München-Wien 2001
Opaschowski, Horst: Deutschland 2010, (Rasch Druckerei) Hamburg 1997
Osgood, C. E.: The Measurement of Meaning, (Urbana) Illinois 1975
Pamperl, Regina: Coaching & Organisationsentwicklung, Wien, o. J.
Parkinson, Northcote C.: Parkinsons neues Gesetz, (Rowohlt Verlag) Hamburg 1984
Peter, Laurence J.; Hull, Raymond : Das Peter-Prinzip, (Rowohlt Verlag) Hamburg 1972

Peters, Bernhard: Führungsspiel, (Wilhelm Heyne Verlag) München 2008
Picot, Arnold; Reichwald, Ralf; Wigand, Rolf T.: Die grenzenlose Unternehmung, 5. Aufl., (Betriebswirtschaftlicher Verlag Dr. Th. Gabler) Wiesbaden 2004
Pieper, Annemarie: Gut und Böse, 3. Aufl., (Verlag C.H. Beck) München 2008
Pieper, Josef: Über die Liebe, (Kösel-Verlag) München 1972
Porter, Michael E.: Competitive Strategy, (The Free Press) New York 1980
Porter, Michael E.: Competitive Advantage, (The Free Press) New York 1985
Probst, Gilbert: Variationen zum Thema Management-Philosophie, in: Die Unternehmung, 37. Jg., 1983, Nr. 4, S. 322-332
Radermacher, Franz Josef; Beyers, Bert: Welt mit Zukunft, 2. Aufl., (Murmann Verlag) Hamburg 2011
Rosenstiel, Lutz von: Organisationspsychologie, 5. Aufl., (Schäffer-Poeschel Verlag) Stuttgart 2003
Rosenstiel, Lutz von; Regnet, Erika; Domsch, Michel (Hrsg.): Führung von Mitarbeitern, 4. Aufl., (Schäffer-Poeschel Verlag) Stuttgart 1998
Saint-Exupéry, Antoine de: Man sieht nur mit dem Herzen gut, (Verlag Herder) Freiburg 1984
Scheer, August-Wilhelm: Unternehmen gründen ist nicht schwer, (Springer-Verlag) Berlin Heidelberg 2000
Schlüter, Christiane: Bibelsprüche für Führungskräfte, (Linde Verlag) Wien 2005
Schneider, Dieter: Betriebswirtschaftslehre, Bd. 1: Grundlagen, 2. Aufl., (R. Oldenbourg Verlag) München-Wien 1995
Schorlemmer, Friedrich (Hrsg.): Das Buch der Werte, (Droemersche Verlagsanstalt Th. Knaur) München 2003
Schreyögg, Georg; v. Werder, Axel (Hrsg.): Handwörterbuch der Unternehmensführung und Organisation, 4. Aufl., (Schäffer-Poeschel Verlag) Stuttgart 2004
Schwanfelder, Werner: Budha und der Manager, (Campus Verlag) Frankfurt a. M. 2006
Schwanfelder, Werner: Konfuzius im Management, (Campus Verlag) Frankfurt a. M. 2006
Schwarz, Gerhard: Führen mit Humor, 2. Aufl., (Betriebswirtschaftlicher Verlag Dr. Th. Gabler) Wiesbaden 2008
Seelmann, Kurt: Rechtsphilosophie, 5. Aufl., (Verlag C.H. Beck) München 2010
Seiwert, Lothar J.: Das neue 1 x 1 des Zeitmanagement, 19. Aufl., (Gabal Verlag) Offenbach 1997
Simon, Hermann: Geistreiches für Manager (Piper Verlag) München 2002
Sprenger, Reinhard K.: Mythos Motivation, (Campus Verlag) Frankfurt a. M. 2000
Staehle, Wolfgang H.: Management, 8. Aufl., (Verlag Franz Vahlen) München 1999
Steiner, Rudolf: Die Philosophie der Freiheit, 15. Aufl. (Rudolf Steiner Verlag) Dornach 1987
Störig, Hans Joachim: Kleine Weltgeschichte der Philosophie, 3. Aufl., (Verlag W. Kohlhammer) Stuttgart 2002
Stroebe, Rainer W.: Grundlagen der Führung, 10. Aufl., Arbeitshefte Führungspsychologie, Bd. 2 hrsg. v. Bienert, Werner; Crisand, Ekkehard, (Sauer-Verlag) Heidelberg 1999
Tietz, Bruno (Hrsg.): Dynamik im Handel, Bd. 3: Zukunftsstrategien für Handelsunternehmen, (Deutscher Fachverlag) Frankfurt a. M. 1993
Tietz, Bruno: Der Handelsbetrieb, 2. Aufl., (Verlag Vahlen) München 1993
Tietz, Bruno: Binnenhandelspolitik, 2. Aufl., (Verlag Vahlen) München 1993
Tietz, Bruno: Marktbearbeitung Morgen, (Verlag Moderne Industrie) Landsberg a. L. 1988
Tietz, Bruno: Grundlagen des Marketing, Bd. 3: Das Marketing-Management, (Verlag Moderne Industrie) Landsberg a. L. 1976
Tzu, Sun: The Art Of War, (Hodder & Stoughton) London 1995
Ulrich, Peter; Fluri, Edgar: Management, 7. Aufl., (UTB-Verlag) Stuttgart 1995
Ury, William L.; Brett, Jeanne M.; Goldberg Stephen B.: Getting Disputes Resolved, (Jossey-Bass) San Francisco 1988
Utermöhle, Klaus: Die Verrückten werden siegen, (Zeppelin Verlag) Stuttgart 2006
Varian, Hal R. : Mikroökonomie, 3. Aufl., (R. Oldenbourg Verlag) München-Wien 1994
Venohr, Bernd: Wachsen wie Würth, (Campus Verlag) Frankfurt a. M. 2006

Literaturverzeichnis

Weber, Max: Politik als Beruf, in: Studienausgabe der Max Weber Gesamtausgabe, Abt. 1: Schriften und Reden, Bd. 17, hrsg. v. Wolfgang J. Mommsen und Wolfgang Schluchter, (J.C.B. Mohr) Tübingen 1994

Wecker, Gregor; van Laak, Hendrik (Hrsg.): Compliance in der Unternehmenspraxis, (Betriebswirtschaftlicher Verlag Dr. Th. Gabler) Wiesbaden 2008

Weimer Alois; Weimer, Wolfram (Hrsg.): Mit Platon zum Profit, 2. Aufl., (Frankfurter Allgemeine Zeitung) Frankfurt a. M. 1994

Wittmann, Waldemar; Kern, Werner; Köhler, Richard; Küpper, Hans-Ulrich; Wysocki, Klaus v.: Handwörterbuch der Betriebswirtschaft, 5. Aufl., (Schäffer-Poeschel Verlag) Stuttgart 1993

Würth, Reinhold: Erfolgsgeheimnis Führungskultur, (Campus Verlag) Frankfurt a. M. 1995

Wunderer, Rolf: Der gestiefelte Kater als Unternehmer, (Betriebswirtschaftlicher Verlag Dr. Th. Gabler) Wiesbaden 2008

Wunderer, Rolf: Führung und Zusammenarbeit, 8. Aufl., (Luchterhand) Köln 2009

Zoche, Hermann-Josef: Die Jesus AG, (Reichl und Partner) Linz 2005

Personenverzeichnis

Aristoteles (384-322 v. Chr.)
griechischer Gelehrter und Philosoph

Augustinus, Aurelius (354-430)
abendländischer Kirchenvater und Philosoph

Aurel, Marc (121-180)
römischer Kaiser und Philosoph

Aquin, Thomas v. (1224-1274)
italienischer Theologe und Philosoph

Berne, Eric (1910-1970)
amerikanischer Arzt und Psychologe

Bonapartes, Napoleon (1769-1821)
französischer Feldherr und Kaiser

Bosch, Robert (1861-1942)
deutscher Industrieller

Bradley, Omar (1893-1981)
amerikanischer General im Zweiten Weltkrieg

Buddha, Gautama (ca. 563-483 v. Chr.)
„Der Erleuchtete", Begründer des Buddhismus

Busch, Wilhelm (1832-1908)
deutscher humoristischer Dichter

Clausewitz, Carl v. (1780-1831)
preußischer General und Militärstratege

Churchill, Winston (1874-1965)
englischer Politiker und Staatsmann, Nobelpreisträger

Coelho, Paulo (*1947)
brasilianischer Schriftsteller und Philosoph

Daimler, Gottlieb (1834-1900)
deutscher Ingenieur und Erfinder des Automobils

Darwin, Charles (1809-1882)
englischer Biologe und Philosoph

Descartes, René (1596-1650)
französischer Gelehrter und Philosoph

De Bono, Edward (*1933)
britischer Mediziner, Psychologe und Schriftsteller

Di Fabio, Udo (*1954)
deutscher Verfassungsrechtler und Sozialwissenschaftler

Disney, Walt (1901-1966)
amerikanischer Filmproduzent und Cartoonist

Drucker, Peter F. (1909-2005)
österreichisch-amerikanischer Wirtschaftswissenschaftler und Managementexperte

Einstein, Albert (1879-1955)
deutsch-amerikanischer Physiker, Nobelpreisträger

Eisenhower, Dwight D. (1890-1969)
amerikanischer General und 34. Präsident der USA

Festinger, Leon (1919-1989)
amerikanischer Sozialpsychologe

Forbes, Bertie Charles (1880-1954)
schottisch-amerikanischer Journalist und Autor

Ford, Henry (1863-1947)
amerikanischer Industrieller, Gründer der Ford Company

Gandhi, Mahatma (1869-1948)
indischer Menschenrechts- und
Unabhängigkeitskämpfer

Goethe, Johann Wolfgang v. (1749-1832)
deutscher Dichter und Dramatiker

Gracián, Balthasar (1601-1658)
spanischer Gelehrter und Philosoph

Gutenberg, Erich (1897-1984)
deutscher Ökonom und Begründer der
modernen Betriebswirtschaftslehre

Heraklit (ca. 540-480 v. Chr.)
griechischer (vorsokratischer)
Philosoph

Herrhausen, Alfred (1930-1989)
ehem. Vorstandssprecher der
Deutschen Bank AG

Herrmann, Ned (1922-1999)
amerikanischer Gehirnforscher,
Nobelpreisträger

Hugo, Victor (1802-1885)
französischer Schriftsteller

Humboldt, Wilhelm v. (1767-1835)
deutscher Kunst- und
Sprachwissenschaftler

Jobs, Steve (*1955)
amerikanischer Unternehmer und
Gründer von Apple-Computers

Jonas, Hans (1903-1999)
deutsch-amerikanischer Religions-
wissenschaftler und Philosoph

Kant, Immanuel (1724-1804)
deutscher Gelehrter und Philosoph

Kasper, Walter (*1933)
emeritierter deutscher Kurienkardinal

Kennedy, John F. (1917-1963)
35. Präsident der USA

King, Martin-Luther (1929-1968)
amerikanischer Baptistenpastor und
Bürgerrechtler

Konfuzius (ca. 550 v. Chr.)
chinesischer Philosoph

Lay, Rupert (*1929)
deutscher Philosoph und Theologe

Locke, John (1632-1704)
englischer Philosoph der Aufklärung

Malik, Fredmund (*1944)
österreichischer Wirtschaftswissenschaftler und Managementexperte

Mandela, Nelson (*1918)
südafrikanischer Unabhängigkeitskämpfer, Friedensnobelpreisträger

Marley, Christopher (1890-1957)
amerikanischer Journalist

McKnight, William (1887-1978)
erster Generaldirektor von 3M

Milgram, Stanley (1933-1984)
amerikanischer Psychologe

Nordhoff, Heinrich (1899-1968)
erster Generaldirektor von Volkswagen

Osborn, Alex (1888-1966)
amerikanischer Autor und Erfinder
des Brainstorming

Osgood, Charles E. (1916-1991)
amerikanischer Psychologe

Parkinson, Northcote C. (1909-1993)
britischer Historiker und Soziologe

Peter, Laurence J. (1919-1990)
amerikanischer Sozialpsychologe

Picasso, Pablo (1881-1973)
   spanischer Maler und Bildhauer

Pieper, Josef (1904-1997)
   deutscher Philosoph

Platon (427-348 v. Chr.)
   griechischer Gelehrter und Philosoph

Popper, Karl Raimund Sir (1902-1994)
   österreichisch-englischer Philosoph

Porter, Michael E. (*1947)
   amerikanischer Wirtschaftswissenschaftler

Probst, Gilbert J.B. (*1950)
   Schweizer Ökonom

Rosenthal, Philip (1916-2001)
   deutscher Porzellanfabrikant

Saint-Exupéry, Antoine de (1900-1944)
   französischer Schriftsteller und Pilot

Schopenhauer, Arthur (1788-1860)
   deutscher Philosoph

Siemens, Werner v. (1816-1892)
   deutscher Industrieller und Ingenieur

Smith, Adam (1723-1790)
   schottischer Ökonom und Philosoph

Sperry, Roger (1913-1994)
   amerikanischer Neurobiologe,
   Nobelpreisträger

Steiner, Rudolf (1861-1925)
   österreichischer Philosoph und
   Begründer der Anthroposophie

Sokrates (469-399 v. Chr.)
   griechischer Gelehrter und Philosoph

Tietz, Bruno (1933-1995)
   deutscher Wirtschaftswissenschaftler
   und Handelsexperte

Tolstoi, Lew Nikolajewitsch Graf
   (1828-1910)
   russischer Schriftsteller und Moralist

Toyoda, Kiichiro (1894-1952)
   Gründer der Toyota Automobilwerke
   in Japan

Twain, Mark (1835-1910)
   amerikanischer Schriftsteller

Tzu, Sun (544-496 v. Chr.)
   chinesischer General, Militärstratege
   und Philosoph

Ulrich, Peter (*1948)
   Schweizer Wirtschaftswissenschaftler

Watanabe, Katsuaki (*1942)
   ehemaliger Präsident von Toyota

Weber, Max (1864-1920)
   deutscher Sozialphilosoph

Werner, Götz (*1944)
   deutscher Unternehmer
   (Gründer der dm Drogeriemärkte)

Westerwelle, Guido (*1961)
   deutscher Politiker

Würth, Reinhold (*1935)
   deutscher Unternehmer

Zoche, Hermann-Josef (*1958)
   Augustiner-Pater und Philosoph

Zuckerberg, Mark (*1984)
   amerikanischer Unternehmer und
   Gründer von Facebook

Stichwortverzeichnis

ABC-Analyse 159
Affektive Komponente der Arbeit 92
Aktionismus 42
Aktivitäten 101
Allgemeines Gleichbehandlungsgesetz (AGG) 68
Anthropologie 15
Anwesenheitsorientierte Arbeitseinstellung 92
Anwesenheitsorientierte Arbeitseinteilung 93
Apple Computer 47
Arbeitseffizienz 156
Arbeitszufriedenheit 93 f.
Aristoteles 18, 26, 70, 73
Assoziogramm 59
Ästhetik 15
Aufklärung 20, 26
Aurelius Augustinus 22, 73
Austauschtheorie der Führung 126
Autokratischer Führungsstil 123
Autoritärer Führungsstil 124
Autorität 153

Balanced Scorecard 145 f.
Belohnung 117
Berg-Syndrom 161
Berne, Eric 129
Bestandteile einer Unternehmensphilosophie 85
Betriebstypenphilosophie 85 f.
Betriebswirtschaftslehre 13
Beziehungsorientierter Führungsstil 124
Bleicher, Knut 50
Bosch, Robert 77
Brainstorming 54
Brainwriting 54
Buddha 25
Burnout-Syndrom 162
Bürokratischer Führungsstil 124

Businessplan 143
Buzan, Tony 59

Change-Management 170
Charisma 113
Charismatischer Führungsstil 123
Chief Compliance Officer 80
Chinese Walls 81
Churchill, Winston 37
Clausewitz, Carl von 137
Code-of-Conduct-Bewegung 77
Commitment 54
Compliance 77
Compliance Management 77
Compliance Policy 79
Compliance-Spiegel 81
Continuous Improvement Process (CIP) 100
Corporate Governance 75, 77

Darwin, Charles 168 f., 177
de Bono, Edward 55 f.
Delegations- oder Subsidiaritätsprinzip 154
Demokratischer Führungsstil 124
Denken 17
Descartes, René 16
Deutscher Corporate Governance Kodex 77 f.
di Fabio, Udo 69
Diskriminierungsverbot 68
Do-it-yourself-Syndrom 161
Dornröschensyndrom 161
Drucker, Peter F. 37, 39, 54
Dyllick, Thomas 65, 75

Effektivität 102
Effizienz 102, 125
Eigenverantwortung 60
Einstein, Albert 52

Einstellung 30
Einstellung zur Arbeit 91
Eisenhower, Dwight D. 115
Eisenhower-Prinzip 158 f.
Empowerment 155
Engpasskonzentrierte Strategie (EKS) 142
Entscheidungsorientierte Management-Philosophie 43, 173
Entscheidungsorientierter Ansatz 40
Erfolgspotenzial von Ideen 51
Ergebnisorientierte Arbeitseinstellung 92
Ergebnisorientierte Arbeitseinteilung 93
Ergebnisorientierung 94, 157
Ethik 15, 63
Extrinsische Motivation 117

Facebook 47, 131, 165
Fachkompetenz 121
Fairness 122
Festinger, Leon 91
Feuerwehr-Syndrom 161
Fluri, Edgar 18
Ford, Henry 27
Fraktales Unternehmen 86
Führereigenschaften 120 ff.
Führung 39
Führung durch Befehl 113
Führungskultur 111
Führungsmacht 112
Führungsstile 123 f.

Gandhi, Mahatma 61
Ganzheitlichkeit 157
Gedanken 25, 27, 29
Gehirnforschung 31
Geschäftsplan 143
Gesetz der Reziprozität 126
Gesinnungsethik 63
Glaube 30, 84
Glaubwürdigkeit 122
Gracián, Balthasar 115

Gruppen 130
Gruppenabstimmung 152
Gruppenarbeit 131
Gruppendruck 132
Gruppenkohäsion 132
Guerilla-Taktiken 172
Gutenberg, Erich 37

Heraklit 22, 168
Herrhausen, Alfred 30, 71
Herrmann Brain Dominance Instrument (HBDI) 32
Herrmann, Ned 32
Hierarchie 152
Hierarchisches Syndrom 161
Hugo, Victor 51
Humboldt, Wilhelm von 17
Humor 52, 163

Idee 26
Ideen 50
Ideenmanagement 57
Identität 30, 130
Individualismus 119
Initiative 119
Intrinsische Motivation 117
Intuitive Assoziation 54
Intuitive Konfrontation 56
Intuitiven Assoziation 54

Jobs, Steve 47
Jonas, Hans 60

Kant, Immanuel 19, 20, 71, 159
Kapital 39
Kardinaltugenden für das Management 71
Kasper, Walter 20
Kategorischer Imperativ 72
King, Martin Luther 61
Kognitive Komponente der Arbeit 91
Kommunikationsphilosophie 85, 96

Konative Komponente der Arbeit 92
Konfliktmanagement 135
Konfuzius 72, 107, 173
Kongruenzprinzip 154
Kontrollprinzip 154
Konzentration auf Stärken 157
Konzentrationsprinzip 141
Kostenführerschaft 139
Kreativität 50, 54, 119
Kreativitätstechniken 54
Kritisches Denken 30
Kundenphilosophie 85, 87

Laterales Denken 56
Lay, Rupert 74, 76
Lebensqualität 109
Leistung 115
Leistungsbereite
    Unternehmenskultur 122
Leistungsorientierter Führungsstil 124
Locke, John 26
Logik 15
Logistikphilosophie 85

Macht 112, 153
Machtmissbrauch 114
Machtmotiv 114
Malik, Fredmund 37, 162
Management 39
Managementgrundsätze 157
Managementlehre 13
Management-Philosophie 15 ff.
Managementpolitik 151
Managementprinzipien 154
Managementsyndrome 161
Mandela, Nelson 61
Marc Aurel 25
Marktanteil 140
Metaphysik 15
Metaplantechnik 57 f.
Methodenkompetenz 120
Mewes, Wolfgang 142
Milgram, Stanley 113

Mind Mapping 59
Mitarbeiterphilosophie 85, 88
Moral 66
Motivation 47, 60, 116
Mythos einer Unternehmens-
    philosophie 84 f.

Nachhaltigkeit 105
Napoleon Bonaparte 48
Nordhoff, Heinrich 63

Offenheit 50
Ökologische Verantwortung 69
Ontologie 15
Opportunitätskosten 40
Optimismus 27, 28
Optimisten 27
Osborn, Alex 54
Osgood, Charles E. 92

Parkinson'sches Gesetz 156
Patriarchalischer Führungsstil 123
Persönlichkeit 29 f.
Persönlichkeitsmodell der
    Transaktionalen Analyse 128
Pessimismus 28
Pessimisten 27
Peter-Prinzip 156
Philosophie 15 ff.
Philosophie der Freiheit 69
Picasso, Pablo 61
Platon 26, 113
Popper, Karl Raimund 27
Porter, Michael 139, 146
Positives Denken 157
Praxis 44
Prioritäten-Portfolio 158
Produktionsphilosophie 85, 98
Prozessoptimierung 102 f.

Realitätssinn 50
Rechtsnormen 66

Reifegrad der Mitarbeiter 111
Reifegradmodell nach
  Hersey/Blanchard 125
Rentabilität 140
Respekt 122
Rosenstiel, Lutz von 131

Saint-Exupéry, Antoine de 46
Schmetterling-Syndrom 161
Schopenhauer, Arthur 120
Schumpeter, Joseph 86
Schwarz, Gerhard 163
Sechs-Hüte-Methode 55
Selbstabstimmung 152
Selbstorganisation 161
Selbstverantwortung 94
Servicephilosophie 85, 95
Siemens, Werner von 45
Sinnvermittlung 51
Smith, Adam 18
Sortimentsphilosophie 85, 103
Soziale Kompetenz 120
Soziale Marktwirtschaft 67
Sozialkompetenz 120
Sperry, Roger 32
Spieltheorie 74
Spontaneität 50
Staehle, Wolfgang 113
Standortphilosophie 86
Steiner, Rudolf 22, 25
Stolz 122
Strategie 137
Strategiefokussierte Organisation 145
Strategisches Management 138
Strategy Map 147
Synergieprinzip 154

Teambildung 130
Teamgeist 122
Theorie 44
Theorie der kognitiven Dissonanz 91
Thomas von Aquin 73
Tietz, Bruno 83, 100

Total Quality Management (TQM) 100
Toyoda, Kiichiro 98
Toyoda, Sakichi 98
Trading-up 139
Transaktionalen Analyse 127

Ulrich, Peter 18, 38, 71
Unentbehrlichkeitssyndrom 161
Unternehmensethik 63, 174
Unternehmensführung 37
Unternehmensführung und
  Unternehmenseigentum 40
Unternehmenskultur 107
Unternehmensleitbilder 47
Unternehmensphilosophie 83 f., 175
Unternehmenspolitik 149, 176
Unternehmensstrategie 137, 174
Unternehmenstaktik 165, 177
Unternehmensverfassung 83
Unternehmensvision 45 ff., 174
Unternehmensziele 174

Verantwortungsethik 63
Verfahren 101
Vertrauen 75
Vision 45, 62
Visionsfindung 52
Visualisierung von Gedanken 57
Vogel-Strauß-Taktik 172

Wachstumsphilosophie 86, 104
Walt Disney 45
Wandel 170
Watanabe, Katsuaki 98
Weber, Max 74
Werner, Götz 19, 87
Wertesystem 67
Wertewandel 118
Win-Win-Situation 55
Wunderer, Rolf 94
Würth, Reinhold 48

Stichwortverzeichnis

Zeitverwendung 160
Zielvorgaben 149
Zoche, Hermann-Josef 64

Zuckerberg, Mark 47
Zufall 25
Zufallsworttechnik 56

Der Autor

Dr. Falk Hecker, Jg. 1968, Diplomkaufmann, war nach dem Studium der Betriebswirtschaftslehre an der Universität des Saarlandes in Saarbrücken als wissenschaftlicher Mitarbeiter am Handelsinstitut und der Concepta Gesellschaft für Markt- und Strategieberatung von Prof. Dr. Bruno Tietz in Saarbrücken beschäftigt. Im Jahre 1998 schloss er seine Promotion zum Thema „Akzeptanz und Durchsetzung von Systemtechnologien" an der Rechts- und Wirtschaftswissenschaftlichen Fakultät der Universität des Saarlandes ab.

Er ist Mitbegründer und Geschäftsführer der Auto plus Autofahrer-Fachmärkte mit Sitz in Wolfsburg. Das Unternehmen gehört zur Carat-Unternehmensgruppe, Deutschlands größter Handelsgruppe für Autoteile mit Sitz in Mannheim. Seit 2002 ist Dr. Falk Hecker Mitglied in diesem Beirat. Darüber hinaus ist er Mitglied im Handelsbeirat des GVA Gesamtverband-Autoteilehandel mit Sitz in Ratingen.

Außerdem ist er seit 2001 Lehrbeauftragter an der Ostfalia Hochschule für angewandte Wissenschaften, Fakultät Wirtschaft mit dem Schwerpunkt Automobilwirtschaft und Unternehmensführung am Campus Wolfsburg. Er ist Mitherausgeber des Sammelwerkes „Aftersales in der Automobilwirtschaft" (2010).

Mitarbeiter erfolgreich führen

Fallen und Fehler vermeiden, Leistung fördern

Das Geschäft wird immer schneller, die Hektik und der Druck im Arbeitsleben immer größer. Wichtigtuerei und Besserwisserei sind an der Tagesordnung. Auf den äußersten Krafteinsatz folgt oft Erschöpfung. Muss das so sein? Bernd Hofmann schlägt einen anderen Weg vor, der auf seinen umfassenden Erfahrungen basiert: entspanntes Führen aus der Hängematte.

Bernd Hofmann
Führen aus der Hängematte
Mit Leichtigkeit und Eleganz
zu Leistung und Erfolg
2011. 220 S.
Br. EUR 34,95
ISBN 978-3-8349-2486-5

Bewährte Techniken und Instrumente für die Führungspraxis

Rainer Niermeyer und Nadia Postall zeigen, welche Führungsinstrumente und -techniken wirklich relevant sind und wie sie erfolgreich in der Praxis eingesetzt werden. Ob Führungsnachwuchskraft oder gestandener Manager – in diesem Buch erfahren Sie, wie Sie Mitarbeiter zielgerichtet unterstützen, lenken, fordern und fördern. Die erfahrenen Managementtrainer beschreiben die in der Praxis am besten bewährten Techniken und Instrumente für professionelle Meetings, Mitarbeitergespräche, Zielvereinbarungen sowie Mitarbeiterbeurteilungen. Alle Unterstützungsinstrumente für Ihre Praxis finden Sie zum Download unter www.gabler.de beim Buchtitel.

Rainer Niermeyer / Nadia Postall
Effektive Mitarbeiterführung
Praxiserprobte Tipps
für Führungskräfte
2010. 256 S.
Br. EUR 29,95
ISBN 978-3-8349-2112-3

Teamleistung konsequent steigern

Zwei erfahrene Management-Coaches zeigen in diesem konkreten Praxisführer wie Führungskräfte durch die richtigen Analysemethoden, fundierte Vorgehensweisen und Lösungsvorschläge die eigene Kompetenz verbessern und ein leistungsstarkes Team formen.

Bernhard Haas / Bettina von Troschke
Teamcoaching
Exzellenz vom Zufall befreien
2010. 208 S.
Br. EUR 39,95
ISBN 978-3-8349-1644-0

Änderungen vorbehalten. Stand: Februar 2011.
Erhältlich im Buchhandel oder beim Verlag
Gabler Verlag . Abraham-Lincoln-Str. 46 . 65189 Wiesbaden . www.gabler.de

Aktuelles Managementwissen

Von Mythen und Moden –
der etwas andere Ratgeber

In diesem „Anti-Ratgeber" stellt Sebastian Lesch aktuelle und alte Thesen sowie Methoden im Management anhand praktischer Beispiele in der Wirtschaft in Frage und konfrontiert sie mit längst vergessenen Erkenntnissen der Grundlagenforschung sowie neuesten Forschungsergebnissen. Sehr aufschlussreich.

Sebastian Lesch
Psychoblasen in der Wirtschaft
Irrungen und Wirrungen
im Management
2010. 216 S. Br.
EUR 29,95
ISBN 978-3-8349-1837-6

Innovative Methode
an Praxisbeispielen illustriert

Reinhard Grimm und Ewald E. Krainz führen ihre Erkenntnisse und Erfahrungen aus Unternehmenspraxis, Beratung und Forschung zusammen und schildern, wie man das Kommunikationsverhalten von Teams analysieren und im Sinne einer erfolgreichen Zusammenarbeit verbessern kann. Sie untersuchen Beziehungsmuster, deren gruppendynamische Auswirkungen und zeigen Gesetzmäßigkeiten auf, die soziale Vorgänge in Teams besser einschätzbar und damit veränderbar machen. Die beschriebenen Konzepte und Methoden werden an einprägsamen Beispielen illustriert.

Reinhard Grimm / Ewald E. Krainz
Teams sind berechenbar
Erfolgreiche Kommunikation durch
Kenntnis der Beziehungsmuster
2011. XII, 136 S. mit 35 Abb.
und 3 Tab. Br. EUR 34,95
ISBN 978-3-8349-2407-0

Was Wirtschaft von der Natur
lernen kann

Ökonomie und Natur haben mehr gemein, als man auf den ersten Blick vermuten möchte: In beiden Systemen spielen Prinzipien wie Wettbewerb, Organisation, Kooperation, Kundenansprache und Ressourcenmanagement gleichermaßen eine bedeutende Rolle. Die Beiträge in dem Buch zeigen in anschaulicher und unterhaltsamer Weise, warum die Grundgesetze der Evolution auch für die kulturelle Evolution des Menschen gelten - und wie Wirtschaft von der Natur lernen kann.

Klaus-Stephan Otto /
Thomas Speck (Hrsg.)
Darwin meets Business
Von der Natur lernen -
für ein neues Wirtschaften
2010. 250 S. Br.
EUR 39,95
ISBN 978-3-8349-2443-8

Änderungen vorbehalten. Stand: Februar 2011.
Erhältlich im Buchhandel oder beim Verlag
Gabler Verlag . Abraham-Lincoln-Str. 46 . 65189 Wiesbaden . www.gabler.de

Kommunikation im Unternehmen
↗

Gesellschaftliche Verantwortung wirkungsvoll umsetzen

Stärker als je zuvor ist die Öffentlichkeit daran interessiert zu erfahren, wie führende Unternehmen in Deutschland mit der Wahrnehmung ihrer gesellschaftlichen Verantwortung umgehen. Das Buch beschreibt die Entwicklung des CSR-Gedankens von seinen Anfängen bis zur Gegenwart und gibt einen Ausblick auf zukünftige Entwicklungen. Im Mittelpunkt stehen 7 wesentliche CSR-Kernthemen. (Best-)Praxisbeispiele aus den Unternehmen illustrieren anschaulich Lösungsansätze und Erfolgskonzepte.

Arnd Hardtke /
Annette Kleinfeld (Hrsg.)
Gesellschaftliche Verantwortung von Unternehmen
Von der Idee der Corporate Social Responsibility zur erfolgreichen Umsetzung
2010. 388 S. Br.
EUR 49,95
ISBN 978-3-8349-0806-3

Strategien und Tipps für mehr Glaubwürdigkeit

Das Spannungsfeld zwischen dem Gewinnstreben und der Moral ist die zentrale Herausforderung der modernen Unternehmens- und Markenkommunikation. Besonders vor dem Hintergrund der aktuellen Bemühungen von Unternehmen, gesellschaftlichen Ansprüchen durch eine verantwortliche Unternehmensführung gerecht zu werden, gewinnt dieser Aspekt an Bedeutung. Dieses Buch gibt einen umfassenden Überblick über die Kommunikation verantwortlicher Unternehmensführung und liefert viele praktische und wissenschaftlich fundierte Tipps zur Umsetzung.

Bernd Lorenz Walter
Verantwortliche Unternehmensführung überzeugend kommunizieren
Strategien für mehr Transparenz und Glaubwürdigkeit
2010. 204 S. Br.
EUR 39,95
ISBN 978-3-8349-2435-3

Veränderung effektiv steuern

Mit praxisbezogenen Tools und Methoden bieten die Autoren Führungskräften auf allen Ebenen konkrete Unterstützung, um dynamische Veränderungen wirkungsvoll zu verankern.

Norbert Homma / Rafael Bauschke
Unternehmenskultur und Führung
Den Wandel gestalten - Methoden, Prozesse, Tools
2010. 192 S. Br.
EUR 39,95
ISBN 978-3-8349-1546-7

Änderungen vorbehalten. Stand: Februar 2011.
Erhältlich im Buchhandel oder beim Verlag
Gabler Verlag . Abraham-Lincoln-Str. 46 . 65189 Wiesbaden . www.gabler.de

GABLER

If you have any concerns about our products,
you can contact us on
ProductSafety@springernature.com

In case Publisher is established outside the EU,
the EU authorized representative is:
**Springer Nature Customer Service Center GmbH
Europaplatz 3, 69115 Heidelberg, Germany**

Printed by Libri Plureos GmbH
in Hamburg, Germany